国家电网
STATE GRID

电网企业专业技能考核题库

带电检测工

国网宁夏电力有限公司 编

中国电力出版社
CHINA ELECTRIC POWER PRESS

内 容 提 要

本书编写依据国家职业技能鉴定、电力行业职业技能鉴定与国家电网有限公司技能等级评价（认定）相关制度、规范、标准，立足宁夏电网生产实际，融合新型电力系统构建及新时代技能人才发展目标要求。本书主要内容为电网企业技能人员技能等级认定与评价实操试题，包含技能笔答及技能操作两大部分，其中技能笔答主要以问答题形式命题，技能操作以任务书形式命题，均明确了各个环节的考核知识点、标准答案和评分标准。

本书为电网企业生产技能人员的培训教学用书，可供从事相应职业（工种）技能人员学习参考，也可作为电力职业院校教学参考书。

图书在版编目（CIP）数据

带电检测工／国网宁夏电力有限公司编. —北京：中国电力出版社，2022.9
电网企业专业技能考核题库
ISBN 978-7-5198-6733-1

Ⅰ. ①带… Ⅱ. ①国… Ⅲ. ①电力设备–带电测量–职业技能–鉴定–习题集 Ⅳ. ①TM93-44

中国版本图书馆 CIP 数据核字（2022）第 074291 号

出版发行：中国电力出版社
地　　址：北京市东城区北京站西街 19 号（邮政编码 100005）
网　　址：http://www.cepp.sgcc.com.cn
责任编辑：马　丹　孙世通
责任校对：黄　蓓　常燕昆
装帧设计：郝晓燕
责任印制：钱兴根

印　　刷：望都天宇星书刊印刷有限公司
版　　次：2022 年 9 月第一版
印　　次：2022 年 9 月北京第一次印刷
开　　本：889 毫米×1194 毫米　16 开本
印　　张：17
字　　数：486 千字
定　　价：66.00 元

《电网企业专业技能考核题库　带电检测工》

编　委　会

《电网企业专业技能考核题库　带电检测工》

编　写　组

主　　编　马　奎

副 主 编　宋　乐　马飞越　侯　峰　倪　辉

编写人员　欧菊萍　李　阳　沈诗祎　赵振北　陈　松

李文冬　王　景　滚晓虎　张琴琴　查　辉

何　楷　苏　淼　尚彦军　高琳卉　刘　超

耿　橙　张文涛　张　野　尹　婷　张译匀

审稿人员　刘威峰　朱诗慧　应　东　李焕友　王晓康

雍福全　张凌迪　赵晓霞

前言

国网宁夏电力有限公司以国家职业技能鉴定、电力行业职业技能鉴定与国家电网有限公司技能等级评价（认定）相关制度、规范、标准为依据，主要针对电网企业各类技能工种的初级工、中级工、高级工、技师、高级技师等人员，以专业操作技能为主线，立足宁夏电网生产实际，结合新型电力系统构建要求，编写了《电网企业专业技能考核题库》丛书。丛书在编写原则上，以职业能力建设为核心；在内容定位上，突出针对性和实用性，涵盖了国家电网有限公司相关政策、标准、规程、规定及现代电力系统新设备、新技术、新知识、新工艺等内容。

丛书的深度、广度遵循了“适应发展需求、立足实践应用”的工作思路，全面涵盖了国家电网有限公司技能等级评价（认定）内容，能够为国网宁夏电力有限公司实施技能等级评价（认定）专业技能考核命题提供依据，也可服务于同类电网企业技能人员能力水平的考核与认定。本套丛书可供电网企业技能人员学习参考，可作为电网企业生产技能人员的培训教学用书，也可作为电力职业院校教学参考用书。

由于时间和水平有限，难免存在疏漏之处，恳请各位专家和读者提出宝贵意见。

目 录

第一部分
带电检测工技能笔答

第一章　初　级　工

第一节　电　　流

Jb0222531001　电容型设备进行相对介质损耗因数测试和电容量带电测试需要采集的信号有哪些？（3分）

考核知识点：相对介质损耗因数测试和电容量带电测试检测原理

难易度：易

标准答案：

需要采集的信号有：电容型设备电流信号、电压互感器二次电压信号。

Jb0222531002　简述介质损耗因数的定义。（4分）

考核知识点：介质损耗因数基础知识

难易度：易

标准答案：

介质损耗因数是设备绝缘由介质损耗引起的有功电流分量和设备总电容电流之比，它对发现设备绝缘的整体劣化较为灵敏，如包括设备大部分体积的绝缘受潮，而对局部缺陷则不易发现。

Jb0222531003　电容型设备相对介质损耗因数及电容量比值带电检测按照参考相位获取方式不同可以分为哪两种？（3分）

考核知识点：相对介质损耗因数测试和电容量带电测试检测原理

难易度：易

标准答案：

可以分为绝对测量法和相对测量法两种。

Jb0222531004　电容型设备相对介质损耗因数及电容量比值测量对检测条件有什么要求？（3分）

考核知识点：检测环境要求

难易度：易

标准答案：

（1）被试设备已安装取样单元，满足带电测试要求。

（2）雨、雪、大雾等恶劣天气条件下避免户外检测，雷电时严禁带电测试。

（3）被测设备表面应清洁干燥。

（4）采样相对测量时，应注意相邻间隔对测试结果的影响，记录被测设备相邻间隔带电与否。

Jb0223531005　为什么要对氧化锌避雷器进行带电测试？（3分）

考核知识点：氧化锌避雷器带电测试基础知识

难易度：易

标准答案：

测试运行电压下氧化锌避雷器的泄漏全电流、阻性电流、功率损耗、谐波电流就可以判断氧化锌避雷器自身的变化情况，并且受天窗时间和天气状况的影响较小。

Jb0223531006 金属氧化物避雷器例行试验项目中，运行中持续电流检测基准周期为多长？（3分）

考核知识点：检测周期

难易度：易

标准答案：

金属氧化物避雷器例行试验项目中，运行中持续电流检测基准周期为1年。

Jb0222532007 电容型设备在运行时可能发生的故障类型有哪些？（4分）

考核知识点：故障分析

难易度：中

标准答案：

（1）绝缘缺陷（严重时可能爆炸），包括设计不周全，局部放电过早发生。

（2）绝缘受潮，包括顶部密封不严或开裂，受潮后绝缘性能下降。

（3）外绝缘放电，爬距不够或者脏污情况下，可能出现沿面放电。

（4）金属异物放电，制造或者维修时残留的导电遗留物所引起。

Jb0221532008 铁芯接地电流检测对人员的要求是什么？（7分）

考核知识点：人员要求

难易度：中

标准答案：

（1）熟悉变压器铁芯接地电流带电检测技术的基本原理、诊断分析方法。

（2）了解钳形电流表和专用铁芯接地电流带电检测仪器的工作原理、技术参数和性能。

（3）掌握钳形电流表和专用铁芯接地电流带电检测仪器的操作程序和使用方法。

（4）了解变压器的结构特点、工作原理、运行状况和故障分析的基本知识。

（5）熟悉相关标准，接受过铁芯接地电流带电检测的培训，具备现场检测能力。

（6）具有一定的现场工作经验，熟悉并能严格遵守电力生产和工作现场的相关安全管理规定。

（7）人员需经上岗培训，考试合格。

Jb0223531009 避雷器泄漏电流检测原理是什么？（3分）

考核知识点：避雷器泄漏电流基础知识

难易度：易

标准答案：

泄漏电流带电检测主要是测量避雷器的全电流和阻性电流基波峰值，根据这两个值的变化来判断避雷器内部是否受潮、金属氧化物阀片是否发生劣化等。

Jb0221531010 简述高频局部放电技术的使用范围。（3分）

考核知识点：高频局部放电基础知识

难易度：易

标准答案：

高频法仅适用于具备接地引下线电力设备的局部放电检测，主要包括电力电缆、变压器铁芯及夹件、避雷器、带末屏引下线的容性设备等。

Jb0221531011　对电力电缆及附件进行高频局部放电检测时，高频局部放电传感器应安装在什么部位？（4 分）

考核知识点：高频局部放电检测原理

难易度：易

标准答案：

（1）对于电力电缆及附件，可以在电缆终端接头接地线、电缆中间接头接地线、电缆中间接头交叉互联接地线、电缆本体上安装高频局部放电传感器，在电缆单相本体上安装相位信息传感器。

（2）如果存在无外接地线的电缆终端接头，高频局部放电传感器也可以安装在该段电缆本体上，使用时应注意放置方向，应保证电流入地方向与传感器标记方向一致。

Jb0221532012　高频局部放电检测的安全要求有哪些内容？（8 分）

考核知识点：安全防护知识

难易度：中

标准答案：

（1）应严格执行《国家电网公司电力安全工作规程（变电部分）》的相关要求。

（2）应确保操作人员及测试仪器与电力设备的带电部位保持足够的安全距离。

（3）应避开设备防爆口或压力释放口。

（4）测试中，电力设备的金属外壳应接地良好。

（5）在使用传感器进行检测时，应戴绝缘手套，避免手部直接接触传感器金属部件。

（6）应在良好的天气下进行，如遇雷、雨、雪、雾不得进行该项工作，风力大于 5 级时，不宜进行该项工作。

（7）行走中注意脚下，防止踩踏设备管道、二次线缆。

（8）防止传感器坠落而误碰设备。

（9）保证被测设备绝缘良好，防止低压触电。

Jb0221531013　高频局部放电检测对待测设备的要求是什么？（3 分）

考核知识点：待测设备要求

难易度：易

标准答案：

（1）设备处于带电状态。

（2）待测设备上无其他作业。

（3）待测设备接地引线（或被检电缆本体）上无其他耦合回路。

Jb0222532014　进行相对介质损耗因数和电容量比值检测时，对于检测人员有哪些要求？（6 分）

考核知识点：人员要求

难易度：中

标准答案：

（1）熟悉电容型设备相对介质损耗因数和电容量比值检测技术的基本原理、诊断分析方法。

（2）了解电容型设备相对介质损耗因数和电容量比值检测仪的工作原理、技术参数和性能。

（3）掌握电容型设备相对介质损耗因数和电容量比值检测仪的操作方法。

（4）了解被测设备的结构特点、工作原理、运行状况和导致设备故障的基本因素。

（5）熟悉变电站电气主接线及系统运行方式。

（6）具有一定的现场工作经验，熟悉并能严格遵守电力生产和工作现场的相关安全管理规定。

（7）经过上岗培训并考试合格。

Jb0221532015　高频局部放电检测前需要哪些准备工作？（6分）

考核知识点：检测前准备工作

难易度：中

标准答案：

（1）检测前，应了解被测设备数量、型号、制造厂家、安装日期等信息以及运行情况。

（2）配备与检测工作相符的图纸、上次检测的记录、标准化作业执行卡。

（3）检查环境、人员、仪器、设备满足检测条件。

（4）确认被测设备末屏接地良好，无开路风险。

（5）现场具备安全可靠的独立电源，禁止从运行设备上接取检测用电源。

（6）按相关安全生产管理规定办理工作许可手续。

Jb0221532016　高频局部放电在检测过程中，应随时保存高频局放检测原始数据，存放方式有哪些？（4分）

考核知识点：原始数据存放方式

难易度：中

标准答案：

（1）建立一级文件夹，文件夹名称：变电站名+检测日期。例如：衢州变20150101。

（2）建立二级文件夹，文件夹名称：间隔名称调度号+设备名称。例如：衢城1751线TA、衢城1751线避雷器、衢城1751线TV。

（3）文件名：间隔内设备名称+设备相位。例如：衢城1751线TA A相、衢城1751线TA B相、衢城1751线TA C相。

（4）当检测到异常时，需对该间隔上的同类容性设备进行检测并分别建立文件夹，文件夹名称：调度号+相别（A、B、C）。每个检测部位应记录不少于3张三维谱图，且应尽量在减少外界干扰的情况下，在检测到最大局放信号处，存储不少于2组二维谱图，便于信号诊断分析。

Jb0222531017　相对介质损耗因数和电容量比值检测时对检测环境有哪些要求？（4分）

考核知识点：检测环境要求

难易度：易

标准答案：

（1）除非另有规定，检测均在当地大气条件下进行，且检测期间，大气环境条件应相对稳定。

（2）待测设备及环境温度不宜低于5℃。

（3）环境相对湿度不宜大于80%，若在室外不应在有雷、雨、雾、雪的环境下进行检测。

（4）大气压力：80～110kPa。

Jb0221531018　母线电容电流检测时对检测环境有哪些要求？（3分）

考核知识点：检测环境要求

难易度：易

标准答案：

（1）在良好的天气下进行检测。

（2）环境温度一般不低于5℃。

（3）空气相对湿度一般不高于80%。

Jb0221531019　母线电容电流检测时对待测设备有哪些要求？（4分）

考核知识点：待测设备要求

难易度：易

标准答案：

（1）被测系统处于运行状态。

（2）被测系统母线电压互感器处于正常工作状态。

Jb0221532020　母线电容电流检测时对检测仪器有哪些要求？（3分）

考核知识点：仪器参数要求

难易度：中

标准答案：

（1）电容电流测试仪信号输出端有短路保护、过电压保护功能。

（2）测试仪本身故障不影响电压互感器二次开口三角回路内的其他装置正常运行。

（3）当系统发生单项接地故障时，不影响电压互感器正常运行，也不损坏仪器。

Jb0221532021　母线电容电流检测的安全要求有哪些内容？（6分）

考核知识点：安全防护知识

难易度：中

标准答案：

（1）应严格执行《国家电网公司电力安全工作规程（变电部分）》的相关要求。

（2）检测工作人员不得少于两人，电压互感器二次回路的接线工作应由继电保护人员配合。试验负责人应由有经验的人员担任，开始试验前，试验负责人应向全体试验人员详细布置试验中的安全注意事项，交待邻近间隔的带电部位以及其他安全注意事项。

（3）应在良好的天气下进行，如遇雷、雨、雪、雾不得进行该项工作，风力大于5级时，不宜进行该项工作。

（4）检测时应与设备带电部位保持相应的安全距离。

（5）在进行检测时，要防止误碰误动设备。

（6）测试前必须认真检查表计倍率、量程、零位，均应正确无误。

Jb0221532022　母线电容电流检测前要做哪些准备工作？（4分）

考核知识点：检测前准备工作

难易度：中

标准答案：

（1）掌握变电站被测系统各条线路实际长度，线路或电缆型号及参数。

（2）掌握被试系统及参考设备历次电容电流或单条线路电容电流检测数据。

（3）确认电压互感器型号及结构原理。

（4）确认电容电流检测仪工作良好。

Jb0221511023　已知某电源频率为 f=100Hz，试求其角频率 ω 和周期 T。（3 分）

考核知识点：电力基础知识

难易度：易

标准答案：

$$\omega = 2\pi f = 2\times 3.14\times 100 = 628(\mathrm{rad/s})$$

$$T = 1/f = 1/100 = 0.01(\mathrm{s})$$

角频率 ω 为 628rad/s，周期 T 为 0.01s。

Jb0222532024　什么是电介质的介质损耗？影响介质损耗的主要因素有哪些？（4 分）

考核知识点：介质损耗基础知识

难易度：中

标准答案：

在交流电压作用下，电介质把部分电能转变为热能，这部分能量叫电介质的介质损耗，简称介损。它主要由两部分组成：一部分是由泄漏电流引起的电阻损耗；另一部分是极化过程中，介质分子交变定向排列时相互碰撞而引起的极化损耗。

影响介质损耗的主要因素有频率、温度、湿度、场强。

Jb0221531025　什么是绝缘材料的老化？影响绝缘材料老化的主要原因有哪些？（4 分）

考核知识点：绝缘材料老化基础知识

难易度：易

标准答案：

电气设备中的绝缘材料在运行过程中，由于各种因素的长期作用，会发生一系列不可逆的物理、化学变化，从而导致其电气性能和机械性能的下降，通称为老化。

影响绝缘材料老化的因素很多，主要有热、电、光照、氧化、机械作用、辐射、微生物等。

Jb0221522026　图 Jb0221522026-1 为绝缘并联等效电路，画出其相量图。（4 分）

考核知识点：电力基础知识

难易度：中

标准答案：

如图 Jb0221522026-2 所示。

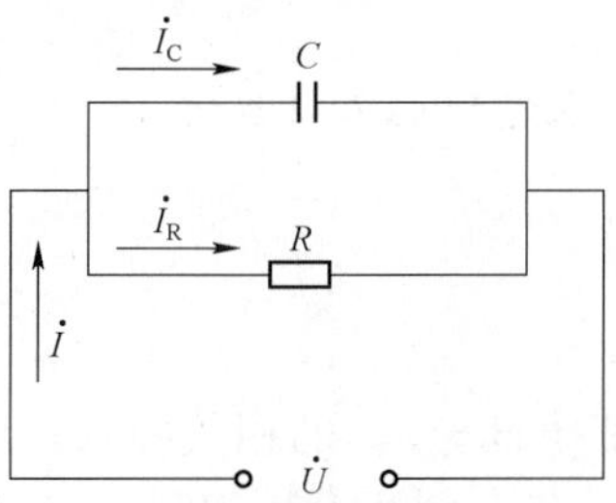

图 Jb0221522026-1

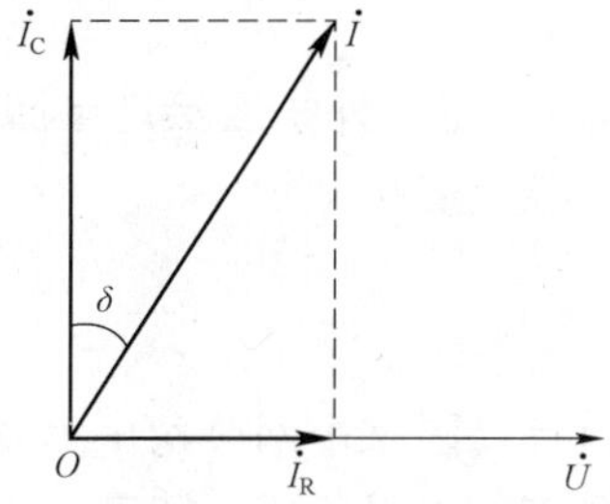

图 Jb0221522026-2

Jb0223532027　氧化锌避雷器有什么特点？（4分）

考核知识点：氧化锌避雷器性能

难易度：中

标准答案：

氧化锌避雷器的阀片具有极为优异的非线性伏安特性，采用这种无间隙的避雷器后，其保护水平不受间隙放电特性的限制，仅取决于雷电和操作放电电压时的残压特性，而这个特性与常规碳化硅阀片相比要好得多，这就相对提高了输变电设备的绝缘水平，从而有可能使工程造价降低。

Jb0221532028　铁芯接地电流检测前应该做哪些检测准备？（6分）

考核知识点：检测前准备

难易度：中

标准答案：

（1）掌握设备型号、制造厂家、安装日期等信息以及运行情况。

（2）掌握被试设备及参考设备历次停电例行试验和带电检测数据及被试设备运行状况、历史缺陷以及家族性缺陷等信息等。

（3）确认变压器铁芯接地引线可靠接地。

（4）检查钳形电流表卡钳钳口闭合是否良好。

（5）确认检测仪引线导通良好。

（6）变压器启、停运过程中严禁检测。

Jb0221531029　铁芯接地电流检测完毕后工作有哪些？（4分）

考核知识点：标准化操作流程

难易度：易

标准答案：

（1）检查数据是否准确、完整。

（2）检测完毕后，进行现场清理，确保无遗漏。

Jb0221531030　变压器铁芯接地电流检测时对仪器有什么要求？（4分）

考核知识点：仪器参数

难易度：易

标准答案：

检测装置一般有两种，为钳形电流表和变压器铁芯接地电流检测仪。

（1）钳形电流表具备电流测量、显示及锁定功能。

（2）变压器铁芯接地电流检测仪具备电流采集、处理、波形分析及超限告警等功能。

Jb0221532031　电缆外护层接地电流检测时的安全要求是什么？（5分）

考核知识点：安全防护知识

难易度：中

标准答案：

（1）应严格执行《国家电网公司电力安全工作规程（变电部分）》的相关要求。

（2）带电检测工作人员不得少于两人。检测负责人应由有经验的人员担任，开始检测前，检测负责人应向全体检测人员详细布置安全注意事项。

（3）应在良好的天气下进行，如遇雷、雨、雪、雾不得进行该项工作，风力大于 5 级时，不宜进行该项工作。

（4）检测时应与设备带电部位保持足够的安全距离，并戴绝缘手套，穿绝缘鞋。

（5）进行检测时，要防止误碰误动设备。

Jb0221532032 电缆外护层接地电流检测的人员有什么要求？（5 分）

考核知识点：人员要求

难易度：中

标准答案：

（1）了解高压电缆设备（电缆接头、终端等）的结构特点、工作原理、运行状况和导致设备故障的基本因素。

（2）熟悉电缆外护层接地电流检测的基本原理。

（3）了解钳形电流表的工作原理、技术参数和性能，掌握钳形电流表的操作方法。

（4）具有一定的现场工作经验，熟悉并能严格遵守电力生产和工作现场的相关安全管理规定。

（5）经过上岗培训并考试合格。

Jb0221531033 电缆外护层接地电流检测的环境要求是什么？（4 分）

考核知识点：检测环境要求

难易度：易

标准答案：

除非另有规定，检测均在良好大气条件下进行，且检测期间，大气环境条件应相对稳定。检测温度不宜低于 5℃；环境相对湿度不宜大于 80%，若在室外不应在有雷、雨、雾、雪的环境下进行检测。

Jb0221532034 电缆外护层接地电流检测前应该做哪些检测准备？（5 分）

考核知识点：检测前准备

难易度：中

标准答案：

（1）检测前，应了解被试设备型号、制造厂家、安装日期等信息，掌握被试设备运行状况、历史缺陷以及家族性缺陷等信息，制订相应的技术措施。

（2）配备与检测工作相符的图纸、上次检测的记录、标准作业卡。

（3）掌握被试设备历次测试数据。

（4）检查环境、人员、仪器、设备满足检测条件。

（5）按相关安全生产管理规定办理工作许可手续。

Jb0223531035 泄漏电流检测对待测设备的要求是什么？（3 分）

考核知识点：待测设备要求

难易度：易

标准答案：

（1）设备处于运行状态。

（2）设备外表面清洁。

（3）设备上无其他外部作业。

Jb0223532036　泄漏电流检测对人员的要求是什么？（6 分）

考核知识点：人员要求

难易度：中

标准答案：

避雷器泄漏电流带电检测人员应具备如下条件：

（1）熟悉泄漏电流检测技术的基本原理、诊断分析方法。

（2）了解泄漏电流检测仪的工作原理、技术参数和性能。

（3）掌握泄漏电流检测仪的操作方法。

（4）了解被测设备的结构特点、工作原理、运行状况和导致设备故障的基本因素。

（5）熟悉并能严格遵守电力生产和工作现场的相关安全管理规定。

（6）经过上岗培训并考试合格。

第二节　光　　学

Jb0332532001　电容式电压互感器常见的发热原因有哪些？（3 分）

考核知识点：缺陷分析

难易度：中

标准答案：

导致电压互感器发热的常见原因包括：电容单元介质损耗偏大、电容单元缺油、电容单元匝间短路、电磁单元阻尼元件故障、电磁单元内部放电等。

Jb0332532002　电气设备发热的类型有哪些？（3 分）

考核知识点：缺陷分析

难易度：中

标准答案：

（1）电压致热型。由于电压效应引起的设备发热。

（2）电流致热型。由于电流效应引起的设备发热。

（3）综合致热型。既有电压效应，又有电流效应，或者电磁综合效应引起的设备发热。

Jb0332532003　红外测温一般检测的环境要求有哪些？（5 分）

考核知识点：环境要求

难易度：中

标准答案：

（1）环境温度不宜低于 0℃，相对湿度不宜大于 85%。

（2）风速：一般不大于 5m/s，若检测中风速发生明显变化，应记录风速。

（3）天气以阴天、多云为宜，夜间图像质量为佳。

（4）不应在有雷、雨、雾、雪等气象条件下进行。

（5）户外晴天要避开阳光直接照射或反射进入仪器镜头，在室内或晚上检测应避开灯光的直射，宜闭灯检测。

Jb0332532004　简述红外测温一般检测的现场操作方法。（5 分）

考核知识点： 标准化操作

难易度： 中

标准答案：

（1）仪器开机，待仪器自检合格后对仪器的参数进行设置，如设置被测设备的辐射率、设置仪器的色标温度量程等。

（2）开始测温，远距离对所有被测设备进行全面扫描。

（3）发现有异常后，再有针对性地近距离对异常部位和重点被测设备进行精确检测。

（4）测温时，应确保现场实际测量距离满足设备最小安全距离及仪器有效测量距离的要求。

（5）环境温度发生较大变化时，应对仪器重新进行温度等参数设定。

Jb0332531005　SF_6气体红外成像检漏仪的工作原理是什么？（3分）

考核知识点： 红外成像检漏仪工作原理

难易度： 易

标准答案：

利用 SF_6 对特定波长的光吸收特性较空气而言较强，致使两者反映的红外影像不同，将通常可见光下看不见的气体泄漏以红外视频图像的形式直观地反映出来。

Jb0332531006　什么是设备红外测温的一般检测？（3分）

考核知识点： 检测类别

难易度： 易

标准答案：

一般检测是指用红外热像仪对电气设备表面温度分布进行大面积的巡视性检测。

Jb0332531007　什么是设备红外测温的精确检测？（3分）

考核知识点： 检测类别

难易度： 易

标准答案：

精确检测是指用检测电压致热型和部分电流致热型设备的表面温度分布去发现内部缺陷，对设备故障做出精确判断，也称诊断性检测。

Jb0332531008　什么是设备的温差？（3分）

考核知识点： 红外测温基础知识

难易度： 易

标准答案：

温差是指不同被测设备表面或同一被测设备不同部位表面温度之差。

Jb0332532009　什么是设备的相对温差？（5分）

考核知识点： 红外测温基础知识

难易度： 中

标准答案：

相对温差是指两个对应测点之间的温升之差与其中较高温度点的温升之比的百分数。相对温差 δ_t 可用下式求出

$$\delta_t = (\tau_1 - \tau_2) / \tau_1 \times 100\% = (T_1 - T_2) / (T_1 - T_0) \times 100\%$$

式中：τ_1和T_1分别为发热点的温升和温度；τ_2和T_2分别为正常相对应点的温升和温度；T_0为被测设备区域的环境温度，即气温。

Jb0332532010　什么是红外测温的连续检测？（3分）

考核知识点：红外测温基础知识

难易度：中

标准答案：

连续检测是指在一段时间内连续检测某被测设备，以便观察设备表面温度随负荷电流、持续时间、环境等因素影响的变化趋势，把握缺陷发展的紧急程度。

Jb0332532011　什么是红外热成像仪的热灵敏度？它的单位是什么？（3分）

考核知识点：仪器参数

难易度：中

标准答案：

热灵敏度是指热像仪在观察一个低空间频率的标准靶标时，当其视频信号的信噪比（S/N）为1时，目标与背景之间的最小可分辨温差称噪声等效温差。它是评价热成像仪探测目标灵敏程度和噪声大小的一个客观参数，单位是mK。

Jb0332532012　对红外测温仪的仪器有什么要求？（3分）

考核知识点：仪器参数要求

难易度：中

标准答案：

红外测温仪一般由光学系统、光电探测器、信号放大及处理系统、显示和输出系统、存储单元组成。红外测温仪应经具有资质的相关部门校验合格，并按规定粘贴合格标志。

Jb0332531013　电气设备与金属部件的连接部位，判断为紧急缺陷的条件是什么？（3分）

考核知识点：缺陷分析

难易度：易

标准答案：

电气设备与金属部件的连接部位，热点温度＞110℃或相对温差≥95%且热点温度＞80℃，可以判断为紧急缺陷。

Jb0332531014　电气设备与金属部件的连接部位，判断为严重缺陷的条件是什么？（3分）

考核知识点：缺陷分析

难易度：易

标准答案：

电气设备与金属部件的连接部位，80℃≤热点温度≤110℃或相对温差≥80%但热点温度未达到紧急缺陷的温度值，可以判断为严重缺陷。

第三节　局部放电检测

Jb0111532001　特高频局部放电检测的技术优势是什么？（4分）
考核知识点：特高频局部放电基础知识
难易度：中
标准答案：
（1）检测灵敏度高。
（2）现场抗干扰能力强。
（3）可实现局部放电源定位。
（4）便于识别不同放电类型。

Jb0112532002　超声波局部放电检测技术有哪些技术缺点？（3分）
考核知识点：超声波局部放电基础知识
难易度：中
标准答案：
（1）对内部缺陷不敏感。
（2）受到机械振动干扰较大。
（3）进行放电类型模式识别难度大。
（4）检测范围小。

Jb0111532003　特高频局部放电检测时对待测设备有哪些要求？（5分）
考核知识点：待测设备要求
难易度：中
标准答案：
（1）设备处于运行状态（或加压到额定运行电压）。
（2）设备外壳清洁、无覆冰。
（3）盆式绝缘子为非金属封闭，或者有金属屏蔽但有浇注口，或内置有特高频传感器，并具备检测条件。
（4）设备上无各种外部作业。
（5）气体绝缘设备应处于额定气体压力状态。

Jb0111532004　局部放电的伴生现象主要有哪些？（5分）
考核知识点：局部放电基础知识
难易度：中
标准答案：
（1）电磁波辐射。
（2）声音信号。
（3）气体生成物。
（4）光现象。
（5）温度异常。

Jb0111532005　根据安装部位的不同，特高频传感器可分为哪几类？（3分）

考核知识点：仪器参数

难易度：中

标准答案：

根据安装部位的不同，特高频传感器可分为内置式和外置式两种。

Jb0111531006　特高频局部放电检测技术主要用于哪几类电力设备？（3分）

考核知识点：特高频局部放电基础知识

难易度：易

标准答案：

（1）封闭式组合电器（GIS）。

（2）高压电力电缆。

（3）开关柜。

Jb0111532007　特高频局部放电检测经常遇到的干扰有哪些？（4分）

考核知识点：检测环境干扰

难易度：中

标准答案：

（1）手机电话信号干扰。

（2）发动机信号干扰。

（3）日光灯干扰。

（4）雷达信号干扰。

Jb0111532008　特高频局部放电定位方法主要有哪几种？（4分）

考核知识点：缺陷定位

难易度：中

标准答案：

（1）幅度比较法。

（2）信号先后比较法。

（3）时间差计算法。

（4）平分面法（三维局部放电定位方法）。

Jb0111531009　简述局部放电的定义及局部放电的类型。（3分）

考核知识点：局部放电基础知识

难易度：易

标准答案：

在电场作用下，导体间绝缘仅部分区域被击穿（没有贯穿施加电压的导体之间）的电气放电现象称为局部放电。局部放电的类型有绝缘（内部）、电晕（针尖）、沿面、悬浮、颗粒等。

Jb0111532010　特高频局部放电检测有哪些特点？（4分）

考核知识点：特高频局部放电基础知识

难易度：中

标准答案：
（1）对空气中电晕放电干扰不敏感，但对架空线上的悬浮导体放电有反应。
（2）对 GIS 的各种放电性缺陷均具有较高的敏感度。
（3）不能发现弹整松动、粉尘飞舞等非放电性缺陷。
（4）信号传播衰减小，检测范围大，通常可达十几米。

Jb0112532011　超声波局部放电检测有哪些特点？（4 分）
考核知识点：超声波局部放电基础知识
难易度：中
标准答案：
（1）对电气干扰不敏感，但易受机械或电磁振动的影响。
（2）对自由颗粒缺陷具有较高的检测灵敏度，但对固体绝缘表面及内部的缺陷敏感度较低。
（3）能发现弹垫松动、粉尘飞舞等非放电性缺陷。
（4）传播衰减很大，检测范围小，适合缺陷定位。

Jb0111531012　局部放电检测方法中，可以进行放电源定位的有哪些？（3 分）
考核知识点：局部放电基础知识
难易度：易
标准答案：
（1）特高频法。
（2）超声波法。
（3）暂态地电波法。

Jb0111532013　能够应用特高频局部放电检测方法进行检测的设备主要包括哪些？（3 分）
考核知识点：特高频局部放电基础知识
难易度：中
标准答案：
（1）开关柜。
（2）GIS。
（3）高压电缆终端。

Jb0114532014　暂态地电压局部放电检测数据的常用分析技术有哪几种？（4 分）
考核知识点：暂态地电压局部放电基础知识
难易度：中
标准答案：
（1）横向分析。
（2）趋势分析。
（3）统计分析。
（4）阈值比较。

Jb0111531015　目前常见的电力设备局部放电检测法包括哪些？（4 分）
考核知识点：局部放电基础知识

难易度：易

标准答案：

（1）脉冲电流法。

（2）无线电干扰测量法。

（3）特高频检测法。

（4）暂态地电压法。

Jb0114531016　暂态地电压检测设备的必要组成部分有哪些？（3分）

考核知识点：暂态地电压仪器参数

难易度：易

标准答案：

（1）信号调理电路。

（2）微处理器电路。

（3）通信接口。

Jb0114533017　暂态地电压检测设备的测量结果与什么密切相关？（4分）

考核知识点：暂态地电压数据分析

难易度：难

标准答案：

（1）暂态地电压传感器的设计参数。

（2）局部放电信号的频谱特性。

（3）检测设备内部的检测阻抗参数。

（4）检测设备的频带范围。

Jb0114532018　暂态地电压检测设备的主要技术指标有哪些？（4分）

考核知识点：暂态地电压技术指标

难易度：中

标准答案：

（1）频带范围。

（2）测量范围。

（3）重复率。

（4）标称电容。

Jb0112532019　超声波局部放电检测对哪种放电模型灵敏？（3分）

考核知识点：超声波基础知识

难易度：中

标准答案：

（1）绝缘子表面放电模型。

（2）电晕放电模型。

（3）尖端放电模型。

Jb0111532020　特高频局部放电检测对哪种放电模型灵敏？（3分）

考核知识点： 特高频基础知识

难易度： 中

标准答案：

（1）沿面放电模型。

（2）绝缘子表面放电模型。

（3）尖端放电模型。

Jb0112532021　超声波局部放电检测设备的主要技术指标包括哪些？（4分）

考核知识点： 超声波技术指标

难易度： 中

标准答案：

（1）标称频率。

（2）测量范围。

（3）灵敏度。

（4）声压。

Jb0111532022　特高频局部放电检测设备的主要技术指标包括哪些？（6分）

考核知识点： 特高频技术指标

难易度： 中

标准答案：

（1）声压。

（2）灵敏度。

（3）重复率。

（4）方向性。

（5）测量范围。

（6）标称频率。

Jb0111532023　GIS中有可能引起电场畸变的主要绝缘缺陷包括哪些？（4分）

考核知识点： 缺陷分析

难易度： 中

标准答案：

（1）自由金属微粒。

（2）绝缘子气隙。

（3）绝缘子表面金属污染物。

（4）悬浮电极。

Jb0111531024　检测高压开关柜局部放电时需要记录哪些环境参数？（4分）

考核知识点： 局部放电检测环境参数

难易度： 易

标准答案：

（1）背景噪声。

（2）开关室温度。

（3）开关室湿度。
（4）天气情况。

Jb0111532025　单次巡检时需要进行哪些分析？（4 分）
考核知识点：数据分析
难易度：易
标准答案：
（1）横向分析。
（2）阈值比较。

Jb0114532026　累积一定暂态地电压检测数据后可以进行哪些分析？（4 分）
考核知识点：暂态地电压数据分析
难易度：中
标准答案：
（1）横向分析。
（2）趋势分析。
（3）统计分析。
（4）阈值比较。

Jb0112531027　根据传感探头是否接触电力设备进行分类，超声波局部放电检测技术可分哪几类？（4 分）
考核知识点：超声波仪器参数
难易度：易
标准答案：
（1）接触式。
（2）非接触式。

Jb0114532028　简述暂态地电压的检测部位。（4 分）
考核知识点：暂态地电压标准化操作
难易度：中
标准答案：
（1）开关柜前部中下。
（2）开关柜后部上中下。
（3）具备报警设置功能及告警功能。
（4）具备数据管理和数据导入导出功能。

Jb0111532029　GIS 特高频局部放电检测技术的关键技术包括什么？（3 分）
考核知识点：特高频仪器参数
难易度：中
标准答案：
（1）有效检测 GIS 内部局部放电并采集数据（峰值）。
（2）有效信号与噪声信号分离。

（3）缺陷类型自动识别。

Jb0111533030 对运行状态下 GIS 进行超声波及特高频局部放电检测时，同步信号可从哪些部位接取？（4 分）

考核知识点：超声波及特高频标准化操作

难易度：难

标准答案：

（1）使用现场的检修电源，采用内同步法接取同步信号。

（2）从现场电压互感器二次侧使用外同步法接取同步信号。

（3）现场使用小型发电机供电，采用内同步法接取同步信号。

（4）使用逆变电源从蓄电池供电，采用内同步法接取同步信号。

Jb0111531031 GIS 局部放电检测较为有效的方法有什么？（4 分）

考核知识点：GIS 局部放电检测基础知识

难易度：易

标准答案：

（1）特高频法。

（2）超声波法。

Jb0114531032 暂态地电压检测对哪种放电模型灵敏？（3 分）

考核知识点：暂态地电压基础知识

难易度：易

标准答案：

（1）绝缘子内部缺陷模型。

（2）电晕放电模型。

（3）尖端放电模型。

Jb0112531033 超声波检测对哪种放电模型灵敏？（3 分）

考核知识点：超声波基础知识

难易度：易

标准答案：

（1）绝缘子表面放电模型。

（2）电晕放电模型。

（3）尖端放电模型。

Jb0112531034 能够应用接触式超声波局部放电检测方法进行检测的设备有哪些？（4 分）

考核知识点：超声波局放基础知识

难易度：易

标准答案：

（1）GIS。

（2）高压电缆终端。

Jb0112531035　便携式超声波局部放电检测仪主要组成部件有哪些？（3分）

考核知识点：仪器参数

难易度：易

标准答案：

（1）声发射传感器。

（2）检测主机。

（3）前置放大器。

Jb0111532036　便携式特高频局部放电检测仪主要组成部件有哪些？（4分）

考核知识点：仪器参数

难易度：中

标准答案：

（1）耦合器。

（2）信号采集单元。

（3）信号放大器。

（4）控制电脑（系统软件）。

Jb0112532037　以相位相关性为基础的超声波局部放电检测流程主要有哪几种检测模式？（4分）

考核知识点：超声波检测模式

难易度：中

标准答案：

（1）连续检测模式。

（2）相位检测模式。

（3）脉冲检测模式。

（4）时域波形检测模式。

Jb0112532038　GIS超声波局部放电检测时传感器上涂抹耦合剂的作用是什么？（4分）

考核知识点：超声波标准化操作

难易度：中

标准答案：

（1）消除传感器与罐体之间的气泡，减少信号衰减。

（2）在手持传感器时，减少因抖动造成的干扰。

Jb0112531039　超声波局部放电检测最常使用的局部放电检测谱图有哪几种？（3分）

考核知识点：超声波谱图类别

难易度：易

标准答案：

（1）相位谱图。

（2）飞行模式谱图。

（3）连续模式谱图。

Jb0111531040　特高频局部放电检测最常使用的局部放电检测谱图有哪些？（4分）

考核知识点： 特高频谱图类别

难易度： 易

标准答案：

（1）相位谱图。

（2）脉冲信号谱图。

Jb0111532041　判断 GIS 内部尖刺位于导体上还是位于壳体上可用哪几种方法？（3分）

考核知识点： 缺陷分析

难易度： 中

标准答案：

（1）信号同步后采用相位法。

（2）根据超声波传感器能检到信号的区域大小及信号变化情况判断。

（3）超声波检测时改变检测带宽观察信号变化大小。

Jb0111532042　判断 GIS 内部放电危害性，必须考虑哪些因素？（4分）

考核知识点： 缺陷分析

难易度： 中

标准答案：

（1）放电信号大小。

（2）放电位置。

（3）放电类型。

（4）放电信号变化趋势。

Jb0111532043　GIS 罐体内部颗粒的来源有哪些？（4分）

考核知识点： 缺陷分析

难易度： 中

标准答案：

（1）安装时未清理干净遗留的颗粒。

（2）机械部件振动摩擦掉落的粉尘颗粒。

（3）固体吸附剂掉落的颗粒。

（4）断路器切断故障电流时，电弧烧蚀产生的粉尘颗粒。

Jb0111532044　GIS 内部的自由颗粒表现特征有哪些？（4分）

考核知识点： 缺陷分析

难易度： 中

标准答案：

（1）雷电冲击电压影响很小。

（2）工频耐压会有很大的降低。

（3）信号表征不重复，随机性强。

（4）飞入高场强区非常危险。

第四节　油　　气

Jb0442531001　电气设备使用 SF_6 气体作为绝缘介质主要利用其哪些优点？（2 分）

考核知识点：SF_6 基础知识

难易度：易

标准答案：

（1）SF_6 气体是一种强电负性气体，具有良好的绝缘性能和灭弧性能，在均匀电场下，SF_6 气体的绝缘强度为同一气压下空气的 2.5～3 倍。SF_6 气体的灭弧能力约为空气的 100 倍。

（2）SF_6 气体是一种无毒、不可燃的惰性气体，具有良好的化学稳定性和热稳定性。

Jb0442532002　高压电气设备中 SF_6 气体水分的主要来源有哪些？（5 分）

考核知识点：SF_6 基础知识

难易度：中

标准答案：

（1）SF_6 新气中含有的水分。

（2）SF_6 电气设备生产装配中混入的水分。

（3）SF_6 电气设备中的固体绝缘材料带有的水分。

（4）SF_6 电气设备中的吸附剂含有的水分。

（5）大气中的水汽通过 SF_6 电气设备密封薄弱环节渗透到设备内部。

Jb0442532003　设备气室中水分的危害有哪些？（3 分）

考核知识点：SF_6 基础知识

难易度：中

标准答案：

（1）水分在绝缘表面凝结后，会降低绝缘材料的绝缘性能。

（2）SF_6 气体在电弧作用下分解，若有水分和空气存在会生成极强的酸性物质，腐蚀设备。

（3）会加速 SF_6 水解反应，阻碍 SF_6 分解复合过程，从而增加有害分解产物，威胁人员安全。

Jb0442533004　SF_6 气体分解产物的来源有哪些？（4 分）

考核知识点：SF_6 基础知识

难易度：难

标准答案：

（1）SF_6 气体在高温电弧作用下产生的分解产物。

（2）SF_6 气体分解产物与水分发生继发性化学反应产生新的分解产物。

（3）SF_6 气体及分解产物与铜、钨、铝等金属材料发生化学反应产生新的分解产物。

（4）SF_6 气体及分解产物与环氧树脂、环氧酚醛玻璃布板等绝缘材料发生化学反应产生新的分解产物。

Jb0441531005　绝缘油中溶解气体的分析对象有哪些？（2 分）

考核知识点：色谱分析基础知识

难易度：易

标准答案：

氢气、甲烷、乙烯、乙烷、乙炔、一氧化碳、二氧化碳。

Jb0441531006　色谱法分析的优点有哪些？（5分）

考核知识点：色谱分析基础知识

难易度：易

标准答案：

（1）分离效能高。

（2）分析速度快。

（3）灵敏度高。

（4）样品用量少。

（5）适用范围广。

Jb0442532007　用 SF_6 气体做绝缘介质的电气设备有哪些优点？（4分）

考核知识点：SF_6 基础知识

难易度：中

标准答案：

（1）不易着火，安全性好。

（2）占地面积小，安装、操作简便。

（3）性能优良、运行可靠。

（4）使用寿命和检修周期长。

Jb0442532008　在什么情况下需要进行 SF_6 气体分解产物检测？（4分）

考核知识点：SF_6 检测技术

难易度：中

标准答案：

（1）设备发生短路故障或断路器跳闸时。

（2）设备遭受过电压严重冲击时，如雷击等。

（3）设备有异常声响或强烈电磁振动响声时。

（4）怀疑 SF_6 气体质量存在问题或者配合事故分析时。

Jb0441532009　变压器油中溶解气体的来源有哪些？（3分）

考核知识点：色谱分析基础知识

难易度：中

标准答案：

（1）外来引入。

（2）充油设备正常运行时中产生。

（3）充油设备故障状态下运行产生。

Jb0442531010　用 SF_6 气体做绝缘介质的电气设备，现场气体检测项目有哪些？（3分）

考核知识点：SF_6 检测技术

难易度：易

标准答案：

湿度、纯度、分解产物、定性检漏、定量检漏。

Jb0442533011　SF_6气体为什么具体优良的灭弧性能？（4分）

考核知识点：SF_6基础知识

难易度：难

标准答案：

（1）SF_6气体在2000K温度附近具有热传导高峰。

（2）SF_6气体具有负电性。

（3）SF_6气体分子质量大。

（4）SF_6气体介电常数为空气的1/100。

Jb0441533012　气相色谱分析对检测器有何要求？（4分）

考核知识点：色谱分析基础知识

难易度：难

标准答案：

（1）灵敏度高、线性范围宽。

（2）工作性能稳定、重现性好。

（3）对操作条件变化不敏感，噪声小。

（4）死体积小、响应快、响应时间一般应小于1s。

Jb0441532013　色谱分析中“三快”“三防”是指什么？（4分）

考核知识点：色谱分析基础知识

难易度：中

标准答案：

“三快”是指进针快、准，推针要快，取针要快。

“三防”是指防漏出气样、防样气失真、防操作条件变化。

Jb0442533014　对于运行设备的灭弧气室，简述SF_6气体纯度检测指标和评价结果。（5分）

考核知识点：SF_6检测技术

难易度：难

标准答案：

（1）纯度大于等于97%的，评价为正常。

（2）纯度在95%～97%的，建议跟踪，1个月后复检。

（3）纯度小于95%，建议抽真空，重新充气。

Jb0442531015　SF_6电气设备中气体湿度可以用什么测量？（3分）

考核知识点：SF_6检测技术

难易度：易

标准答案：

SF_6电气设备中气体湿度可以用冷凝露点式湿度计、电阻电容式湿度计、电解式湿度计测量。

Jb0441521016　在 5mL 未知浓度的硫酸（H_2SO_4）溶液中加入 95mL 水，用 0.1mol/L NaOH 标准溶液滴定时耗去 28.6mL，问硫酸的物质的量 C（1/2 H_2SO_4）的浓度等于多少？（3 分）

考核知识点：化学分析基础知识

难易度：易

标准答案：

$$0.1 \times 28.6 \div 5 = 0.572\ (\text{mol/L})$$

硫酸的物质的量的浓度 C（1/2 H_2SO_4）等于 0.572mol/L。

Jb0441522017　求 0.2mol/L H_2SO_4 溶液的 pH 值。（3 分）

考核知识点：化学分析基础知识

难易度：中

标准答案：

0.2mol/L H_2SO_4 溶液的［H^+］为

$$0.2 \times 2 = 0.4\ (\text{mol/L})$$

溶液的 pH 值计算如下

$$\text{pH} = -\lg[H^+] = -\lg 0.4 = 0.40$$

0.2mol/L H_2SO_4 溶液的 pH 值为 0.40。

Jb0442533018　SF_6 气体的临界常数有哪两个？分别是多少？（4 分）

考核知识点：SF_6 基础知识

难易度：难

标准答案：

临界温度表示气体可被液化的最高温度。在临界温度时使气体液化所需的最小压力称为临界压力。

SF_6 气体的临界压力和临界温度较高，临界压力为 3.84MPa，临界温度为 45.54℃，此时的密度是 7.3g/L。

Jb0442533019　SF_6 气体中的水分对设备的危害有哪些？（4 分）

考核知识点：SF_6 基础知识

难易度：难

标准答案：

（1）水解反应生成氢氟酸、亚硫酸，严重腐蚀电气设备。

（2）加剧低氟化物水解。

（3）使金属氟化物水解。

（4）在设备内部结露。

Jb0442532020　简述 SF_6 气体的电气特性。（4 分）

考核知识点：SF_6 基础知识

难易度：中

标准答案：

SF_6 气体是强负电性气体，即捕获自由电子形成负离子的倾向较强。在温度 20℃下，SF_6 气体具有高绝缘强度、高灭弧能力和高散热性。

Jb0441533021　变压器内热解气体传质过程包含哪几个方面？（3分）

考核知识点：色谱分析基础知识

难易度：难

标准答案：

（1）热解气体气泡的运动与交换。

（2）热解气体的析出与逸散。

（3）热解气体的隐藏与重现。

Jb0441531022　变压器油的功能有哪些？（5分）

考核知识点：绝缘油基础知识

难易度：易

标准答案：

（1）绝缘作用。

（2）散热冷却作用。

（3）灭弧作用。

（4）保护铁芯和线圈组件的作用。

（5）延缓氧对绝缘材料的侵蚀。

Jb0441532023　在色谱分析中，何谓分辨率与分离度？（4分）

考核知识点：色谱分析基础知识

难易度：中

标准答案：

（1）分辨率又称分辨度，它等于相邻两组分色谱峰保留值之差与此两峰峰底宽度总和之半的比值。

（2）分离度是指相邻的两个色谱峰中，小峰峰高和两峰交点的高度之差与小峰峰高的比值。

Jb0441531024　绝缘油的常规试验项目有哪些？（6分）

考核知识点：绝缘油试验基础知识

难易度：易

标准答案：

（1）外状。

（2）水溶性酸（pH值）。

（3）酸值试验。

（4）闪点（闭口）。

（5）水分。

（6）界面张力。

（7）介质损耗因数。

（8）击穿电压。

（9）体积电阻率。

（10）油中含气量。

（11）油泥与沉淀物。

Jb0441533025　影响变压器油油质劣化的基本因素有哪些？（6分）

考核知识点：绝缘油试验基础知识

难易度：难

标准答案：

（1）高温加速油质劣化速度，当油温在 70℃以上，每升高 10℃油的氧化速度增加 1.5～2 倍。

（2）变压器油长期和空气中氧接触受热，会产生酸、树脂、沉淀物，使绝缘材料严重劣化。

（3）油中进入水分、潮气、电气绝缘性明显下降，易击穿。

Jb0441532026　变压器油采取的防劣措施常见的有哪些？（5 分）

考核知识点：绝缘油试验基础知识

难易度：中

标准答案：

（1）变压器加装虹吸过滤器。

（2）运行中变压器油添加抗氧化剂。

（3）变压器密封充氮。

（4）变压器采用储油柜隔膜密封保护。

（5）采用硅胶袋防止变压器油劣化。

Jb0441532027　油中水分测定方法常用哪些？（4 分）

考核知识点：绝缘油试验基础知识

难易度：中

标准答案：

（1）水分定性测定法。

（2）水分测定蒸馏法。

（3）微量水分库仑法。

（4）微量水分气相色谱法。

Jb0441532028　油中含气量测定常用哪些方法？（5 分）

考核知识点：绝缘油试验基础知识

难易度：中

标准答案：

（1）二氧化碳洗脱法。

（2）真空脱气法。

（3）真空压差法。

（4）薄膜真空脱气法。

（5）气相色谱法。

Jb0441531029　列出国际电工委员会（IEC）油中溶解气体的“三比值”法的编码规则。（5 分）

考核知识点：充油电气设备故障诊断基础知识

难易度：易

标准答案：

编码规则见表 Jb0441531029。

表 Jb0441531029

特征气体比值	比值范围编码		
	C_2H_2/C_2H_4	CH_4/H_2	C_2H_4/C_2H_6
<0.1	0	1	0
0.1～1	1	0	0
1～3	1	2	1
>3	2	2	2

Jb0441532030 油品中水分的来源有哪些？（4 分）

考核知识点：绝缘油试验基础知识

难易度：中

标准答案：

（1）在运输和储存过程中，水分侵入到油品中。

（2）用油设备在安装过程中，干燥处理不彻底，或在运行中由于设备缺陷而使水分侵入油中。

（3）油在使用中，由于运行条件的影响，油逐渐地被氧化，油在自身的氧化过程中，也伴随着有水分的生成。

（4）油品本身具有吸潮性。

Jb0441533031 影响绝缘油击穿电压的因素有哪些？（5 分）

考核知识点：绝缘油试验基础知识

难易度：难

标准答案：

（1）水分，能影响击穿电压灵敏度。

（2）油中含有微量的气泡，会使击穿电压明显下降。

（3）温度对击穿电压的影响视油中杂质和水分的含量不同。

（4）当油中既含有游离碳，又含有水分时，油的击穿电压随碳微粒量的增加而下降。

（5）油老化后生成的酸等产物，是使水保持乳化状态的不利因素。

Jb0441532032 对变压器做绝缘油耐压试验时，取油样要注意什么？（4 分）

考核知识点：绝缘油试验基础知识

难易度：中

标准答案：

（1）用 500～1000mL 取样瓶，先用洗涤剂进行清洗，再用自来水冲洗，最后用蒸馏水洗净，烘干、冷却后，盖紧瓶塞。

（2）对于变压器、油断路器或其他充油电气设备，应从下部阀门处取样。取样前油阀门需先用干净甲级棉纱或布擦净，再放油冲洗干净。

Jb0441533033 热导检测器的工作原理是什么？（5 分）

考核知识点：色谱分析基础知识

难易度：难

标准答案：

在通入恒定的工作电流和恒定的载气流量时，敏感元件的发热量和载气带走的热量保持恒定，使敏感元件的温度恒定，阻值不变，从而使电桥保持平衡，此时无信号输出。当被测物质与载气一同进入热导池测量臂时，由于混合气体的热导率与纯净载气不同，因此带走的热量也不同，使得敏感元件的温度发生改变，阻值也发生改变，电桥产生不平衡电位，产生输出信号。

第五节　技术管理与培训

Jb0661532001　在哪些设备同时停、送电时可使用同一张工作票？（3分）

考核知识点：“两票”管理规定

难易度：中

标准答案：

（1）属于同一电压等级、位于同一平面场所，工作中不会触及带电导体的几个电气连接部分。

（2）一台变压器停电检修，其断路器（开关）也配合检修。

（3）全站停电。

Jb0662532002　现场如何进行变电检测？（3分）

考核知识点：安全防护措施

难易度：中

标准答案：

（1）开工前，工作负责人应做好技术交底和安全措施交底。

（2）开工后，工作负责人组织实施，做好现场安全、技术和结果控制。

（3）班组成员严格按照仪器设备操作规范、标准作业卡进行现场检测，检测现场应无杂物，使用的工器具、材料应摆放整齐有序；及时排除检测方法、检测仪器以及环境干扰问题。

（4）及时、准确记录并保存试验数据、检测谱图。

Jb0662532003　标准作业卡如何执行？（5分）

考核知识点：标准作业化流程

难易度：中

标准答案：

（1）现场工作开工前，工作负责人应组织全体工作人员对标准作业卡进行学习，重点交代人员分工、关键工序、安全风险辨识和预控措施等，全体工作人员应签字确认。

（2）工作过程中，工作负责人应对安全风险、关键工艺要求及时进行提醒。

（3）工作负责人应及时在标准作业卡上对已完成的工序打钩，并记录有关数据。

（4）全部工作完毕后，全体工作人员应在标准作业卡中签名确认。工作负责人应对现场标准化作业情况进行评价，针对问题提出改进措施。

（5）已执行的标准作业卡至少应保留一个检修周期。

Jb0662532004　简述带电检测的定义。（3分）

考核知识点：带电检测基础知识

难易度：中

标准答案：

带电检测是指在设备带电运行条件下，对设备状态量进行的现场检测，以设备存在缺陷时产生的声、光、电、磁、热等异常现象为突破口，重点监测振动、超声波、电磁波、发热等参数，可用于发现运行的电气设备存在的潜在性故障。

Jb0661532005　如何正确使用和保管绝缘手套？（4 分）

考核知识点：安全工器具管理规定

难易度：中

标准答案：

（1）使用前应检查有无漏气或裂口等。

（2）应将外衣袖口放入手套的伸长部分。

（3）使用后必须擦干净，单独存放。

（4）每半年应做一次试验，不合格的禁用。

Jb0661533006　带电检测常见设备有哪些？（6 分）

考核知识点：仪器参数

难易度：难

标准答案：

（1）局放测试仪。能在电气设备运行时迅速捕捉到设备的局部放电现象，并记录放电的峰值、波形等参数。

（2）超声波测试仪。能准确捕捉到配电室内，诸如变压器、开关柜、绝缘装置、断路器、继电器、母线排的放电现象，以及测量 SF_6 气体泄漏等无法从感官上观察到的声波变化。

（3）红外热像仪。能准确到检测到设备元器件的温度以及温度的变化，通过高新科技热成像技术，直观地看到设备各点的温度值，快速判断设备的整体运行状态。

Jb0662532007 《变电检测管理规定》对人员培训的项目有哪些？（4 分）

考核知识点：《变电检测管理规定》

难易度：中

标准答案：

（1）变电设备检测管理要求。

（2）变电设备结构原理。

（3）变电设备检测原理、项目要求。

（4）变电设备检测工器具及仪器仪表使用方法。

第二章　中　级　工

第一节　电　　流

Jb0223431001　常用避雷器泄漏电流检测仪的电流取样方式有哪些？（3分）

考核知识点：检测方式

难易度：易

标准答案：

电流取样方式有放电计数器短接法、钳形电流传感器法两种。

Jb0222432002　电容型设备相对介质损耗因数和电容量比值带电检测前应完成哪些准备工作？（5分）

考核知识点：检测前准备工作

难易度：中

标准答案：

（1）带电检测应在天气良好条件下进行，确认空气相对湿度应不大于80%，环境温度不低于5℃，否则应停止工作。

（2）选择合适的参考设备，并备有参考设备、被测设备的停电例行试验记录和带电检测试验记录。

（3）核对被试设备、参考设备运行编号、相位，查看并记录设备铭牌。

（4）使用万用表检查测试引线，确认其导通良好，避免设备末屏或者低压端开路。

（5）开机检查仪器是否电量充足，必要时需要使用外接交流电源。

Jb0222433003　电容型设备相对介质损耗因数及电容量比值测量仪器应具备的主要功能有哪些？（5分）

考核知识点：仪器参数

难易度：难

标准答案：

（1）取样单元串接在电容型设备接地线上，应具备必要的保护措施（如二极管和放电间隙），以防止意外（如测量引线断开）导致设备末屏开路，并能够承受过电压的冲击。

（2）测试仪器提供绝对测量法和相对测量法两种测量模式，现场使用操作灵活、方便。

（3）测试仪器内置大功率蓄电池，充满电后至少能够连续工作4h。

（4）测试仪器具备数据存储、导入/导出和查询功能。

（5）测试仪器具备自校验仪功能，测量时自动发送工频小电流校验信号给两个通道的电流传感器，检查测试仪器是否工作正常，测试精度是否满足要求。

Jb0222422004　画出电容型设备相对介质损耗因数及电容量比值带电检测时绝对测量法测试原理图和相量图。（4分）

考核知识点：检测原理知识

难易度：中

标准答案：

如图 Jb0222422004 所示。

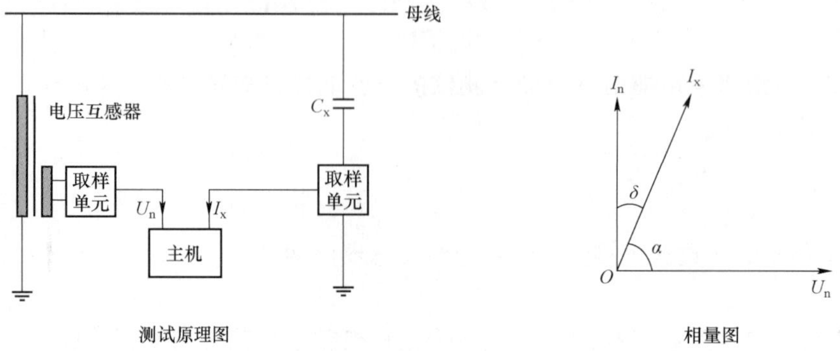

图 Jb0222422004

Jb0221432005　简述铁芯接地电流检测步骤。（5分）

考核知识点：检测步骤

难易度：中

标准答案：

（1）打开测量仪器，电流选择适当的量程，频率选取工频（50Hz）量程进行测量，尽量选取符合要求的最小量程，确保测量的精确度。

（2）在接地电流直接引下线段进行测试：历次测试位置应相对固定，将钳形电流表置于器身高度的下 1/3 处，沿接地引下线方向，上下移动仪表观察数值应变化不大，测试条件允许时还可以将仪表钳口以接地引下线为轴左右转动，观察数值也不应有明显变化。

（3）使钳形电流表与接地引下线保持垂直。

（4）待电流表数据稳定后，读取数据并做好记录。

Jb0221431006　Q/GDW 1168—2013《输变电设备状态检修试验规程》中，油浸式和 SF_6 变压器的铁芯接地电流测量周期是如何规定的？（4分）

考核知识点：检测周期

难易度：易

标准答案：

（1）油浸式变压器：220kV 及以上，1 年；110（66）kV 及以下，2 年。

（2）SF_6 变压器：1 年。

Jb0223432007　避雷器泄漏电流检测的安全要求是什么？（6分）

考核知识点：安全要求

难易度：中

标准答案：

（1）应严格执行电力安全工作规程的相关要求。

（2）应在良好的天气下进行，如遇雷、雨、雪、雾不得进行该项工作，风力大于 5 级时，不宜进行该项工作。

（3）检测时应确保操作人员及试验仪器与电力设备的高压部分保持足够的安全距离。

（4）检测时要防止误碰误动其他设备。

（5）使用传感器进行检测时，应戴绝缘手套，避免手部直接接触传感器金属部件。

（6）从电压互感器获取电压信号时，应有专人做监护并做好防止二次回路短路的措施。

Jb0221432008　电缆外护套接地电流检测原理是什么？（4 分）

考核知识点：检测原理知识

难易度：中

标准答案：

单芯高压电缆线路接地方式采用单端接地或交叉互联接地，正常情况下金属护套上接地电流为零或很小。单芯高压电缆线路外护层发生老化或破损等现象时，金属护套上接地电流将有明显变化。通过测量单芯高压电缆线路金属护套接地电流，可以及时反映电缆线路外护层的健康状况。

Jb0221431009　《国家电网公司变电检测通用管理规定》中，变压器铁芯接地电流检测标准是什么？（3 分）

考核知识点：判断标准

难易度：易

标准答案：

铁芯接地电流检测结果应符合以下要求：

（1）1000kV 变压器：≤300mA（注意值）。

（2）其他变压器：≤100mA（注意值）。

（3）与历史数值比较无较大变化。

Jb0222432010　《国家电网公司变电检测通用管理规定》中，电容型设备相对介质损耗因数和电容量比值带电检测标准是什么？（3 分）

考核知识点：判断标准

难易度：中

标准答案：

电容型设备相对介质损耗因数和电容量比值测试结果应满足下列标准：同相设备介损测量值（$\tan\delta_x - \tan\delta_n$）与初始测量值比较，变化量不大于 0.003；电容量比值（C_x/C_n）与初始测量值比较，初值差不超过±5%。

Jb0223432011　避雷器运行中持续电流检测的电流取样方式有哪些？（4 分）

考核知识点：操作方法

难易度：中

标准答案：

电流取样方式有放电计数器短接法、钳形电流传感器法两种。

（1）放电计数器短接法。若避雷器下端泄漏电流表为高阻型，则采用测试线夹将其短接，通过测试仪器内部的高精度电流传感器获得电流信号。

（2）钳形电流传感器法。若避雷器下端泄漏电流表为低阻型，则采用高精度钳形电流传感器采样。

Jb0223432012　避雷器运行中持续电流检测时，电压取样中二次电压法是什么？（3 分）

考核知识点：操作方法

难易度：中

标准答案：

二次电压法是指电压信号取自待测金属氧化物避雷器同间隔的电压互感器二次电压。其传输方式分为有线传输和无线传输方式两种。

Jb0222422013　画出基于电压互感器进行 10、35kV 母线电容电流测试的检测原理图。（5 分）

考核知识点：检测原理知识

难易度：中

标准答案：

检测原理图如图 Jb0222422013 所示。

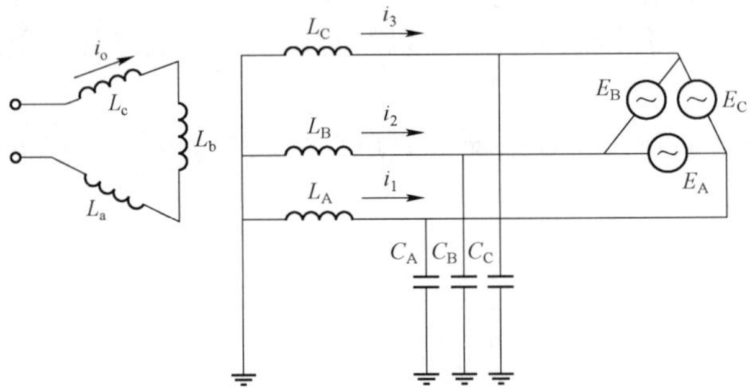

图 Jb0222422013

Jb0222433014　简述 10、35kV 母线电容电流检测步骤。（10 分）

考核知识点：检测步骤

难易度：难

标准答案：

（1）核查母线电压互感器高压侧中性点是否安装高阻消谐器，如有，申请调度部门将母线电压互感器退出运行。

（2）退出电压互感器，将高阻消谐器短接，将母线电压互感器恢复运行。

（3）核查被测系统是否有运行中的消弧线圈，如有，申请调度部门将消弧线圈退出运行。

（4）试验人员测量电压互感器开口三角两端的电压，如果电压高于 5V，应查明原因，检查被测系统中是否存在零序故障和设备高阻接地故障，如果存在，应在消除故障后进行电容电流测试。

（5）低于 5V 可以开始进行测试工作。将电容电流测试仪电流输出端接于电压互感器开口三角两端，打开测量仪器，选择适当的量程进行测试。

（6）读取数据并做好记录，重复测试 3 次，如果测试数据相差小于 1%，取三相平均值，作为电容电流测试结果。

（7）测试结束后，退出电压互感器，拆除消谐器上的短接线，然后将母线电压互感器恢复运行。

（8）继续进行其他母线的电容电流测量。

Jb0113423015　画出高频电流传感器局部放电检测等效电路图。（7 分）

考核知识点：高频电流传感器知识

难易度：难

标准答案：

等效电路如图 Jb0113423015 所示。

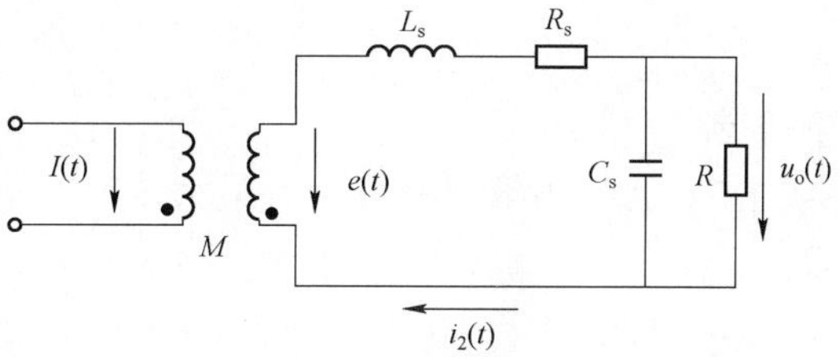

图 Jb0113423015

M—被测导体与高频电流传感器线圈之间的互感；L_s—线圈的自感；R_s—线圈的等效电阻；C_s—线圈的等效杂散电容；R—负载积分电阻；$u_o(t)$—高频电流传感器的输出电压信号；$I(t)$—被测导体中流过的局部放电脉冲电流

Jb0113433016　简述高频局部放电检测步骤。（10 分）

考核知识点：检测步骤

难易度：难

标准答案：

（1）根据不同的电力设备及现场情况选择适当的测试点，保持每次测试点的位置一致，以便于进行比较分析。

（2）在设备末屏接地端（包括变压器铁芯、避雷器接地引下线等）安装高频局部放电传感器和相位信息传感器，设备电流方向应与传感器的标注要求一致。

（3）开机后，运行监测软件，检查主机与电脑通信状况、同步状态、相位偏移等参数。

（4）进行系统自检，确认各检测通道工作正常。

（5）测试背景噪声。测试前将仪器调节到最小量程，测量空间背景噪声值并记录。

（6）根据现场噪声水平设定各通道信号检测阈值。

（7）开始测试，打开连接传感器的检测通道，观察检测到的信号。测试时间不少于 60s。

（8）如果发现信号无异常，保存数据，退出并改变检测位置继续下一点检测；如果发现信号异常，则延长检测时间并记录 3 组数据，进入异常诊断流程。

（9）对于异常的检测信号，可以使用诊断型仪器进行进一步的诊断分析，也可以结合其他检测方法进行综合分析。

Jb0113432017　相对介质损耗因数和电容量比值检测时，检测仪器的主要技术指标有哪些？（4 分）

考核知识点：技术指标

难易度：中

标准答案：

（1）电流信号：1～1000mA，±（标准读数 × 0.5% + 0.1mA）。

（2）电压信号：3～300V，±（标准读数 × 0.5% + 0.1V）。

（3）介质损耗因数：−1～1，±（标准读数绝对值 × 0.5% + 0.001）。

（4）电容量：100～50000pF，±（标准读数 × 0.5% + 1pF）。

Jb0222432018　母线电容电流检测对仪器的主要技术指标有哪些要求？（7 分）

考核知识点：技术指标

难易度：中

标准答案：

（1）检测电流范围：1～200A。

（2）满足抗干扰性能要求。

（3）分辨率：不大于 0.01A。

（4）检测频率范围：20～200Hz。

（5）测量误差要求：±1%或±0.01A（测量误差取两者最大值）。

（6）温度范围：−10～50℃。

（7）环境相对湿度：5%～80%。

Jb0222432019　母线电容电流检测对仪器的主要功能有哪些要求？（4 分）

考核知识点：仪器参数

难易度：中

标准答案：

电容电流检测仪应具备以下基本功能：

（1）电容电流检测仪应满足异频注入法测试要求。

（2）电容电流检测仪具备数据超限警告、存储功能，检测数据导入、导出、查询功能。

Jb0552432020　介电系数在绝缘结构中的意义是什么？（6 分）

考核知识点：电气知识

难易度：中

标准答案：

高压电气设备的绝缘结构大都由几种绝缘介质组成，不同的绝缘介质其介电系数也不同。介电系数小的介质所承受的电场强度高，如高压设备的绝缘材料中有气隙，气隙中空气的介电系数较小，则电场强度多集中在气隙上，常使气隙中空气先行游离而产生局部放电，促使绝缘老化，甚至绝缘层被击穿，引起绝缘体电容量的变化。因此，在绝缘结构中介电系数是影响电气设备绝缘状况的重要因素。

Jb0221432021　变压器铁芯接地电流检测装置应具备哪些基本功能？（6 分）

考核知识点：仪器参数

难易度：中

标准答案：

（1）钳形电流互感器卡钳内径应大于接地线直径。

（2）应有多个量程供选择，且具有量程 200mA 以下的最小挡位。

（3）应具备电池等可移动式电源，且充满电后可连续使用 4h 以上。

（4）具备数据超限警告，检测数据导入、导出、查询、电流波形实时显示功能。

（5）具备检测软件升级功能。

（6）具备电池电量显示及低电量报警功能。

Jb0221432022　简述电缆外护层接地电流检测的步骤。（3 分）

考核知识点：检测步骤

难易度：中

标准答案：

（1）检测前，钳型电流表处于正确挡位，量程由大至小调节，测试接地电流。

（2）记录负荷电流。

（3）做好测量数据记录。

Jb0223431023 泄漏电流检测能检测什么？（3分）

考核知识点：仪器参数

难易度：易

标准答案：

泄漏电流检测仪能够检测避雷器全电流、阻性电流基波及其谐波分量、有功功率、相角等值。

Jb0223432024 泄漏电流检测仪器的主要技术指标有哪些？（4分）

考核知识点：技术指标

难易度：中

标准答案：

（1）全电流测量范围为1μA～50mA，准确度为±1%或±1μA，测量误差取两者最大值。

（2）阻性电流测量范围为1μA～10mA，准确度为±1%或±1μA，测量误差取两者最大值。

（3）仪器充电电源：100～250V，50Hz。

（4）仪器电池持续工作时间不小于6h。

Jb0223433025 简述泄漏电流检测仪器的功能要求。（8分）

考核知识点：仪器参数

难易度：难

标准答案：

（1）所有测量均符合规范的电工理论，仪器性能可以通过实验室验证和校准。

（2）全数字波形处理软件，配合高速微处理器，实现精确稳定地测量。

（3）带背光的大屏幕液晶显示器，白天夜间均能清晰观察，可观察全部数据，也可以观察主要数据。

（4）可显示参考电压、全电流、阻性电流基波、基波容性电流值、有功功率。

（5）具备抗外部干扰的功能，并且可以手动设置由于相间干扰引起的偏移角，消除干扰。

（6）可选择测量方式。

（7）外接电源时，保证仪器使用的电源电压为220V，频率为50Hz。

（8）电压采集单元宜具备无线传输功能。

Jb0113432026 简述高压套管高频局部放电检测方法。（3分）

考核知识点：操作方法

难易度：中

标准答案：

（1）应从套管末屏接地线上取电流信号。

（2）当怀疑存在局部放电时，应结合其他检测放电的检测结果进行综合分析。

（3）当高压套管用于变压器或电抗器时，其内部局部放电会在套管测试数据表征出来，因此要结合变压器或电抗器本体测试结果综合分析。

Jb0113432027　简述高频局部放电检测的步骤。（5分）

考核知识点：检测步骤

难易度：中

标准答案：

（1）测试前检查测试环境，排除干扰源。

（2）将传感器（高频电流传感器或其他传感器）安装于检测部位。

（3）选择适合的频率范围，可采用仪器的推荐值。

（4）对所有检测部位进行高频局放检测，在检测过程保证高频传感器方向一致，记录测量数据。

（5）当监测到异常时，记录异常信号放电谱图、分类谱图以及频谱图，并给出初步分析判断结论。

第二节　光　　学

Jb0332431001　一般红外热像仪的使用波段是什么？（3分）

考核知识点：仪器参数

难易度：易

标准答案：

一般红外热像仪使用的波段为短波（3～5μm）、长波（8～14μm）。

Jb0332432002　简述红外测温精确检测的现场操作方法。（5分）

考核知识点：操作方法

难易度：中

标准答案：

（1）宜选取2个以上不同的检测方向和角度，确定最佳检测位置。

（2）正确选择被测设备表面的辐射率。

（3）将大气温度、相对湿度、测量距离等补偿参数输入，进行必要修正。

（4）发现设备可能存在温度分布特征异常时，应手动进行温度范围及电平的调节，使异常设备或部位突出显示。

（5）记录被检设备的实际负荷电流、额定电流、运行电压及被检物体温度及环境温度值，同时记录热像图等。

Jb0331432003　利用 SF_6 气体红外成像检漏仪对设备数量较多的组合电器进行检漏时，应重点检测哪些关键部位？（3分）

考核知识点：检测方法

难易度：中

标准答案：

应重点检测法兰密封面、密度继电器、密度继电器校验阀、SF_6 气体管路、伸缩节及壳体焊缝等关键部位。

Jb0332432004　简述电力电缆开展红外热像检测试验的主要检测的部位。（4分）

考核知识点：标准化流程

难易度：中

标准答案：

（1）电缆终端。

（2）非直埋式电缆中间接头。

（3）交叉互联箱。

（4）电缆外护套。

Jb0332432005 红外检测对检测人员的要求是什么？（4分）

考核知识点：人员要求

难易度：中

标准答案：

红外检测属于设备带电检测，检测人员应具备以下条件：

（1）熟悉红外诊断技术的基本原理和诊断程序，了解红外热像仪的工作原理、技术参数和性能，掌握热像仪的操作程序和使用方法。

（2）了解被检测设备的结构特点、工作原理、运行状况和导致设备故障的基本因素。

（3）熟悉相关标准，接受过红外热像检测技术培训，并经相关机构培训合格。

（4）有一定的现场工作经验，熟悉并能严格遵守电力生产和工作现场的有关安全管理规定。

Jb0332432006 简述红外热像检测中的表面温度判断法。（5分）

考核知识点：缺陷判断

难易度：中

标准答案：

表面温度判断法主要适用于电流致热型和电磁效应致热型设备。根据测得的设备表面温度值，对照 DL/T 664—2016《带电设备红外诊断应用规范》的附录 G，结合检测时的环境气候条件和设备的实际电流（负荷）、正常运行中可能出现的最大电流（负荷）以及设备的额定电流（负荷）等进行分析判断。

Jb0332432007 简述红外热像检测中的相对温差判断法。（5分）

考核知识点：缺陷判断

难易度：中

标准答案：

相对温差判断法主要适用于电流致热型设备。特别是对于检测时电流（负荷）较小，且按照表面温度判断法未能确定设备缺陷类型的电流致热型设备，在不与 DL/T 664—2016《带电设备红外诊断应用规范》附录 G 规定相冲突的前提下，采用相对温差判断法，可提高对设备缺陷类型判断的准确性，降低当运行电流（负荷）较小时设备缺陷的漏判率。

Jb0332432008 简述红外热像检测中的图像特征判断法。（5分）

考核知识点：缺陷判断

难易度：中

标准答案：

图像特征判断法主要适用于电压致热型设备。根据同类设备的正常状态和异常状态的热像图，判断设备是否正常。注意应尽量排除各种干扰因素对图像的影响，必要时结合电气试验或化学分析的结果，进行综合判断。

Jb0332432009　简述红外热像检测中的同类比较判断法。（5分）

考核知识点：缺陷判断

难易度：中

标准答案：

同类比较判断法是根据同类设备之间对应部位的表面温差进行比较分析判断。对于电压致热型设备，应结合图像特征判断法进行判断；对于电流致热型设备，应先按照表面温度判断法进行判断，如未能确定设备的缺陷类型，再按照相对温差判断法进行判断，最后才按照同类比较判断法判断。档案（或历史）热像图也多用于同类比较判断。

Jb0332432010　简述红外热像检测中的综合分析判断法。（5分）

考核知识点：缺陷判断

难易度：中

标准答案：

综合分析判断法主要适用于综合致热型设备。对于油浸式套管、电流互感器等综合致热型设备，当缺陷由两种或两种以上因素引起时，应根据运行电流、发热部位和性质，结合其他方法，进行综合分析判断。对于因磁场和漏磁引起的过热，可依据电流致热型设备的判据进行判断。

Jb0332432011　简述红外热像检测中的实时分析判断法。（5分）

考核知识点：缺陷判断

难易度：中

标准答案：

在一段时间内让红外热像仪连续检测一被测设备，观察、记录设备温度随负荷、时间等因素的变化，并进行实时分析判断。实时分析判断法多用于非常态大负荷试验或运行、带缺陷运行设备的跟踪和分析判断。

Jb0332432012　红外热像仪的检测类型有哪些？（5分）

考核知识点：检测类型

难易度：中

标准答案：

检测类型分为定性检测和定量检测两种。定性检测热成像能够拍摄优质的图像，通过优质图像即可分析。定量检测是在拍摄热图像的同时加上温度的测量，即定量检测＝热图像＋温度显示。

Jb0332432013　简述正确使用红外热像仪的方法。（6分）

考核知识点：使用方法

难易度：中

标准答案：

（1）调整焦距。

（2）选择正确的测温范围。

（3）调整测量距离。

（4）记录影响精确测温的因素。

（5）在适宜的检测环境下进行检测。

（6）保证测量过程中仪器平稳。

Jb0332431014　金属导线的发热，判断为紧急缺陷的条件是什么？（3分）

考核知识点：缺陷判断依据

难易度：易

标准答案：

金属导线的发热，热点温度＞110℃或相对温差≥95%且热点温度＞80℃，可以判断为紧急缺陷。

Jb0332431015　金属导线的发热，判断为严重缺陷的条件是什么？（3分）

考核知识点：缺陷判断依据

难易度：易

标准答案：

金属导线的发热，80℃≤热点温度≤110℃或相对温差≥80%但热点温度未达到紧急缺陷的温度值，可以判断为严重缺陷。

Jb0332431016　隔离开关刀口位置的发热，判断为紧急缺陷的条件是什么？（3分）

考核知识点：缺陷判断依据

难易度：易

标准答案：

隔离开关刀口位置的发热，热点温度＞130℃或相对温差≥95%且热点温度＞90℃，可以判断为紧急缺陷。

Jb0332431017　隔离开关刀口位置的发热，判断为严重缺陷的条件是什么？（3分）

考核知识点：缺陷判断依据

难易度：易

标准答案：

金属导线的发热，90℃≤热点温度≤130℃或相对温差≥80%但热点温度未达到紧急缺陷的温度值，可以判断为严重缺陷。

Jb0332431018　套管柱头位置的发热，判断为紧急缺陷的条件是什么？（3分）

考核知识点：缺陷判断依据

难易度：易

标准答案：

套管柱头位置的发热，热点温度＞80℃或相对温差≥95%且热点温度＞55℃，可以判断为紧急缺陷。

Jb0332431019　套管柱头位置的发热，判断为严重缺陷的条件是什么？（3分）

考核知识点：缺陷判断依据

难易度：易

标准答案：

套管柱头位置的发热，55℃≤热点温度≤80℃或相对温差≥80%但热点温度未达到紧急缺陷的温度值，可以判断为严重缺陷。

Jb0332432020　氧化锌避雷器的热像特征是什么？（5分）

考核知识点：热像特征

难易度：中

标准答案：

氧化锌避雷器的热像特征，正常为整体轻微发热，分布均匀，较热点一般在靠近上部，多节组合从上到下各节温度递减，引起整体（或单节）发热或局部发热为异常，故障特征一般为阀片受潮或老化。

Jb0332433021　如图 Jb0332433021 所示，请对该缺陷进行分析，说明判断方法、缺陷类型、缺陷原因及缺陷处理。(5分)

考核知识点：图像分析及缺陷判断

难易度：难

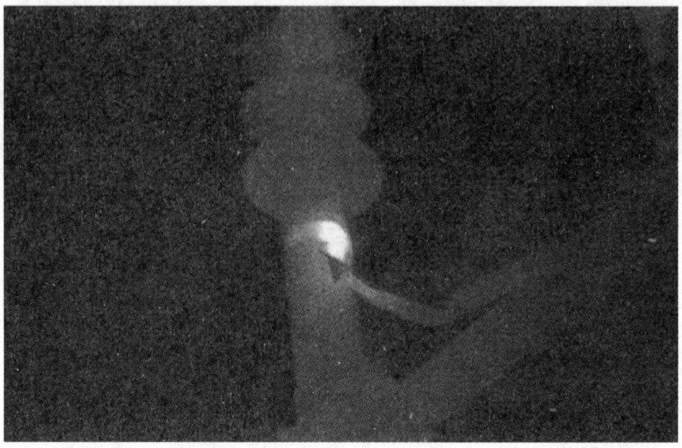

图 Jb0332433021

标准答案：

该设备为电缆，发热图片特征为电缆屏蔽层发热，可用图像特征判断法判断该发热缺陷为电压致热型设备缺陷，可能是由于电缆屏蔽层接地不良导致，建议将电缆屏蔽层连接部位打开检查。

Jb0332432022　什么叫红外线？其电磁波波段是多少？（3分）

考核知识点：红外基础知识

难易度：中

标准答案：

通常把波长大于红色光波波长 0.75μm，小于 1000μm 的这一段电磁波称作红外线。

Jb0332432023　什么叫大气窗口？其波段分别为多少？（3分）

考核知识点：红外基础知识

难易度：中

标准答案：

红外线在大气中传播受到大气中的多原子极性分子，例如二氧化碳、臭氧、水蒸气等物质分子的吸收而使辐射的能量衰减。红外线在大气中穿透比较好的波段，通常称为大气窗口。红外热成像检测技术，就是利用了大气窗口。大气窗口的三个波长范围分别为 1～2.5、3～5、8～14μm。

Jb0332432024　什么是斯蒂芬－波尔兹曼定律？（3分）

考核知识点：红外基础知识

难易度： 中

标准答案：

斯蒂芬–波尔兹曼定律反映的是物体红外辐射的总功率与温度的关系。其定律为：物体的红外辐射功率与物体表面绝对温度的4次方成正比，与物体表面的发射率成正比，关系式为$W=\varepsilon\sigma T^4$，单位为W/m^2，其中W为辐射功率，ε为辐射率，σ为斯蒂芬–波尔兹曼常数，T为物体表面绝对温度。

Jb0332432025　影响电力设备红外测量因素有哪些？（7分）

考核知识点： 红外测量因素

难易度： 中

标准答案：

（1）大气影响：大气吸收的影响。

（2）颗粒影响：大气尘埃及悬浮粒子的影响。

（3）风力影响。

（4）辐射率影响。

（5）测量角影响。

（6）热辐射影响：临近物体热辐射的影响。

（7）太阳影响：太阳光辐射的影响。

Jb0332432026　红外检测试验报告应具备哪些要素？（6分）

考核知识点： 报告编制

难易度： 中

标准答案：

（1）对热像特征的描述。

（2）对具体发热部位的描述。

（3）相对温差的计算（电流制热型缺陷）。

（4）根据诊断判据判定缺陷性质。

（5）产生原因的分析和判断。

（6）缺陷的处理意见。

Jb0661432027　变电检测工作如何分类？各指什么？（4分）

考核知识点： 变电检测分类

难易度： 中

标准答案：

变电检测工作分为停电试验和带电检测两类。

（1）带电检测指设备在运行状态下，采用检测仪器对其状态量进行的现场检测。

（2）停电试验指需要设备退出运行才能进行的试验。

Jb0223432028　避雷器泄漏电流检测时电压取样方式有哪些？（4分）

考核知识点： 检测方法

难易度： 中

标准答案：

电压取样方式有二次电压法、检修电源法、感应板法、末屏电流法。

Jb0661432029　简述带电检测仪器管理要求。（5分）

考核知识点：仪器管理要求

难易度：中

标准答案：

（1）仪器应有专人负责保管，有完善的使用管理规定。

（2）仪器档案资料完整，具有出厂检验报告、合格证、使用说明、质保书和操作手册等。

（3）仪器存放应有防湿、干燥措施，使用环境条件、运输中的冲击和振动必须符合厂家技术条件要求。

（4）仪器不得擅自拆卸，有故障时必须到仪器厂家或厂家指定的维修点进行维修。

（5）应定期进行保养，包括通电检查、电池充放电、存储卡存储处理等，以保证仪器及附件处于完好状态。

Jb0662432030　触电人脱离电源后，应如何抢救？（4分）

考核知识点：安全防护知识

难易度：中

标准答案：

（1）触电人神志清醒时，应将触电人抬到通风良好的地方观察。

（2）触电人呼吸停止，应采用口对口、摇臂人工呼吸法。

（3）触电人心跳停止时，采用胸外心脏挤压人工呼吸法。

（4）触电人呼吸、心跳都停止时，采用胸外心脏挤压与口对口法联合抢救。

Jb0661432031　带电检测主要针对哪些设备？（5分）

考核知识点：带电检测基础知识

难易度：中

标准答案：

带电检测主要针对电气一次设备，即直接用于生产、输送、疏导、分配和消耗电能的电气设备。它包括发电机、变压器、断路器、隔离开关、自动开关、接触器、母线、输电线路、电力电缆、电抗器、电动机、接地、避雷器、滤波器等。

Jb0661431032　带电检测可以发现设备存在的哪些问题？（3分）

考核知识点：缺陷判断

难易度：易

标准答案：

带电检测技术可以发现常见的电气设备在运行状态下出现的所有问题。诸如：局部放电、发热、气体泄漏等可能造成重大事故的隐患。

Jb0662432033　带电检测需要掌握哪些危险点及安全注意事项？（7分）

考核知识点：安全注意事项

难易度：中

标准答案：

（1）工作人员工作中正常活动范围与带电设备保持足够的安全距离。

（2）进入密闭的GIS室时防止SF_6气体中毒。

（3）防止感应电伤人。
（4）防止人身触电。
（5）防止误操作。
（6）防止损坏设备。
（7）防止误动误碰现场运行设备。

Jb0662432034　变电检测现场实施步骤是什么？（4分）

考核知识点： 标准化操作流程

难易度： 中

标准答案：

（1）开工前，工作负责人应做好技术交底和安全措施交底。
（2）开工后，工作负责人组织实施，做好现场安全、技术和结果控制。
（3）班组成员严格按照仪器设备操作规范、标准作业卡进行现场检测，检测现场应无杂物，使用的工器具、材料应摆放整齐有序；及时排除检测方法、检测仪器以及环境干扰问题。
（4）及时、准确记录保存试验数据、检测谱图。

第三节　局部放电检测

Jb0111432001　GIS 特高频局部放电检测按照传感器布置位置可分为哪几种？各自有什么优缺点？（5分）

考核知识点： 仪器参数

难易度： 中

标准答案：

根据传感器安装位置不同，特高频局部放电检测分为内置法与外置法两种。内置式特高频传感器一般安装于 GIS 或变压器设备的内部，常用于在线监测系统；而外置式特高频传感器则安装在设备外部，常用于便携式带电检测。两者相比，内置式传感器具有抗干扰性能强、灵敏度高以及便于组成在线监测系统的优点；而外置式传感器则具有应用方便、检测高效以及经济性较好的优点。

Jb0111432002　特高频局部放电检测仪由哪几部分组成？请简述各组成部分的作用。（4分）

考核知识点： 仪器参数

难易度： 中

标准答案：

特高频局部放电检测仪一般由下列几部分组成：
（1）特高频传感器：耦合器，感应 300MHz～3.0GHz 的特高频无线电信号。
（2）信号放大器（可选）：对来自前端的局部放电信号做放大处理。
（3）检测仪器主机：接受、处理耦合器采集到的特高频局部放电信号。
（4）分析主机（笔记本电脑）：运行局部放电分析软件，对采集的数据进行处理，识别放电类型，判断放电强度。

Jb0112432003　超声波局部放电检测仪由哪几部分组成？（4分）

考核知识点： 仪器参数

难易度： 中

标准答案：

超声波局部放电检测仪主要包括超声波传感器及主机。其中超声波传感器用于将局部放电激发的超声波信号转换成电信号；主机用于局部放电电信号的采集、分析、诊断及显示。根据现场检测需要，不同厂商还供应有前置放大器、绝缘支撑杆、耳机等配件。

Jb0114412004　对于高压开关柜来说，其局部放电所产生的暂态地电压信号的幅值一般在1mV～1V。暂态地电压测量系统一般以电压为基准，以 dBmV 为单位进行测量。对于 100mV 的暂态地电压信号，试计算其对应的 dBmV 值。（3 分）

考核知识点：单位转换知识

难易度：中

标准答案：

对应的 dBmV 值为

$$20\lg\left(\frac{100\text{mV}}{1\text{mV}}\right)=40\ (\text{dBmV})$$

Jb0114432005　局部放电产生的原因有哪些？（5 分）

考核知识点：缺陷分析

难易度：中

标准答案：

局部放电产生的主要原因是介质内部或表面的电场强度过高，具体的表现形式有：绝缘部件内部存在气泡或杂质导致击穿场强不同，某一金属部件没有电的连接形成悬浮电位体放电，导体间连接点接触不良形成电位差，绝缘表面脏污引起电场分布不均，高压导体尖端附近的电场强度达到了空气的击穿场强等。

Jb0112432006　超声波局部放电检测时，简述多传感器定位的原理。（5 分）

考核知识点：缺陷定位原理

难易度：中

标准答案：

多传感器定位是利用时延方法实现空间定位。在疑似故障部位利用多个传感器同时测量，并以信号首先到达的传感器作为触发信号源，就可以得到超声波从放电源至各个传感器的传播时间，再根据超声波在设备媒质中的传播速度和方向，就可以确定放电源的空间位置。

Jb0112431007　超声波局放检测技术主要用于哪几类电力设备？（5 分）

考核知识点：超声波局放检测设备

难易度：易

标准答案：

（1）变压器。

（2）封闭式组合电器（GIS）。

（3）开关柜。

（4）罐式 SF_6 断路器。

（5）高压电缆。

Jb0114432008　暂态地电压现场检测仪应具备哪些基本功能？（4分）

考核知识点：仪器参数

难易度：中

标准答案：

（1）能显示暂态地电压信号强度。

（2）具备单次测试和连续测试两种测试模式。

（3）具备报警设置功能和告警功能。

（4）具备数据管理数据导入导出功能。

Jb0112432009　在超声波局部放电检测过程中，常用的检测模式有哪些？（5分）

考核知识点：超声波检测模式

难易度：中

标准答案：

（1）连续检测模式。

（2）相位检测模式。

（3）飞行模式。

（4）时域波形检测模式。

（5）特征指数检测模式。

Jb0113432010　对变压器类设备开展高频局部放电检测应如何接线？（4分）

考核知识点：操作方法

难易度：中

标准答案：

对于变压器类设备，高频局部放电检测可以从铁芯接地线、夹件接地线和套管末屏接地线上安装高频局部放电传感器，一般在安装高频局部放电传感器的同一接地线上或者从检修电源箱处安装相位信息传感器，使用时应注意放置方向，应保证电流入地方向与传感器标记方向一致。

Jb0113432011　对电力电缆设备开展高频局部放电检测应如何接线？（4分）

考核知识点：操作方法

难易度：中

标准答案：

对于电力电缆设备，可以在电缆附件接地线上安装高频局部放电传感器，在电缆单相本体上安装相位信息传感器。如果存在无外屏蔽的电缆终端接头，高频局部放电传感器也可以安装在该段电缆本体上，使用时应注意放置方向，应保证电流入地方向与传感器标记方向一致。

Jb0114431012　暂态地电压检测对哪些放电模型灵敏？（4分）

考核知识点：暂态地电压基础知识

难易度：易

标准答案：

（1）绝缘子内部缺陷模型。

（2）尖端（电晕）放电模型。

Jb0662431013　GIS 中可能引起电场畸变的主要绝缘缺陷包括哪些？（3 分）

考核知识点：缺陷类别

难易度：易

标准答案：

包括：自由金属颗粒、绝缘子气隙、绝缘子表面金属污染物、悬浮电极。

Jb0114432014　暂态地电压检测设备的测量结果与哪些因素相关？（4 分）

考核知识点：检测影响因素

难易度：中

标准答案：

（1）暂态地电压传感器的设计参数。

（2）局部放电信号的频谱特性。

（3）检测设备内部的检测阻抗参数。

（4）检测设备的频带范围。

第四节　油　　气

Jb0441432001　简述色谱分析进样用注射器的注意事项。（6 分）

考核知识点：色谱分析基础知识

难易度：中

标准答案：

（1）注射器使用前要进行严密性检查。

（2）要防止柱前压过大而冲出注射器芯。

（3）避免视差影响，采用注射器定量卡子。

（4）减少注射器死体积影响，用样气冲洗注射器。

（5）防止进样后漏气，及时更换进样口硅胶垫。

（6）进样时做到“三快”：进针快、推针快、取针快。

Jb0441432002　变压器油的防劣化措施有哪些？（3 分）

考核知识点：绝缘油试验基础知识

难易度：中

标准答案：

（1）安装热虹吸器。

（2）隔膜密封、充氮保护。

（3）严格按照要求进行变压器油的补油和混油工作。

Jb0442431003　现场使用的 SF_6 气体湿度测试仪一般采用哪几种湿度测试方法？实验室中一般采用哪种 SF_6 气体湿度测试方法？（4 分）

考核知识点：SF_6 检测技术

难易度：易

标准答案：

（1）现场使用的 SF_6 气体湿度测试仪一般采用电解法、阻容法或露点法测试湿度。

（2）实验室中一般采用质量法测量 SF_6 气体湿度。

Jb0442432004　电解法测量 SF_6 气体湿度的工作原理是什么？（5 分）

考核知识点： SF_6 检测技术

难易度： 中

标准答案：

电解法测量 SF_6 气体湿度的工作原理：使被测量气体以一定流速流经特殊结构的电解池，气体中的微量水分被电解池内作为吸湿剂的 P_2O_5 膜层全部吸收，并被全部电解。根据法拉第电解定律，当吸收和电解过程达到平衡时，电解电流正比于气体中的水分含量，从而可以通过测量电解电流，得知气体湿度。

Jb0442432005　阻容法测量 SF_6 气体湿度的工作原理是什么？（5 分）

考核知识点： SF_6 检测技术

难易度： 中

标准答案：

阻容法测量 SF_6 气体湿度的工作原理：使被测量气体以一定流速流经湿敏元件，利用湿敏元件的电阻值或电容值按照一定规律随气体湿度的变化而变化的特性进行湿度测量。常用的湿敏元件有氧化铝元件和高分子薄膜元件。由于湿敏元件的电阻值或电容值和气体湿度之间的关系曲线会随时间和仪器的使用而变化，因此需要按照要求进行标定才能保证测量准确。

Jb0442433006　露点法测量 SF_6 气体湿度的工作原理是什么？（5 分）

考核知识点： SF_6 检测技术

难易度： 难

标准答案：

露点法测量 SF_6 气体湿度的工作原理：使被测量气体以一定流速流经一个金属镜面，然后使金属镜面冷却，当气体中的水汽随镜面的冷却达到饱和时，将有露在镜面形成，镜面上附着的水膜和气体中的水分处于动态平衡，此时镜面温度称为露点温度。由于露点温度可以换算成气体湿度，因此可以通过测量露点温度得知气体湿度。

Jb0442431007　常用的 SF_6 气体分解产物检测方法有哪几种？（3 分）

考核知识点： SF_6 检测技术

难易度： 易

标准答案：

SF_6 气体分解产物检测方法有电化学传感器检测法、气体检测管检测法、气相色谱检测法、气相色谱质谱联用法、红外光谱检测法等。

Jb0442433008　电化学传感器检测法测量 SF_6 气体分解产物的工作原理是什么？（8 分）

考核知识点： SF_6 检测技术

难易度： 难

标准答案：

电化学传感器检测法测量 SF_6 气体分解产物的工作原理：被测量气体与电化学传感器发生反应并产生与分解产物浓度成正比的电信号，典型的电化学传感器由感应电极（或工作电极）、反电极、电解槽等组成，当被测量气体扩散进入传感器，分解产物在感应电极表面发生氧化或还原反应，在另一电极发生与之相对的逆反应，在外部电路上会形成与分解产物浓度成正比的电流，测量该电流即可得到 SF_6 气体分解产物的浓度。

Jb0442433009　气体检测管检测法测量 SF_6 气体分解产物的工作原理是什么？（6 分）

考核知识点：SF_6 检测技术

难易度：难

标准答案：

气体检测管检测法测量 SF_6 气体分解产物的工作原理：当一定量的被测量气体通过装有特定化学试剂及显色物质的检测管时，分解产物与检测管中的化学试剂发生反应生成特定的化合物，生成的化合物与检测管内的指示剂作用发生颜色变化，根据颜色变化的深浅和显色部分的长度来确定分解产物的浓度。

Jb0442433010　气相色谱检测法测量 SF_6 气体分解产物的工作原理是什么？（8 分）

考核知识点：SF_6 检测技术

难易度：难

标准答案：

气相色谱检测法测量 SF_6 气体分解产物的工作原理：利用被测量气体中各分解产物在气相和固定液液相间的分配系数不同，当被测量气体被载气带入色谱柱中运行时，分解产物就在其中的两相间进行反复多次分配，由于固定相对各分解产物的吸附或溶解能力不同，因此各分解产物在色谱柱中的运行速度不同，经过一定的柱长后，便彼此分离，按顺序离开色谱柱进入检测器，产生的离子流信号经放大后，在记录器上描绘出各分解产物的色谱峰，从而得知各分解产物的浓度。

Jb0441432011　对气相色谱仪的要求有哪些？（5 分）

考核知识点：色谱分析基础知识

难易度：中

标准答案：

（1）色谱柱对所检测组分的分离度应满足定量分析的要求。

（2）仪器基线稳定，有足够的灵敏度。

（3）用转化法在氢焰检测器上测定一氧化碳、二氧化碳时，应对镍触媒将一氧化碳、二氧化碳转化为甲烷的转化率作为考察。

Jb0442422012　画出气相色谱流出曲线，并标出基线、峰面积、峰高、半峰宽、峰底宽。（5 分）

考核知识点：色谱分析基础知识

难易度：中

标准答案：

气相色谱流出曲线如图 Jb0442422012 所示。

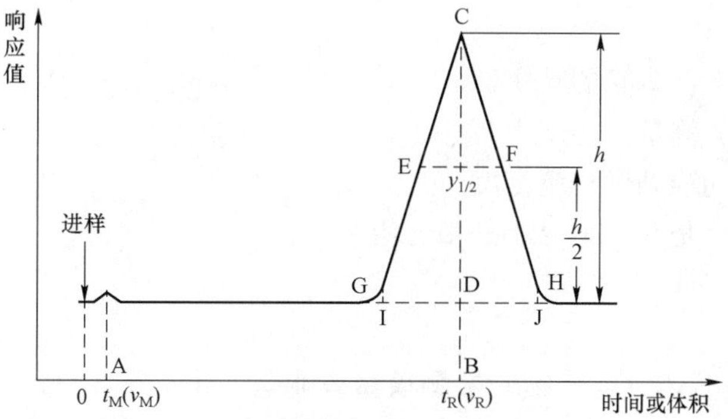

图 Jb0442422012

在色谱流出曲线中，GH 称为基线，GECFH 为峰面积，CD 为峰高（h），EF 为半峰宽（$y_{1/2}$），IJ 为峰底宽（y）。

Jb0442432013　SF_6气体纯度的主要检测方法有哪几种？（5 分）

考核知识点：SF_6 检测技术

难易度：中

标准答案：

（1）传感器法。

（2）气相色谱仪。

（3）声速测量原理。

（4）红外光谱技术。

（5）电子捕捉原理。

Jb0442431014　SF_6气体微水综合检测系统所用的检测器主要有哪几种？（3 分）

考核知识点：SF_6 检测技术

难易度：易

标准答案：

（1）湿度传感器。

（2）压力变送器。

（3）温度变送器。

Jb0442411015　某 SF_6 断路器，在 20℃时工作压力为 0.45MPa（表压），SF_6 气体充装量为 31kg，求断路器内部充气体积。（SF_6 气体密度 ρ = 35kg/m³）（3 分）

考核知识点：SF_6 检测技术

难易度：易

标准答案：

绝对压力为　　　$0.45+0.10=0.55$（MPa）

计算得到断路器内部充气体积为　　$31/35=0.886$（m³）

Jb0441433016　气相色谱分析中利用保留值定性应注意哪些问题？（5 分）

考核知识点：油中溶解气体分析技术

难易度：难

标准答案：

（1）首先确认色谱图上色谱峰的真实性。

（2）注意观察色谱峰的峰型。

（3）注意保留值测量的准确度与精密度。

（4）对已定性的峰判断是单一组分还是多元组分。

（5）利用检测器帮助定性。

Jb0442431017　SF_6气体分解产物的检测项目有哪些？（3分）

考核知识点：SF_6检测技术

难易度：易

标准答案：

SF_6气体分解产物的检测项目有SO_2、H_2S、CO、CF_4的含量检测。

Jb0441432018　在定量分析法中，使用外标法有哪些注意事项？（3分）

考核知识点：油中溶解气体分析技术

难易度：中

标准答案：

（1）必须保持分析条件稳定，进样量恒定。

（2）样品含量必须在仪器线性响应范围。

（3）校正曲线应经常进行校准。

（4）选取合适的峰面积测量方法。

Jb0441432019　为什么SF_6断路器中SF_6气体的额定压力不能过高？（5分）

考核知识点：SF_6检测技术

难易度：中

标准答案：

提高气体压力对提高其耐电强度来说是很有效的方法。SF_6断路器中使用的SF_6气体压力过高，也会给断路器的密封带来一定的困难。SF_6气体的压力增高，其液化温度也要提高，对寒冷地区使用的充装SF_6气体的设备增加了困难，因此设备中充装SF_6气体要保持在一定压力范围内。

Jb0442432020　SF_6气体的杂质来源有哪些？（5分）

考核知识点：SF_6检测技术

难易度：中

标准答案：

（1）SF_6新气，即在合成制备过程中残存的杂质和在加压充装过程中混入的杂质。

（2）设备检修和运行维护。

（3）开关设备内部放电和机械磨损。

（4）设备故障产生的电弧放电。

（5）设备绝缘缺陷。

Jb0442432021　分析电气设备检修或解体后的SF_6气体不能直接排放到大气中的原因。（4分）

考核知识点：SF_6基础知识

难易度：中

标准答案：

（1）运行电气设备中的 SF_6 气体在电弧作用或电气设备事故发生后会产生有毒的分解产物，会对人体呼吸系统造成伤害。

（2）SF_6气体会在地势低洼处，如下水道、电缆沟等地方聚集，令在低洼处的人群产生窒息。

（3）SF_6气体是明确规定的禁止排放的温室气体。

Jb0442433022　对不同电压等级系统中的 SF_6 电气设备，在什么情况下需要进行 SF_6 诊断性检测？（5分）

考核知识点：SF_6检测技术

难易度：难

标准答案：

（1）发生短路故障、断路器跳闸时。

（2）设备遭受过电压严重冲击时，如雷击等。

（3）设备有异常声响、强烈电磁振动响声时。

Jb0442432023　SF_6电气设备典型放电故障形式有哪些？会产生哪些分解产物？（3分）

考核知识点：SF_6检测技术

难易度：中

标准答案：

SF_6电气设备内部放电故障类型主要有悬浮电位放电、接触不良、金属对地放电等。

产生的SF_6气体分解产物有SOF_2、SO_2F_2、SO_2、HF和H_2S等。

Jb0441412024　取碱液（NaOH）5mL，用纯水稀释至100mL，并用C（1/2 H_2SO_4）=0.1000mol/L标准溶液滴定至终点，消耗标准液14.0mL，计算该碱液的物质的量浓度。（3分）

考核知识点：化学分析基础知识

难易度：中

标准答案：

设该碱液的摩尔浓度为x，由于

$$0.1\times14=5x$$

则

$$x=0.28\text{mol/L}$$

该碱液的摩尔浓度为0.28mol/L。

Jb0441412025　已知52.0%的NaOH溶液的密度为1.525g/cm^3，计算它的摩尔浓度。配制1.00mol/L的NaOH溶液200mL，需要用上述溶液多少毫升？（4分）

考核知识点：化学分析基础知识

难易度：中

标准答案：

$$C(\text{NaOH})=1.525\times1000\times52.0\%\div40.0=19.8\ (\text{mol/L})$$

设需要52.0%的NaOH溶液xmL，则

$$1.00\times200=19.8x$$

即 $x = 10.1\text{mL}$

此溶液的摩尔浓度为19.8mol/L。配液时需用上述溶液10.1mL。

Jb0441432026　色谱法分析具有哪些优点？（5分）

考核知识点：色谱分析基础知识

难易度：中

标准答案：

（1）分离效能高。

（2）分析速度快。

（3）样品用量少。

（4）灵敏度高。

（5）适用范围广。

Jb0441432027　有毒、易燃、易爆物品如何存放？（5分）

考核知识点：安全防护知识

难易度：中

标准答案：

凡是有毒、易燃、易爆的化学药品，不准存放在化验室的架子上，应储放在隔离的房间和柜内，或远离厂房的地方，并有专人负责保管。易爆物品、剧毒药品应有两把钥匙分别由两人保管，使用和报废药品应有严格的管理制度。对有挥发性的药品也应存放在专门的柜内。

Jb0441433028　微量水分对绝缘油特性有哪些影响？（4分）

考核知识点：绝缘油试验基础知识

难易度：难

标准答案：

（1）降低油品的击穿电压。

（2）使介质损耗因数升高。

（3）促使绝缘纤维老化，并使其介质损耗升高。

（4）有机酸的腐蚀能力，加速对金属部件的腐蚀，使油质迅速老化，影响设备的安全运行。

Jb0441432029　色谱分析中，提高热导检测器灵敏度的方法有哪些？（3分）

考核知识点：色谱分析基础知识

难易度：中

标准答案：

（1）在允许的工作电流范围内加大桥流。

（2）用热导系数较大的气体作载气。

（3）当桥流固定时，在操作条件允许的范围内，降低池体温度。

Jb0441433030　测定油品体积电阻率应注意哪些事项？（6分）

考核知识：绝缘油试验基础知识

难易度：难

标准答案：
（1）必须使用专用的油杯，使用前一定要清洗干净并进行干燥处理。
（2）计算油杯的值时，油杯的电容应减去屏蔽后有效电容值。
（3）注入前油样应预先混合均匀，注入油杯不许有气泡，禁止游离水和颗粒杂质落入电极。
（4）油样测试后，将内外电极短路5min，充分释放电荷后，再进行复试。

Jb0441432031　在油质试验方法中，常规分析包含哪几种试验？各举出3例。（6分）
考核知识点：绝缘油试验基础知识
难易度：中
标准答案：
（1）物理性能试验，如闪点、苯胺点、密度等测定。
（2）化学性质试验，如氧化安定性、酸值、苛性钠等试验。
（3）电气性能试验，如析气性、体积电阻率、介质损耗因数等试验。

Jb0441432032　表压力与绝对压力的区别与联系是什么？（4分）
考核知识点：SF_6检测技术
难易度：中
标准答案：
（1）以完全真空为基准算起的压力是绝对压力，它的大小等于大气压与表压力之和。
（2）用当地的大气压作为基准算起的压力是表压力。

Jb0441433033　如何测定未知油样的凝固点？（5分）
考核知识点：绝缘油试验基础知识
难易度：难
标准答案：
（1）首先按预先假设的凝固点进行测定。
（2）发现液面有移动现象时，采用比预订值低4℃重新测定。
（3）发现液面没有移动现象时，采用比预订值高4℃重新测定。
（4）找出凝固点范围后，就采用比移动点低2℃或比不移动点高2℃进行测定。
（5）重复测定，直至某一点能使液面不移动，而提高2℃又能液面移动为止，确定此点即为凝固点。

Jb0441432034　在进行微量水分分析时，若阴极溶液失效，会发生什么情况？（3分）
考核知识点：绝缘油试验基础知识
难易度：中
标准答案：
（1）基准值不稳，重现性差。
（2）达到终点需要的时间较长。
（3）溶液发黑和变得黏稠，可能会黏附在阴极上。

Jb0441432035　测定油品凝点时应注意哪些事项？（4分）
考核知识点：绝缘油试验基础知识
难易度：中

标准答案：

（1）严格控制冷却速度。

（2）试油第一次试验后，必须重新预热至规定的温度。

（3）控制冷却剂的温度，比试油预期的凝点低 7～8℃。

（4）测定凝点的温度计在试管内的位置必须固定牢靠。

Jb0441432036　酸值测定为什么要煮沸 5min 且滴定不能超过 3min？（4 分）

考核知识点：绝缘油试验基础知识

难易度：中

标准答案：

（1）为了驱除二氧化碳的干扰。

（2）趁热滴定可以避免乳化液对颜色变化的识别。

（3）有利于油中有机酸的抽出。

（4）趁热滴定为了防止二氧化碳的二次干扰。

Jb0441433037　色谱分析中进样操作有哪些注意事项？（6 分）

考核知识点：色谱分析基础知识

难易度：难

标准答案：

（1）进样量应保持峰高或峰面积与进样量呈线性关系，因此进样量不能太大，否则会造成“超载现象”。

（2）进样时间过长，会降低柱效率，故进样时间越短越好，注射器进样要做到“三快”（进针快，推针快，取针快）。

（3）进样装置设计应合理，死体积小，注意其气密性，防止漏出样品气。

Jb0441433038　影响氢焰检测器灵敏度的主要因素有哪些？（5 分）

考核知识点：色谱分析基础知识

难易度：难

标准答案：

包括载气、氢气和空气的流量。载气流量一般使用氮气作为载气，载气流量的选择主要考虑分析效果。氢气流量与载气流量的比值影响氢火焰的温度以及火焰当中的电离过程。空气是助燃气，并且为生成 CHO^+ 提供氧气。

Jb0441433039　系统误差产生原因有哪些？如何减小、消除系统误差？（8 分）

考核知识点：化学分析基础知识

难易度：难

标准答案：

系统误差是分析过程中的固定因素引起的。

（1）方法缺陷。消除措施：采用标准方法校验原方法，确定方法误差并加以消除。

（2）仪器未校准。消除措施：校准仪器使用校正值。

（3）试剂不纯，或试剂失水、吸水、吸附二氧化碳等。消除措施：做空白试验、对照试验，采用纯度高的试剂。

（4）操作者个人恒定误差。消除措施：严格训练，提高试验人员操作技术水平。

Jb0441432040　气相色谱分析中判断变压器故障与发展趋势有哪些方法？（4分）
考核知识点：充油电气设备故障诊断
难易度：中
标准答案：
（1）国际电工委员会（IEC）“三比值”法。
（2）瓦斯分析与判别法。
（3）平衡判据法。
（4）回归分析法。

Jb0441432041　影响油品体积电阻率的因素有哪些？（3分）
考核知识点：绝缘油试验基础知识
难易度：中
标准答案：
（1）温度。
（2）电场强度。
（3）施加电压的时间。

第五节　技术管理与培训

Jb0114431001　暂态地电压局部放电检测数据的常用分析技术有哪几种？（4分）
考核知识点：数据分析
难易度：易
标准答案：
（1）横向分析。
（2）趋势分析。
（3）统计分析。
（4）阈值比较。

Jb0112431002　超声波局部放电检测数据的常用分析技术有哪几种？（4分）
考核知识点：数据分析
难易度：易
标准答案：
（1）声音判别。
（2）阈值比较。

Jb0114431003　暂态地电压趋势分析技术主要包括哪几种？（3分）
考核知识点：数据分析
难易度：易
标准答案：
（1）基本趋势分析。

（2）CUSUM 图。
（3）EWMA 图。

Jb0662432004 常见的电力设备局部放电电测法包括哪些？（4 分）
考核知识点：局部放电检测方法
难易度：中
标准答案：
（1）脉冲电流法。
（2）无线电干扰电压法。
（3）超高频检测法。
（4）暂态地电压法。

Jb0662431005 根据《国家电网公司十八项电网重大反事故措施》规定，新订货 GIS 断路器应优先选用什么？（3 分）
考核知识点：管理规定
难易度：易
标准答案：
（1）弹簧机构。
（2）液压机构。
（3）弹簧储能液压机构。

Jb0552431006 按照声源在介质中振动方向与传播方向之间的关系，声波信号分为哪几种？（4 分）
考核知识点：声波信号基础知识
难易度：易
标准答案：
（1）横波。
（2）纵波。
（3）剪切波。
（4）疏密波。

Jb0662432007 特高频检测中解决干扰问题最有效、最根本的方法是什么？（4 分）
考核知识点：操作方法
难易度：中
标准答案：
（1）直接消除干扰源。
（2）切除相应的干扰路径。

Jb0662432008 空间分辨率是热像仪分辨物体空间几何形状细节的能力，它与什么有关？（3 分）
考核知识点：仪器参数
难易度：中

标准答案：

（1）像元素表面积大小。

（2）光学系统焦距。

（3）信号处理电路带宽。

Jb0662432009　超声波异常信号分析常用的方法主要包括哪些？（3分）

考核知识点：数据分析

难易度：中

标准答案：

（1）典型波形比较法。

（2）横向比较法。

（3）趋势比较法。

Jb0662432010　GIS中局部放电的检测方法有哪些？（3分）

考核知识点：检测方法

难易度：中

标准答案：

（1）红外热像检测。

（2）SF_6气体湿度检测。

（3）特高频局部放电检测。

第三章 高 级 工

第一节 电 流

Jb0221331001 简述铁芯接地电流检测的环境要求。（3 分）

考核知识点：检测环境要求

难易度：易

标准答案：

（1）在良好的天气下进行检测。

（2）环境温度不宜低于 5℃。

（3）环境相对湿度不大于 80%。

Jb0223332002 简述氧化锌避雷器带电测试的测试步骤。（8 分）

考核知识点：测试步骤

难易度：中

标准答案：

（1）观察在线监测仪泄漏电流显示是否正常。

（2）测量对应的母线电压互感器二次电压，连接电压取样线（注意不要误碰其他二次端子，防止电压互感器二次短路）。

（3）接好仪器测量接线。

（4）将电流取样线接地端接地。

（5）使用绝缘棒将电流取样线引流端挂接于避雷器底座与计数器连接处，检查在线监测仪电流指示已回零。

（6）操作测试仪，进行测量。

（7）记录数据。

（8）测试结束、拆线。

Jb0223331003 氧化锌避雷器常见的故障有哪几种？（3 分）

考核知识点：缺陷分析

难易度：易

标准答案：

（1）氧化锌避雷器阀片受潮。

（2）氧化锌避雷器在运输或安装过程中受损。

（3）氧化锌避雷器阀片老化。

Jb0221332004 如何进行铁芯接地电流检测数据分析与处理？（6 分）

考核知识点：数据分析及处理

难易度：中

标准答案：

（1）铁芯接地电流检测结果应符合下述要求。

1）1000kV 变压器：≤300mA（注意值）。

2）其他变压器：≤100mA（注意值）。

3）与历史数值比较无较大变化。

（2）综合分析。

1）当变压器铁芯接地电流检测结果受环境及检测方法的影响较大时，可通过历次试验结果进行综合比较，根据其变化趋势做出判断。

2）数据分析还需综合考虑设备历史运行状况、同类型设备参考数据，同时结合其他带电检测试验结果，如油色谱试验、红外精确测温及高频局部放电检测等手段进行综合分析。

3）接地电流大于 300 mA 应考虑铁芯（夹件）存在多点接地故障，必要时串接限流电阻。

4）当怀疑有铁芯多点间歇性接地时可辅以在线检测装置进行连续检测。

Jb0223332005　避雷器阻性电流检测原理是什么？检测方法又有哪些？（4 分）

考核知识点：检测原理及方法

难易度：中

标准答案：

阻性电流测试是通过采集避雷器电压和全电流信号，经过数字信号处理后得到基波或各次谐波电流和电压的幅值及相角，将基波电流投影到基波电压上就可以得出阻性电流基波。

检测方法有三次谐波法、电容电流补偿法、基波法、波形分析法等。

Jb0221333006　简述高频局部放电技术的优势。（6 分）

考核知识点：高频局部放电技术优势

难易度：难

标准答案：

（1）可进行局部放电强度的量化描述。由于高频局部放电检测技术应用高频电流传感器，与传统的脉冲电流法具有类似的检测原理，若传感器及信号处理电路相对确定的情况下，可以对被测局部放电的强度进行理化描述，以便于准确评估被检测电力设备局部放电的绝缘劣化程度。

（2）具有便于携带、方便应用、性价比高等优点。高频电流传感器作为一种常用的传感器，可以设计成开口式电流传感器的安装方式，在非嵌入方式下能够实现局放脉冲电流的非接触式检测，因此便于携带、方便应用。

（3）检测灵敏度较高。高频电流传感器一般由环形铁氧体磁芯构成，铁氧体配合经磁化处理的陶瓷材料，对于高频信号具有很高灵敏度。局部放电发生后，放电脉冲电流将沿着接地线的轴向方向传播，即会在垂直于电流传播方向的平面上产生磁场，电感型传感器是从该磁场中耦合放电信号。

（4）利用高频电流互感器进行测量，还具有可校正的优点。

Jb0221333007　简述高频局部放电技术的局限性。（4 分）

考核知识点：高频局部放电技术局限性

难易度：难

标准答案：

（1）高频电流传感器的安装方式限制了该检测技术的应用范围。由于高频电流传感器为开口电流传感器的形式，这就需要被检测的电力设备的接地线或末屏引下线具有引出线，而且其形状和尺寸能够卡入高频电流传感器。而对于变压器套管、电流互感器、电压互感器等容性设备来说，若其末屏没有引下线，则无法应用高频局部放电检测技术进行检测。

（2）抗电磁干扰能力相对较弱。由于高频电流传感器的检测原理为电磁感应，周围及被测串联回路的电磁信号均会对检测造成干扰，影响检测信号的识别及检测结果的准确性，这就需要从频域、时域、相位分布模式等方面对干扰信号进行排除。

Jb0221332008　什么是高频局部放电检测设备检测校验功能？（3分）

考核知识点：仪器参数

难易度：中

标准答案：

高频局部放电检测设备应具备检测校验功能，在一定的频率范围内通过输入的标准脉冲幅值与检出的等效放电量相比较，调整输入信号的传输阻抗修正系数，实现对检测回路的校正。

Jb0221332009　在进行电缆线路高频局部放电检测时，当根据相位谱图特征判断测量信号具备50Hz相关性后，应继续哪些操作？（5分）

考核知识点：数据分析及处理

难易度：中

标准答案：

（1）排除外界环境干扰，即排除与电缆有直接电气连接的设备（如变压器、GIS 等）或空间的放电干扰。

（2）根据各检测部位的幅值大小（即信号衰减特性）初步定位局放部位。

（3）根据各检测部位三相信号相位特征，定位局放相别。

（4）根据单个脉冲时域波形、相位谱图特征初步判断放电类型。

（5）在条件具备时，综合应用超声波局放仪、示波器等仪器进行精确的定位。

Jb0221332010　简述变压器类设备高频局部放电检测原理并画出示意图。（7分）

考核知识点：高频局部放电检测原理

难易度：中

标准答案：

对于变压器类设备，高频局部放电检测可以从铁芯接地线、夹件接地线和套管末屏接地线上安装高频局部放电传感器，一般在安装高频局部放电传感器的同一接地线上或者从检修电源箱处安装相位信息传感器，使用时应注意放置方向，应保证电流入地方向与传感器标记方向一致。

变压器类设备高频局部放电检测示意图如图 Jb0221332010 所示。

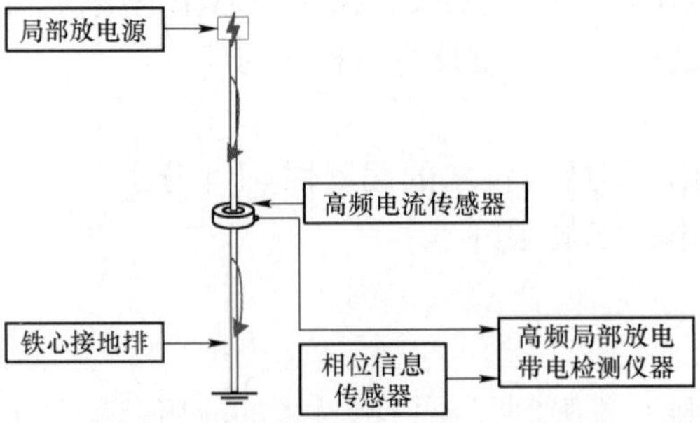

图 Jb0221332010

Jb0221332011　简述母线电容电流检测步骤。（7 分）

考核知识点：检测步骤

难易度：中

标准答案：

（1）核查母线电压互感器高压侧中性点是否安装高阻消谐器，如有，申请调度部门将母线电压互感器退出运行。

（2）退出电压互感器，将高阻消谐器短接，将母线电压互感器恢复运行。

（3）核查被测系统是否有运行中的消弧线圈，如有，申请调度部门将消弧线圈退出运行。

（4）试验人员测量电压互感器开口三角两端的电压，如果电压高于 5V，应查明原因，检查被测系统中是否存在零序故障和设备高阻接地故障，如果存在，应在消除故障后进行电容电流测试。

（5）低于 5V 可以开始进行测试工作。将电容电流测试仪电流输出端接于电压互感器开口三角两端，打开测量仪器，选择适当的量程进行测试。

（6）读取数据并做好记录，重复测试 3 次，如果测试数据相差小于 1%，取三相平均值，作为电容电流测试结果。

（7）测试结束后，退出电压互感器，拆除消谐器上的短接线，然后将母线电压互感器恢复运行。

Jb0221332012　交流电压作用下的电介质损耗主要包括哪几部分？怎么引起的？（6 分）

考核知识点：电介质损耗原理

难易度：中

标准答案：

一般由下列三部分组成：

（1）电导损耗。它是由泄漏电流流过介质而引起的。

（2）极化损耗。因介质中偶极分子反复排列相互克服摩擦力造成的，在夹层介质中，边界上的电荷周期性的变化造成的损耗也是极化损耗。

（3）游离损耗。气隙中的电晕损耗和液、固体中局部放电引起的损耗。

Jb0221332013　电击穿的机理是什么？它有哪些特点？（6 分）

考核知识点：电击穿原理

难易度：中

标准答案：

在电场的作用下，当电场强度足够大时，介质内部的电子带着从电场获得的能量，急剧地碰撞它附近的原子和离子，使之游离。因游离而产生的自由电子在电场的作用下又继续和其他原子或离子发生碰撞，这个过程不断地发展下去，自由电子越来越多。在电场作用下定向流动的自由电子多了，如此，不断循环下去，最终在绝缘结构中形成了导电通道，绝缘性能就完全被破坏。这就是电击穿的机理。

电击穿的特点是：外施电压比较高；强电场作用的时间相当短便发生击穿，通常不到 1s；击穿位置往往从场强最高的地方开始（如电极的尖端或边缘处）；电击穿与电场的形状有关，而几乎与温度无关。

Jb0221332014　如何进行电缆外护层接地电流检测数据分析与处理？（4 分）

考核知识点：数据分析及处理

难易度：中

标准答案：

（1）结合电缆线路的负荷情况，依据下列试验标准比较测试结果是否满足测试标准要求：橡塑绝缘电力电缆外护层接地电流小于 100A，且接地电流与负荷比值小于 20%（注意值）。

（2）对于接地电流异常的电缆线路进行跟踪分析，对于问题严重设备应在一周内进行测试。

Jb0223332015　画出泄漏电流全电流法测试接线图。（4 分）

考核知识点：泄漏电流测试方法

难易度：中

标准答案：

泄漏电流全电流法测试接线图如图 Jb0223332015 所示。

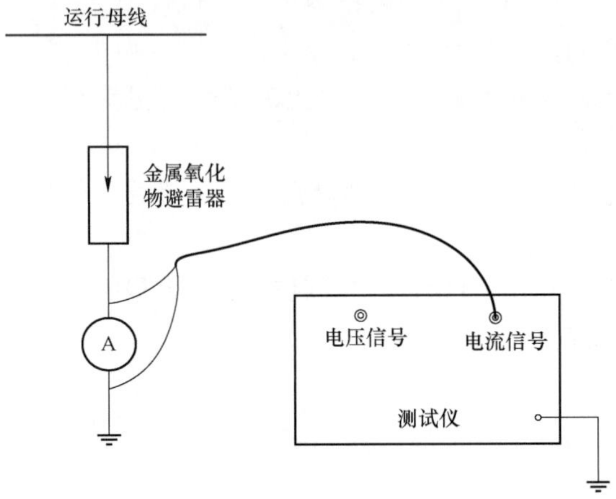

图 Jb0223332015

Jb0221332016　简述接地电流测试法、色谱分析法、绝缘电阻测试法判断变压器铁芯故障的优缺点。（6 分）

考核知识点：缺陷判断

难易度：中

标准答案：

（1）地电流测试法。优点是不需停电，判断标准明确，可操作性强；缺点是无法检出铁芯片间短路故障。

（2）色谱分析法。优点是不需停电，可有效判断变压器内部故障；缺点是无法精准判断铁芯片间短路故障。

（3）绝缘电阻测试法。优点是可精准定位多点接地故障位置；缺点是需要停电，无法检出铁芯片间短路故障。

Jb0223331017　避雷器泄漏电流测试时电网谐波对测试有何影响？（3 分）

考核知识点：缺陷分析

难易度：易

标准答案：

电网含有的电压谐波，会在避雷器中产生谐波电流，可能导致无法准确检测金属氧化物避雷器自身的谐波电流。

Jb0223331018 避雷器泄漏电流测试时，瓷套外表面受潮污秽对测试有何影响？（3分）

考核知识点：测试影响因素

难易度：易

标准答案：

瓷套外表面潮湿污秽引起的泄漏电流，如果不加屏蔽会进入测量仪器，会使测量结果偏大。

第二节 光 学

Jb0332332001 红外热像检测精确检测除满足一般检测环境要求外，还应满足哪些要求？（5分）

考核知识点：检测环境要求

难易度：中

标准答案：

（1）风速一般不大于 1.5m/s。

（2）设备通电时间不小于 6h，最好在 24h 以上。

（3）检测期间天气为阴天、夜间或晴天日落后。

（4）被检测设备周围应具有均衡的背景辐射，应尽量避开附近热辐射源的干扰，某些设备被检测时还应避开人体热源等的红外辐射。

（5）避开强电磁场，防止强电磁场影响红外热像仪的正常工作。

Jb0332332002 如图 Jb0332332002 所示，红外测温发现电流互感器接头温度为 95℃，请对该缺陷进行分析，说明判断方法、缺陷类型、缺陷处理意见。（4分）

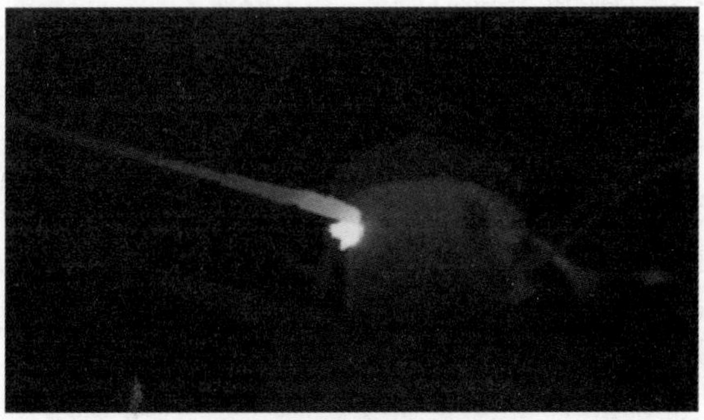

图 Jb0332332002

考核知识点：缺陷分析判断

难易度：中

标准答案：

该设备为电流互感器接头发热，为电流致热型设备缺陷，接头温度已达 95℃，应用表面温度判断法判断，依据电流致热型设备缺陷诊断判据（80℃≤热点温度≤110℃），判定为严重缺陷。应尽快安排停电进行处理，停电之前加强温度检测，必要时降低负荷电流，如果温度场分布梯度较大，温差较大，温度继续上升，应立即安排停电进行处理。

Jb0331332003 电气设备常见的 SF_6 气体泄漏的原因是什么？（6分）

考核知识点：缺陷分析

难易度： 中

标准答案：

（1）由于密封圈（垫）老化或密封圈（垫）本身质量问题导致的泄漏。

（2）设备安装施工质量不合格，如螺栓预紧力不够、密封圈（垫）压偏、密封面粘连异物等导致的泄漏。

（3）设备本身质量问题，如焊缝焊接不良、砂眼等。

（4）密封槽和密封圈不匹配。

（5）绝缘子出现裂纹导致泄漏。

（6）设备运输过程中引起的密封损坏。

Jb0332332004　影响电力设备红外测温的因素有哪些？（7 分）

考核知识点： 测试影响因素

难易度： 中

标准答案：

（1）大气吸收的影响。

（2）大气尘埃及悬浮粒子的影响。

（3）风力影响。

（4）辐射率影响。

（5）测量角影响。

（6）临近物体热辐射的影响。

（7）太阳光辐射的影响。

Jb0333332005　紫外成像的检测原理是什么？（4 分）

考核知识点： 紫外成像原理

难易度： 中

标准答案：

在发生外绝缘局部放电过程中，周围气体被击穿而电离，气体电离后放射光波的频率与气体的种类有关，空气中的主要成分是氮气，氮气在局部放电的作用下电离，电离的氮原子在复合时发射的光谱（波长 λ=280～400nm）主要落在紫外光波段。利用紫外成像仪接受放电产生的太阳日盲区内的紫外信号，经过处理与可见光图像叠加，从而确定电晕位置和强度。

Jb0331331006　红外检漏的检测原理是什么？（3 分）

考核知识点： 红外检漏原理

难易度： 易

标准答案：

SF_6 对特定波长的光吸收特性较空气而言较强，致使两者反映的红外影像不同，将通常可见光下看不到的气体泄漏以红外视频图像的形式直观地反映出来。

Jb0332331007　大气对红外检测有何影响？（3 分）

考核知识点： 测试影响因素

难易度： 易

标准答案：

大气中的水蒸气、CO_2 等，虽然有大气窗口，但红外辐射在传输过程中由于大气的吸收作用总要受到一定的能量衰减。因此，红外检测应在无雨无雾、空气湿度低于 85%的环境条件下进行。

Jb0332332008 什么是红外检测严重缺陷，应如何处理？（3 分）

考核知识点： 缺陷处理

难易度： 中

标准答案：

当设备存在过热，或出现热像特征异常，程度较严重的缺陷可判断为严重缺陷。对于严重缺陷应早做计划，安排处理。未消缺期间，对电流致热型设备，应有措施（如加强检测次数，清楚温度随负荷等变化的相关程度等），必要时可限负荷运行；对电压致热型设备，应加强监测并安排其他测试手段进行检测，缺陷性质确认后，安排计划消缺。

Jb0332322009 画出红外检漏原理简图。（4 分）

考核知识点： 红外检漏原理

难易度： 中

标准答案：

红外检漏原理如图 Jb0332322009 所示。

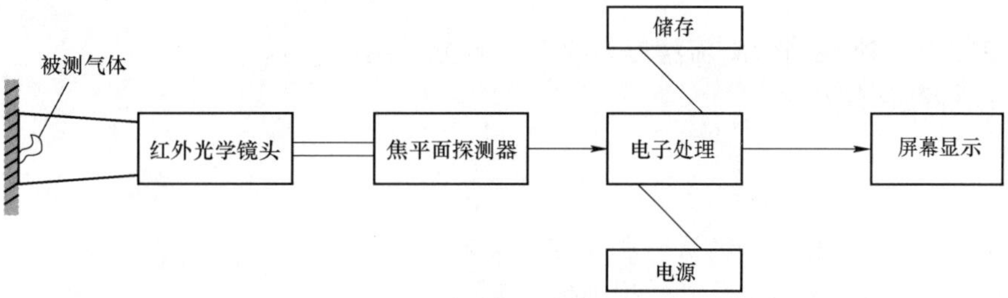

图 Jb0332322009

Jb0331332010 红外检漏的安全要求有哪些？（7 分）

考核知识点： 安全防护知识

难易度： 中

标准答案：

（1）应严格执行《国家电网公司电力安全工作规程（变电部分）》的相关要求。

（2）应派有专人监护，监护人在检测期间始终行使监护职责，不得擅离岗位或兼职其他工作。

（3）进入室内开展现场检测前，应先通风 15min，检查氧气和 SF_6 气体含量合格后方可进入，检测过程中应始终保持通风。

（4）检测时应与设备带电部位保持足够的安全距离。

（5）检测时要防止误碰误动设备。

（6）行走中注意脚下，防止踩踏设备管道。

（7）检测时避免阳光直接照射或反射进入仪器镜头。

Jb0331332011 进行电力设备红外成像检漏的人员应具备哪些条件？（4 分）

考核知识点： 人员要求

难易度：中

标准答案：

（1）熟悉红外成像检漏技术的基本原理和诊断程序，了解红外成像检漏仪的工作原理、技术参数和性能，掌握红外成像检漏仪的操作程序和使用方法。

（2）了解被检测设备的结构特点、易泄漏部位、补气时间间隔等基本知识。

（3）具有一定的现场工作经验，熟悉并能严格遵守电力生产和工作现场的有关安全管理规定，掌握 SF_6 气体安全防护技能。

（4）应经过上岗培训并考试合格。

Jb0331331012　现场进行红外检漏时，现场环境应符合哪些条件？（5 分）

考核知识点：环境要求

难易度：易

标准答案：

（1）室外检测宜在晴朗天气下进行。

（2）环境温度 −20～40℃。

（3）相对湿度 0%～85%。

（4）大气压力 80～110kPa。

（5）检测时风速一般不大于 5m/s。

Jb0331332013　红外检漏检测流程是什么？（6 分）

考核知识点：标准化流程

难易度：中

标准答案：

（1）检测仪器是否正常工作，确认电源正常。

（2）根据 SF_6 电气设备情况，确定检测部位。

（3）根据检测部位调整检测仪器。

（4）至少选择三个不同方位对设备进行检测，以保证对设备的全面检测。

（5）记录泄漏部位的视频和图片。

（6）若存在异常情况，应出具检测报告。

Jb0332332014　飞行器巡线红外检测的基本要求有哪些？（4 分）

考核知识点：中基本要求

难易度：中

标准答案：

带电设备红外诊断除满足一般检测要求和飞行器（含有人机、无人机、蝶型和四轴飞行器等巡检）适行的要求外，还应满足以下要求：

（1）禁止夜间巡线，禁止在变电站和发电厂等正上方近距离飞行检测。

（2）飞行器飞行于线路的斜上方并保证有足够的安全距离，巡航速度由巡检方式（如悬停检测、热像拍摄、视频记录等）确定，保证图像信息清晰、正确和不缺损。

（3）红外热像仪宜安装在专用的带陀螺稳定平台上（人工操作除外）。

Jb0332331015　什么叫红外成像连续检测？（3 分）

考核知识点： 红外成像基础知识

难易度： 易

标准答案：

在一段时间内连续检测某被测设备，以便观察设备表面温度随负荷电流、持续时间、环境因素影响的变化趋势，把握缺陷发展的紧急程度。

Jb0331322016　某组合电器进行 SF_6 气体红外成像检漏时拍到图 Jb0331322016 所示气体泄漏图像，试初步分析可能的泄漏原因。（3 分）

图 Jb0331322016

考核知识点： 缺陷分析

难易度： 中

标准答案：

根据可见光图片和红外图像中黑色烟雾位置分析，可能的泄漏原因有螺栓预紧力不够、密封圈压偏、密封圈老化、密封圈或密封面粘连异物等。

Jb0333331017　电晕放电形态有哪些？（3 分）

考核知识点： 电气知识

难易度： 易

标准答案：

带电设备表面的电晕放电表现出连续稳定和间歇性放电两种形态。

Jb0333331018　带电设备紫外放电一般检测应符合哪些要求？（3 分）

考核知识点： 检测环境要求

难易度： 易

标准答案：

（1）被检设备是带电设备，应尽量避开影响检测的遮挡物。

（2）不应在有雷电和中（大）雨的情况下进行检测。

（3）风速宜不大于 5m/s。

Jb0333331019　带电设备紫外放电准确检测应符合哪些要求？（4 分）

考核知识点： 检测环境要求

难易度： 易

标准答案：

除了满足一般检测要求之外，还应满足以下要求：

（1）风速宜不大于 1.5m/s。

（2）尽量减少或避开电磁干扰或其他干扰源对仪器测量的影响。

Jb0333331020　简述紫外成像检漏一般检测的现场操作方法。（3 分）

考核知识点：操作方法

难易度：易

标准答案：

紫外成像仪开机，增益设置为最大，在图像稳定后即可开始检测。一般先对所有被测设备进行全面扫描，发现电晕放电部位，然后对异常放电部位进行准确检测。

Jb0333332021　简述紫外成像检漏准确检测的现场操作方法。（5 分）

考核知识点：操作方法

难易度：中

标准答案：

紫外成像仪观测电晕放电部位应在同一方向或同一视场内，并选择检测的最佳位置，以避免其他设备放电的干扰。在安全距离允许的范围内，在图像内容完整的情况下，紫外成像仪宜尽量靠近被检测设备，使被检设备电晕放电部位在视场范围内最大化，记录紫外成像仪与电晕放电部位的距离。在一定的时间内，紫外成像仪检测电晕放电强度以多个相差不大的极大值的平均值为准，并同时记录电晕放电形态、具有代表性的动态视频过程以及绝缘体表面电晕放电长度范围。

Jb0333332022　哪些情况会导致导体表面产生电晕放电？（8 分）

考核知识点：缺陷分析

难易度：中

标准答案：

（1）由于设计、制造、安装或检修等原因，形成的锐角或尖端。

（2）由于制造、安装或检修等原因，造成表面粗糙。

（3）运行中导线断股（或散股）。

（4）均压、屏蔽措施不当。

（5）在高电压下，导电体截面偏小。

（6）悬浮金属物体产生的放电。

（7）导电体对地或导电体间间隙偏小。

（8）设备接地不良。

Jb0333332023　哪些情况会导致绝缘体表面电晕放电？（5 分）

考核知识点：缺陷分析

难易度：中

标准答案：

（1）在潮湿的情况下，绝缘子表面破损或裂纹。

（2）在潮湿的情况下，绝缘子表面污秽。

（3）绝缘子表面不均匀覆冰。

（4）绝缘子表面金属异物短接。

（5）发电机线棒表面防晕措施不良、绝缘老化、绝缘机械损伤等。

Jb0333332024　影响电晕检测结果的主要因素有哪些？（4分）

考核知识点：检测影响因素

难易度：中

标准答案：

（1）大气湿度和大气气压。大气湿度和大气气压对带电设备的电晕放电有影响，现场只需记录大气环境条件，但不做校正。

（2）检测距离。紫外光检测电晕放电的结果与检测距离呈指数衰减关系，在实际测量中根据现场需要进行校正。

Jb0333332025　电晕放电缺陷对带电设备或运行的影响有哪几类？（6分）

考核知识点：缺陷分析

难易度：中

标准答案：

根据电晕放电缺陷对带电设备或运行的影响程度，一般分成三类。

（1）第一类：指设备存在的电晕异常，对设备产生老化影响，但还不会引起事故，一般要求记录在案，注意观察其缺陷的发展。

（2）第二类：指设备存在的电晕放电异常突出，或导致设备加速老化，但还不会马上引起事故。应缩短检测周期并利用停电检修机会消除缺陷。

（3）第三类：指设备存在的电晕放电严重，可能导致设备迅速老化或影响设备正常运行，在短期内可能造成设备事故，应尽快安排停电处理。

Jb0331332026　SF_6气体泄漏有哪些危害？（4分）

考核知识点：缺陷风险

难易度：中

标准答案：

（1）影响设备的绝缘强度。

（2）SF_6气体是温室气体，将对大气环境产生较大的影响。

（3）若SF_6气体中含有电弧分解物，将危害人身安全。

（4）SF_6气体成本高，不明情况的反复补气使得设备运行成本不断增大。

第三节　局部放电检测

Jb0113333001　高频局部放电检测对仪器的功能有哪些要求？（10分）

考核知识点：仪器参数

难易度：难

标准答案：

（1）具备连续测量能力，内外两种同步模式，能识别和抑制干扰，拥有局部放电波形和数值两种显示功能。

（2）具有放电相位、幅值、放电频次信息显示功能。

（3）具备数据保存功能，可实现数据、图像的动态回放和无线传输。

（4）具备抗外部干扰的功能。

（5）按预设程序定时采集和存储数据的功能。

（6）宜具备检测谱图显示。提供局部放电信号的幅值、相位、放电频次等信息中的一种或几种，并可采用波形图、趋势图等谱图中的一种或几种进行展示。

（7）宜具备放电类型识别功能。应能判断容性设备中的典型局部放电类型（自由金属颗粒放电、悬浮电位体放电、沿面放电、绝缘件内部气隙放电、金属尖端放电等），或给出各类局部放电发生的可能性，诊断结果应当简单明确。

（8）电池工作时间：充满电后连续工作时间不小于 6h。

Jb0113332002　高频局部放电检测对仪器的主要技术指标有哪些要求？（3 分）

考核知识点：技术指标

难易度：中

标准答案：

（1）检测频率范围：通常选用 3～30MHz。

（2）检测灵敏度：≤－100dB/10pC。

（3）高频电流传感器需有较强的抗工频的磁饱和能力。

Jb0112332003　超声波局部放电检测时，多传感器定位的原理是什么？（4 分）

考核知识点：缺陷定位方法

难易度：中

标准答案：

多传感器定位是利用时延方法实现空间定位。在疑似故障部位利用多个传感器同时测量，并以信号首先到达的传感器作为触发信号源，就可以得到超声波从放电源至各个传感器的传播时间，再根据超声波在设备媒质中的传播速度和方向，就可以确定放电源的空间位置。

Jb012332004　局部放电超声波检测过程中，电晕缺陷在连续检测模式、相位检测模式、时域波形检测模式下的信号谱图特征是什么？（8 分）

考核知识点：超声波谱图特征

难易度：中

标准答案：

（1）连续检测模式下，其信号有效值、周期峰值较大，存在明显的 50Hz 成分及 100Hz 成分，且 50Hz 成分大于 100Hz 成分。

（2）相位检测模式下，其信号具有明显的相位聚集效应，在一个工频周期内表现为一簇，即具有单峰特征。

（3）时域波形检测模式下，其信号表现为规则的脉冲信号，一个工频周期内出现一簇，一簇幅值明显较大，一簇明显较小。

（4）特征指数检测模式下，放电次数累积谱图波峰位于整数特征值处，且特征值 2 大于特征值 1。

Jb011132005　特高频局部放电检测电晕放电的谱图有哪些特征？（6 分）

考核知识点：特高频谱图特征

难易度：中

标准答案：

（1）放电信号的极性效应非常明显，通常在工频相位的负半周或正半周出现，放电信号强度较弱且相位分布较宽，放电次数较多；但较高电压等级下另一个半周也可能出现放电信号，幅值更高且相位分布较窄，放电次数较少。

（2）对于高压端的尖端突起物，局部放电会首先出现在电源电压波形的负峰处，电压较高时，正峰处也将出现放电。

（3）对于接地体的尖端突起物，局部放电脉冲主要集中在电源电压波形的正峰值附近，而且信号的幅值比较高。

（4）与电源电压波形负半周相比，正半周放电的密度较小而幅值比较大，且放电相位基本集中在电源电压波形的正峰值和负峰值附近。

Jb0111332006　特高频局部放电检测悬浮电位放电的谱图有哪些特征？（5分）

考核知识点：特高频谱图特征

难易度：中

标准答案：

（1）放电信号通常在工频相位的正、负半周均会出现，主要集中在第一、三象限，且具有一定对称性。

（2）放电信号幅值很大且相邻放电信号时间间隔基本一致，放电次数少，放电重复率较低。

（3）脉冲信号谱图具有“内八字”或“外八字”分布特征。

Jb0111332007　特高频局部放电检测自由金属颗粒放电的谱图有哪些特征？（5分）

考核知识点：特高频谱图特征

难易度：中

标准答案：

（1）放电信号极性效应不明显，任意相位上均有分布。

（2）放电次数少，放电信号幅值无明显规律，放电信号时间间隔不稳定。

（3）提高电压等级放电信号幅值增大但放电时间间隔降低。

Jb0111332008　特高频局部放电检测绝缘内部（空穴）放电的谱图有哪些特征？（5分）

考核知识点：特高频谱图特征

难易度：中

标准答案：

（1）放电信号通常在工频相位的正、负半周均会出现，且具有一定对称性，放电信号幅值较分散，且放电次数较少。

（2）随电压的逐渐增大，放电重复率明显增大，放电幅值也明显增大。

（3）对于绝缘子气泡放电，将会有独特的“兔耳”形状脉冲信号。

Jb0112332009　简述GIS超声波局部放电检测方法的基本原理及检测步骤。（7分）

考核知识点：基本原理及检测步骤

难易度：中

标准答案：

（1）基本原理。电力设备当中发生局部放电时，会伴随发生超声波信号，该信号会沿着SF_6气体、

GIS 外壳进行传播。可以应用超声波传感器检测局部放电产生的超声波信号，反映 GIS 内部局部放电的强度、类型及大体位置。

（2）检测步骤：

1）测试背景噪声，背景噪声应满足测试环境要求。

2）传感器与测点部位间无气隙地均匀涂抹专用耦合剂，测量时保持静止状态。

3）开展测试，判断有无缺陷，如出现异常信号，应排除干扰，结合历史数据及同类设备进行纵、横向对比分析、结合其他带电检测技术手段进行综合分析。

4）存储数据。

5）软件分析。

Jb0111332010　针对不同类型的 GIS 设备，特高频局部放电检测点如何选择？（3 分）

考核知识点：检测方法

难易度：中

标准答案：

（1）无金属屏蔽盆式绝缘子，传感器应放置在两个固定螺栓之间。

（2）有金属屏蔽盆式绝缘子，若有浇注口，浇注口可作为检测点。

（3）有金属屏蔽盆式绝缘子，无浇注口或者浇注口无法打开的，可根据设备结构选择特高频电磁波能穿透部位作为检测点。

Jb0112332011　GIS 超声波局部放电测试点应如何选择？（3 分）

考核知识点：检测方法

难易度：中

标准答案：

将检测点选取于断路器断口处，隔离开关、接地开关、电流互感器、电压互感器、避雷器、导体连接部件以及水平布置盆式绝缘子上方部位，检测点间隔应小于检测仪器的有效检测范围，测量时测点应选取于气室侧下方。

Jb0111332012　简述高频局部放电检测原理。（4 分）

考核知识点：高频局部放电检测原理

难易度：中

标准答案：

当局部放电在电力设备很小的范围内发生时，局部击穿过程很快，将产生很陡的脉冲电流，脉冲电流将流经电力设备的接地引下线，同时会在垂直于电流传播方向的平面上产生磁场。通过在电力设备的接地线上安装高频电流传感器和相位信息传感器，从局部放电产生的磁场中耦合能量，再经线圈转化为电信号的方式，可以检测判断电力设备中的局部放电缺陷。

Jb0111322013　图 Jb0111322013 为高频局部放电谱图中的哪种典型谱图？对该典型谱图放电特征进行简述。（4 分）

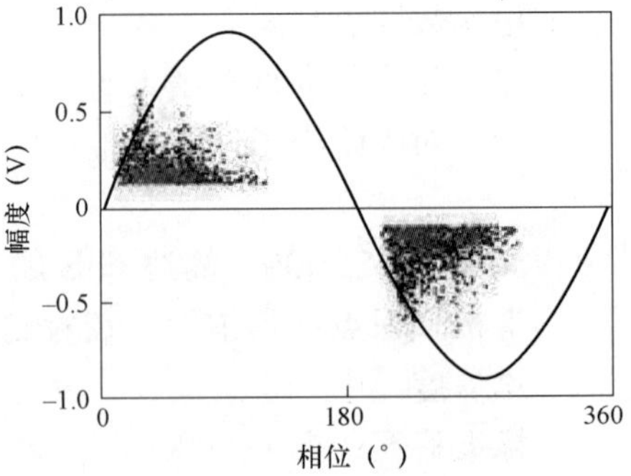

图 Jb0111322013

考核知识点：谱图分析

难易度：中

标准答案：

图 Jb0111322013 为高频局部放电谱图中的内部放电谱图。内部局部放电一般出现在电压周期中的第一和第三象限，正负半周均有放电，放电脉冲较密且大多对称分布。

Jb0111322014 图 Jb0111322014 为特高频局放哪种类型的典型谱图？简述其放电原因及谱图特征。（4 分）

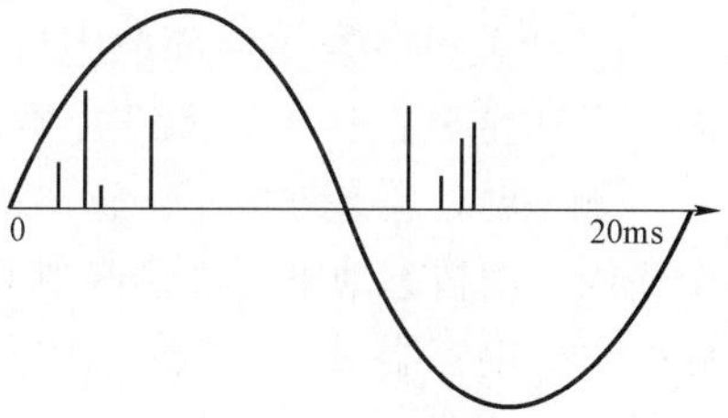

图 Jb0111322014

考核知识点：谱图分析

难易度：中

标准答案：

该放电谱图为绝缘内部或沿面放电缺陷图。主要为绝缘内部存在空穴、裂纹、绝缘表面污秽引起的设备非贯穿性放电，放电次数少，周期重复性低，放电幅值也较分散，但放电相位较稳定，无明显极性效应。

Jb0111332015 特高频局部放电测量时有哪些常见的干扰信号？干扰信号谱图都有哪些特征？（4 分）

考核知识点：谱图特征

难易度：中

标准答案：

（1）荧光干扰信号。信号幅值分散，一般情况下工频相关性弱。

（2）移动电话干扰信号。信号工频相关性弱，有特定的重复频率，幅值有规律变化。

（3）电动机干扰信号。无工频相关性，幅值分布较为分散，重复率低。

（4）雷达干扰信号。有规律重复产生但无工频相关性，幅值有规律变化。

Jb0111331016 简述局部放电的定义及局部放电的类型（不少于 3 种）。（3 分）

考核知识点：局部放电基础知识

难易度：易

标准答案：

在电场作用下，导体间绝缘仅部分区域被击穿（没有贯穿施加电压的导体之间）的电气放电现象称为局部放电。局部放电的类型有绝缘（内部）、电晕（针尖）、沿面、悬浮、颗粒等。

Jb0114332017 暂态地电压检测仪器的主要技术指标有哪些？（4 分）

考核知识点：技术指标

难易度：中

标准答案：

（1）频带范围。设备能够正确检测的射频信号频带范围，一般为 3～100MHz。

（2）标称电容。标称电容指暂态地电压传感器电容参数的计算值或稳态测量值，单位为 pF。不同的检测设备生产厂商的传感器标称电容可能不同，但一般不会超过 100pF。

（3）测量范围。检测设备能够测量的射频信号的最大值或有效值，单位一般为 dBmV。

（4）重复率。重复率检测设备单位时间内或每工频周期能够正确分辨的放电活动次数。一般情况下，检测设备采用 2s 作为基准计数单位。

Jb0114333018 简述开关柜暂态地电压检测的基本原理。（8 分）

考核知识点：暂态地电压基本检测原理

难易度：难

标准答案：

当开关设备发生局部放电现象时，局部放电产生的电磁波信号会由金属柜体的内表面转移到外表面，且在金属柜体外表面产生暂态地电压。

测量时，暂态地电压传感器紧密接触在开关柜金属柜体上面，裸露的金属柜体可看作平板电容器的一个极板，而暂态地电压传感器则可看作平板电容器的另一个极板。对于由金属柜体、暂态地电压传感器构成的平板电容器来说，金属柜体表面出现的任何电荷变化均会在暂态地电压传感器的金属盘上感应出同样数量的电荷变化，并形成一定的感应电信号。该信号输入到检测设备内部并经检测阻抗转换为与放电强度成正比的高频电压信号。经检测设备处理后，则可得到开关柜局部放电的放电强度、重复率等特征参数。

由于检测原理为电容耦合式，所以检测时，暂态地电压传感器一定要与柜体紧密接触，才能够有效地检测局部放电信号。

Jb0114333019　简述暂态地电压传感器的构成及基本原理。（6 分）

考核知识点：暂态地电压传感器的构成及基本原理

难易度：难

标准答案：

暂态地电压法本质上属于外部电容法局部放电检测技术的范畴。

暂态地电压传感器本质上是一个金属盘，前面覆盖有 PVC 塑料，并用同轴屏蔽电缆引出。测量时，暂态地电压传感器抵触在开关柜金属柜体上面，裸露的金属柜体可看作平板电容器的一个极板，而暂态地电压传感器则可看作平板电容器的另一个极板，中间的填充物则为 PVC 塑料。

对于由金属柜体、PVC 材料和暂态地电压传感器构成的平板电容器来说，金属柜体表面出现的任何电荷变化均会在暂态地电压传感器的金属盘上感应出同样数量的电荷变化，并形成一定的高频感应电流。该高频电流经引出线输入到检测设备内部并经检测阻抗转换为与放电强度成正比的高频电压信号。经检测设备处理后，则可得到开关柜局部放电的放电强度、重复率等特征参数。

Jb0114311020　对于高压开关柜来说，其局部放电所产生的暂态地电压信号的幅值一般在 1mV～1V。暂态地电压测量系统一般以电压为基准，以 dBmV 为单位进行测量。对于 100mV 的暂态地电压信号，试计算其对应的 dBmV 值。（3 分）

考核知识点：单位换算

难易度：易

标准答案：

对应的 dBmV 值为

$$20\lg\left(\frac{100\text{mV}}{1\text{mV}}\right)=40\ (\text{dBmV})$$

Jb0114322021　图 Jb0114322021 为开关柜局放检测超声传感器结构图，试写出各数字对应的元件名称。（6 分）

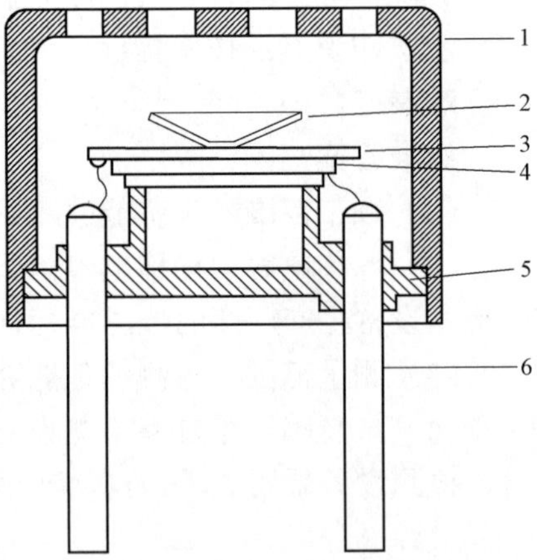

图 Jb0114322021

考核知识点：仪器参数

难易度：中

标准答案：

1—盒体；2—喇叭型谐振器；3—金属片；4—压电陶瓷；5—底座；6—引线端子。

第四节 油 气

Jb0442332001 目前用于 SF_6 气体泄漏检测的技术有哪些？（8 分）

考核知识点：SF_6 检测技术

难易度：中

标准答案：

（1）负电晕检测技术。

（2）电子捕获检测技术。

（3）负离子捕获检测技术。

（4）紫外电离检测技术。

（5）光声光谱技术。

（6）红外吸收技术。

（7）激光成像检测技术。

（8）红外成像技术。

Jb0441332002 色谱油样在保存和运输过程中有哪些要求？（5 分）

考核知识点：绝缘油试验基础知识

难易度：中

标准答案：

（1）色谱样品保存不能超过 4 天。

（2）油样和气样保存必须避光、防尘。

（3）运输过程中应尽量避免剧烈振动。

（4）空运时要避免气压变化。

（5）保证注射器芯干净无卡涩、破损。

Jb0442332003 变压器油油质劣化的基本因素有哪些？（5 分）

考核知识点：绝缘油试验基础知识

难易度：中

标准答案：

（1）氧的存在。

（2）催化剂的存在。

（3）加速剂的影响。

（4）运行温度的影响。

（5）纤维素材料的作用。

Jb0441313004 某变压器某日油中溶解气体分析结果见表 Jb0441313004，请运用“三比值法”计算该设备故障编码。（6 分）

表 Jb0441313004

组 份	H_2	CO	CO_2	CH_4	C_2H_4	C_2H_6	C_2H_2	总烃
含量（μL/L）	96.69	141.59	558.66	28.18	19.06	1.69	27.18	76.11

考核知识点：充油电气设备故障诊断

难易度：难

标准答案：

根据“三比值”法，$C_2H_2/C_2H_4=27.18/19.06=1.43>1$ 且<3，对应编码 1。

$CH_4/H_2=28.18/96.69=0.29>0.1$ 且<1，对应编码 0。

$C_2H_4/C_2H_6=19.06/1.69=11.28>3$，对应编码 2。

故三比值编码为 102。

Jb0442332005　使用 SF_6 气体定性检漏仪检漏时如何判断密封性？（4 分）

考核知识点：SF_6 检测技术

难易度：中

标准答案：

采用校验过的、灵敏度不低于 10^{-8}（体积分数）的 SF_6 气体定性检漏仪，沿被测面以约 25mm/s 的速度移动，无泄漏点（无声、光报警），则认为密封良好。

Jb0441332006　充油电气设备故障诊断理论依据有哪些？（4 分）

考核知识点：充油电气设备故障诊断

难易度：中

标准答案：

（1）故障下产气的累积性。

（2）故障下的产气速率。

（3）故障下产气的特征。

（4）气体的溶解与扩散。

Jb0441331007　变压器油中溶解气体分析取样应遵循的原则是什么？（3 分）

考核知识点：绝缘油试验基础知识

难易度：易

标准答案：

（1）油样应能代表本体油，避免在油循环不够充分的死角处取样。

（2）取样过程要求全密封。

（3）取样应在晴天进行，取样后要求注射器芯能自由活动，以避免形成负压空腔。

Jb0442332008　SF_6 气体湿度检测注意值（20℃，101.3kPa）如何规定？（6 分）

考核知识点：SF_6 检测技术

难易度：中

标准答案：

（1）有电弧分解物隔室（GIS 开关设备）：新充气后，≤150μL/L；运行中，≤300μL/L（注意值）。

（2）无电弧分解物隔室（GIS 开关设备、电流互感器、电磁式电压互感器）：新充气后，≤250μL/L；运行中，≤500μL/L（注意值）。

（3）箱体及开关（SF_6 绝缘变压器）：新充气后，≤125μL/L；运行中，≤220μL/L（注意值）。

（4）电缆箱及其他（SF_6 绝缘变压器）：新充气后，≤220μL/L；运行中，≤375μL/L（注意值）。

Jb0441313009　某台变压器，油量为 20t，第一次取样进行色谱分析，乙炔含量为 2.0μL/L，相隔 24h 后又取样分析，乙炔为 3.5μL/L。求此变压器乙炔含量的绝对产气速率。（油品的密度为 $0.85g/cm^3$）（5 分）

考核知识点：充油电气设备故障诊断

难易度：难

标准答案：

$$\gamma_a = \frac{C_{i,2}-C_{i,1}}{\Delta t} \bullet \frac{m}{\rho} = \frac{3.5-2.0}{24} \times \frac{20}{0.85} = 1.47(\mathrm{mL/h})$$

此变压器乙炔含量的绝对产气速率是 1.47 mL/h。

Jb0441313010　某台变压器，油量为 20t，第一次取样进行色谱分析，乙烯含量为 4.0μL/L，相隔 3 个月后又取样分析，乙烯含量为 5.5μL/L。求此变压器乙烯含量的相对产气速率。（5 分）

考核知识点：充油电气设备故障诊断

难易度：难

标准答案：

$\gamma_Y = (C_{i,2}-C_{i,1})/C_{i,1} \times 1/\Delta t \times 100\% = (5.5-4.0)/4.0 \times 1/3 \times 100\% = 12.5$（%/月）

此变压器乙烯含量的相对产气速率是 12.5%/月。

Jb0441332011　在色谱分析中，影响热导检测器（TCD）灵敏度的因素有哪些？（4 分）

考核知识点：充油电气设备故障诊断

难易度：中

标准答案：

（1）桥电流大小。

（2）载气种类。

（3）热敏元件的电阻温度系数。

（4）热导池的几何因子以及池体温度。

Jb0442333012　如何比较准确地测量 SF_6 气体湿度？（8 分）

考核知识点：SF_6 检测技术

难易度：难

标准答案：

（1）测量管道和接头等部件质量良好，处理合格。测量管道采用不锈钢材质或者聚四氟乙烯材质。保持所有部件清洁干燥，减少测量误差。

（2）正确选择测量仪器，保证仪器处于良好状态，除正确保管仪器外，应定期进行校验，一般每年校验一次。

（3）SF_6 气体湿度测定仪与 SF_6 设备之间的管路连接应密闭不漏。

（4）应采用合适的测量方法。如采用露点法测量，推荐取样气体的压力为 0.1MPa 时进行测量。

（5）宜在晴好天气进行测量，以免空气中过多的水蒸气影响测量准确性。

（6）环境温度对测量气体湿度也有相当大的影响，建议每次测量时的温度相近，以利于比较。测量时的环境温度在 20℃左右为好，并在报告中注明测试温度。

Jb0442332013　进行 SF_6 湿度检测前，对待测设备有何要求？（5 分）

考核知识点：SF_6 检测技术

难易度：中

标准答案：

（1）SF_6 设备气体压力在正常压力范围内，在 SF_6 设备上无各种外部作业。

（2）新投运测一次，若接近注意值，半年之后应再测一次。

（3）新充（补）气 48h 之后至 2 周内应测量一次。

（4）气体压力明显下降时应定期跟踪测量气体湿度。

（5）充气完毕静置 24h 后进行 SF_6 湿度检测。

Jb0442333014　现场采用露点法测量 SF_6 气体湿度时，容易受到哪些干扰因素的影响导致测量精度降低？（8 分）

考核知识点：SF_6 检测技术

难易度：难

标准答案：

（1）运行设备中的 SF_6 气体可能含有腐蚀性成分及灰尘等颗粒杂质，仪器镜面易受灰尘等颗粒杂质的污染或气体腐蚀。

（2）在夏季高温环境下，因空气冷却效果较差，难以制冷到足够低的温度，无法测量低水分含量气体的湿度。

（3）运行设备内存在的挥发性高沸点溶剂对测量结果有干扰，会降低测量精度。

（4）由于每种盐溶液都有特定的蒸汽压，若海边地区空气中的盐分、操作人员的汗水等盐溶液进入仪器溶解于镜面的露中，会改变两相的平衡状态，造成测量误差。

Jb0442332015　气相色谱仪进样操作应注意哪些问题？（4 分）

考核知识点：色谱分析基础知识

难易度：中

标准答案：

（1）进样操作前，应观察仪器稳定状态，只有仪器稳定后，才能进行进样操作。

（2）进油样前，要反复抽推注射器，用空气冲洗注射器，以保证进样的真实性，以防止标准气体或其他样品气体污染注射器，造成定量计算误差。

（3）样品分析应与仪器标定使用同一支进样注射器，取相同进样体积。

（4）进样前检查密封性能，保证进样注射器的针头密封性，如密封不好应更换针头或注射器。

Jb0442332016　什么是 SF_6 气体的负电性？（5 分）

考核知识点：SF_6 基础知识

难易度：中

标准答案：

SF_6 气体之所以有比较好的绝缘性能，是因为 SF_6 气体具有负电性，负电性是指分子（原子）吸收自由电子形成负离子的特性，就是说 SF_6 分子能够吸附气体中的自由电子，而变成负离子，这种负离子的质量远远大于自由电子的质量，因此运动速度大大降低，此外，间隙中自由电子的数量减少了，就难以形成击穿通道，所以其绝缘性能比较好。另外，这种负电性在高温下，也就是在灭弧时也是十分有利的。

Jb0441331017　色谱柱的操作条件指哪些方面？（3分）

考核知识点： 色谱分析基础知识

难易度： 易

标准答案：

色谱柱的操作条件包括：色谱柱内填充固定相、柱长、柱径、使用温度、采用载气种类和流量，以及进样量等。

Jb0441332018　简述油中溶解气体分析时在样品采集、保存和运输过程中的注意事项。（4分）

考核知识点： 绝缘油试验基础知识

难易度： 中

标准答案：

（1）样品采集。取样到脱气整个过程中，油中溶解气体尽可能保持不变；取样能代表充油电气设备中的油；取样方法简便易行。

（2）保存和运输。取好的油样应放入专用样品箱内，在运输中应尽量避免剧烈震动，防止容器破碎，要避光，尽量避免空运；注射器在运输和保存期间，应保证注射器芯能自由滑动；油样放置不得超过4天。

Jb0441313019　某台220kV主变压器投运前绝缘油色谱检测数据如下（单位 μL/L）：$H_2=20.22$，$CO=8.09$，$CO_2=234.55$，$CH_4=15.31$，$C_2H_6=1.47$，$C_2H_4=6.08$，$C_2H_2=0.89$，总烃=23.75。请分析在基建阶段有可能哪方面出了问题，需要提供什么阶段的色谱数据可以排除问题。（6分）

考核知识点： 充油电气设备故障诊断

难易度： 难

标准答案：

（1）从设备结构和制造方面分析。变压器是否有载调压，有载调压切换开关室是否有渗漏，设备的密封方式，设备的绝缘结构和材料等。此阶段可以查阅设备出厂色谱检测报告或设备到现场残油色谱检测报告。

（2）安装过程分析。设备运输充氮保护用氮气纯度，新油验收，真空注油，热油循环，油脱气处理，安装过程是否带油补焊等。此阶段可以查阅厂家用氮气纯度报告、新油色谱检测报告、注油循环时进出口色谱检测报告等。

（3）辅助设备方面分析。潜油泵、油流继电器及其管道、阀件有无缺陷或运行不正常。

Jb0441332020　油品中的含水量与哪些因素有关？（5分）

考核知识点： 绝缘油试验基础知识

难易度： 中

标准答案：

（1）与油品的化学组成有关。

（2）水在油中的溶解度和温度有很大关系。

（3）与在空气中暴露的时间有关。

（4）与油品的精制程度有关。

（5）与油品的老化程度有关。

Jb0441332021　影响油品界面张力的主要因素有哪些？（4分）

考核知识点： 绝缘油试验基础知识

难易度： 中

标准答案：

（1）表面活性物质的影响。

（2）与物质本身的性质有关。

（3）与其相接触的另一相物质的性质有关。

（4）温度的影响。

Jb0442323022　画出气相色谱流程框图。（5分）

考核知识点： 色谱分析基础知识

难易度： 难

标准答案：

气相色谱流程框图如图 Jb0442323022 所示。

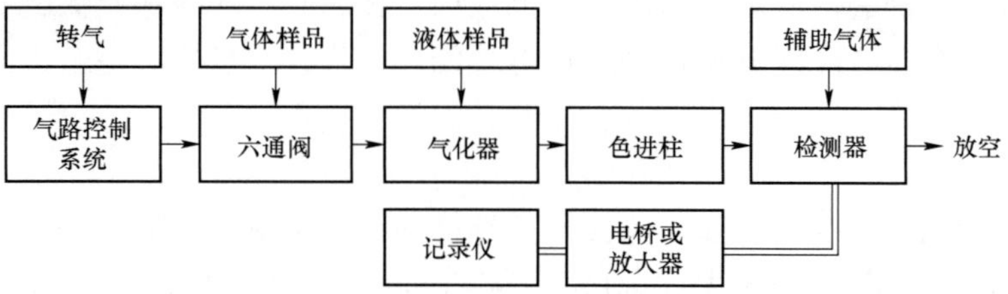

图 Jb0442323022

Jb0442332023　气相色谱仪的基本组成及作用是什么？（5分）

考核知识点： 色谱分析基础知识

难易度： 中

标准答案：

（1）载气系统（气源、流量调节阀、流速计等）。

（2）色谱柱。

（3）温控系统。

（4）检测器（热导检测器、氢焰检测器等）。

（5）记录设备（积分仪、计算机等）。

Jb0442333024　实现氢焰检测有哪些条件？（4分）

考核知识点： 色谱分析基础知识

难易度： 难

标准答案：

（1）氢和氧燃烧生成的火焰为有机分子提供燃烧和发生电离作用的条件。

（2）有机物分子在氢–氧火焰中的离子化程度比在一般条件下大得多。

（3）有两个电极置于火焰附近，形成静电场，有机物分子在燃烧过程中生成的离子在静电场中作定向移动而形成离子流。

Jb0441332025　引起油品氧化的因素有哪些？（4分）

考核知识点： 绝缘油试验基础知识

难易度：中

标准答案：

（1）油品与空气中的氧气接触是油品氧化的主要因素。

（2）温度、水分、金属催化剂及其他杂质会加速油品的氧化。

（3）油品中的烃类氧化初期产物是烃基过氧化物，而后分解成酸、醇、酮等继续氧化成树脂质、沥青质，进一步氧化成不溶于油的油泥。

Jb0442332026　使用气瓶有哪些注意事项？（8分）

考核知识点：安全防护知识

难易度：中

标准答案：

（1）避免阳光、明火、热辐射的作用，远离热源。

（2）气瓶要固定牢靠。

（3）气瓶使用时，一定要使用减压装置。

（4）经常检查气路的严密性。

（5）气瓶使用时一定要辩明颜色，防止错用。

（6）开启气瓶时不得过快、过猛，最好使用铜制工具。

（7）气瓶不得用空，应留有余压。

（8）气瓶的附件或瓶颈应避免油或油脂污染。

Jb0441332027　使用容量瓶时应注意哪些事项？（6分）

考核知识点：化学分析基础知识

难易度：中

标准答案：

（1）容量瓶必须清洗干净。

（2）往容量瓶中注入液体时，只能用手握住标线上的部分。

（3）在确定液面的位置是否正确时，容量瓶放置位置应使观察者的视线和标线在同一水平位置上。

（4）倒入液体必须达到凹形液面的下部和标线重合为止。

（5）容量瓶不能长时间存放溶液。

（6）容量瓶不能直接加热及烘烤。

Jb0441332028　超高压变压器油与普通变压器油的质量指标有何区别？（5分）

考核知识点：绝缘油试验基础知识

难易度：中

标准答案：

（1）增加了色度、苯胺点、吸气性、比色散等项目。

（2）对水分提出了具体要求。

（3）用中和值代替酸值。

（4）相同项目质量标准要求提高。

（5）对运动黏度的要求，由−300、−10、40℃变为0、40、100℃。

Jb0441332029　测定油品界面张力对生产运行有何意义？（3分）

考核知识点：绝缘油试验基础知识

难易度：中

标准答案：

（1）可以鉴别新油的质量。

（2）可以判断运行油老化程度。

（3）可以判断添加剂的消耗情况和监督变压器热虹吸器的运行情况。

Jb0441332030　测定油品闪点对生产运行有何意义？（5分）

考核知识点：绝缘油试验基础知识

难易度：中

标准答案：

（1）从油品的闪点可以判断其馏分组成的轻重。

（2）从闪点可以鉴定油品发生火灾的危险性，电力系统使用的变压器油，闪点的变化、高低更为重要。

（3）对某些润滑油来说，同时测定开口、闭口闪点，可以作为油品有无含有低沸点混入物的指标，用于生产检查。

Jb0441332031　测定变压器油体积电阻率对生产运行有何意义？（5分）

考核知识点：绝缘油试验基础知识

难易度：中

标准答案：

（1）可以判断变压器绝缘特性的好坏。

（2）在某种程度上能反映油品的老化和受污染的程度。

（3）能可靠而有效地监督油质。

（4）体积电阻率的测定，可以做到准确而快捷。

（5）体积电阻率的高低，可以间接准确反映其他电气性能指标的变化。

Jb0441332032　油品吸附剂再生与哪些因素有关？（4分）

考核知识点：绝缘油试验基础知识

难易度：中

标准答案：

（1）与吸附剂接触油的温度有关。

（2）与吸附剂种类及干燥程度有关。

（3）与吸附剂接触时间有关。

（4）与吸附剂的用量有关。

Jb0441332033　变压器油中油泥生成后，对变压器有哪些影响？（5分）

考核知识点：绝缘油试验基础知识

难易度：中

标准答案：

油泥是一种树脂状的部分导电物质，能适度地溶解在油中，但最终会从油中沉淀出来，黏附在绝缘材料、变压器的壳体边缘的壁上，沉积在循环油道、冷却散热片等地方，加速固体绝缘的破坏，造成变压器丧失吸收冲击负荷的能力，引起变压器线圈局部过热，使变压器的工作温度升高，降低设备出力。

Jb0441333034 如何保证色谱分析标定的准确性？（5分）

考核知识点：色谱分析基础知识

难易度：难

标准答案：

标定的准确性主要取决于进样的重复性和仪器运行的稳定性。

（1）进样操作应尽量排除各种疏忽与干扰。

（2）必须在仪器运行工况稳定的状态下进行。

（3）两次标定的重复性应在平均值的±2%以内。

（4）仪器每次开机均应进行标定。

（5）仪器稳定性较差或操作条件变化时，应增加标定次数。

第五节 技术管理与培训

Jb0661332001 详述变电检测管理应坚持的原则。（8分）

考核知识点：安全防护知识

难易度：中

标准答案：

变电检测管理坚持“安全第一、统筹安排、分级负责、标准作业、应试必试”的原则。

（1）安全第一指检测工作应保证人身、设备安全，不发生人身伤害，不影响设备正常运行。

（2）统筹安排指检测计划和工程项目计划结合，二次设备校验和一次设备检测结合，同一间隔设备检测工作结合，统筹安排，减少间隔或回路设备停电次数和时间。

（3）分级负责指一类变电站执行国家电网有限公司评价中心、省评价中心、省检修公司三级检测机制；其他变电站执行省评价中心、运维单位二级检测机制。

（4）标准作业指检测工作应全面执行标准化作业，应实现对作业风险、关键环节的有效控制，确保作业全过程安全和质量的可控、能控、在控。

（5）应试必试指严格按照周期、标准开展检测工作。

Jb0661332002 红外检测试验报告应具备的要素有哪些？（5分）

考核知识点：报告编制

难易度：中

标准答案：

（1）对具体发热部位的描述。

（2）相对温差的计算（电流致热型缺陷）。

（3）根据诊断判据判定缺陷性质。

（4）产生原因的分析判断。

（5）缺陷的处理意见。

Jb0661332003 带电检测对检测人员的要求有哪些？（5分）

考核知识点：人员要求

难易度：中

标准答案：

（1）熟悉设备带电检测的基本原理、诊断程序和缺陷定性方法，了解检测仪器的工作原理、技术参数和性能，掌握带电检测仪器的操作程序和使用方法。

（2）了解被测设备的结构特点、工作原理、运行状况和设备故障分析的基本知识。

（3）接受过带电测试相关培训，具备现场测试能力。

（4）具有一定的现场工作经验，熟悉并能严格遵守电力生产和工作现场相关安全管理规定。

（5）带电检测过程中应设专人监护。

Jb0661332004　《变电检测管理规定》对仪器仪表的校验有哪些规定？（5 分）

考核知识点：管理规定

难易度：中

标准答案：

（1）仪器仪表应按周期开展校验或比对。

（2）省检修公司、地市公司每年 11 月 15 日前编制仪器仪表校验计划，报送省评价中心。省评价中心在 10 个工作日内完成汇总并制定仪器仪表年度校验计划。各单位依据校验计划及时送检。省评价中心应按照资质条件进行仪器仪表校验。

（3）校验的仪器仪表，应由校验单位出具检验报告。

（4）仪器仪表应有明显的编号、校验标志，禁止使用未校验以及校验不合格的仪器仪表。

Jb0661332005　简述电力设备带电检测仪器静电放电抗扰度试验条件。（5 分）

考核知识点：静电放电抗扰度试验条件

难易度：中

标准答案：

（1）带电检测仪在正常工作状态。

（2）接触放电或空气放电。

（3）在外壳和工作人员经常可能触及的部位。

（4）试验电压：接触放电 8kV，空气放电 15kV。

（5）正负极性放电各 10 次，每次放电间隔至少 1s。

第四章 技 师

第一节 电 流

Jb0223232001 为什么要测量金属氧化物避雷器的阻性电流？（5分）

考核知识点：阻性电流原理

难易度：中

标准答案：

在运行电压下测量避雷器的交流泄漏电流可以在一定程度上反映避雷器运行的状态。在正常运行情况下，流过避雷器的电流主要为容性电流，阻性电流只占很小一部分，为10%～20%。当阀片老化、避雷器受潮、内部绝缘部件受损以及表面严重污秽时，容性电流变化不大，而阻性电流大大增加，所以测量避雷器运行电压下的交流泄漏电流及其阻性电流和容性电流是现场监测避雷器运行状态的主要方法，特别是阻性电流对发现氧化锌避雷器受潮有重要意义。

Jb0221232002 某110kV变电站2号主变压器进行铁芯接地电流测试中发现，2号主变压器铁芯接地电流达到12.7A，严重超过标准值，经复测，铁芯接地电流值分别为12.9A和14.7A，同时，油色谱试验结果显示变压器内部出现高温过热。根据铁芯接地电流数值和油色谱数据分析设备状况并提出处理建议。（4分）

考核知识点：缺陷分析

难易度：中

标准答案：

（1）由于铁芯接地电流数值严重超过标准值，并且油色谱数据异常，可初步判断铁芯可能存在多点接地的故障，可以在停电后使用大电流冲击来冲断接地点。

（2）若使用大电流冲击后，测量绝缘电阻值发现绝缘电阻值降低或为零，必要时可进行吊罩检查。

Jb0222232003 用于电容型设备相对介质损耗的传感器型取样单元应满足哪些要求？（4分）

考核知识点：仪器参数

难易度：中

标准答案：

传感器型取样单元应满足以下要求：

（1）采用穿心结构，输入阻抗低，能够耐受10A工频电流的作用以及10kA雷电流的冲击。

（2）具有完善的电磁屏蔽措施和先进的数字处理技术，可确保介质损耗测试结果不受谐波干扰及脉冲干扰的影响，绝对检测精度应达到±0.05%。

（3）具有较好的防潮和耐高低温能力。

（4）采用即插式标准接口设计，方便操作。

Jb0222232004 简述电容型设备相对介质损耗因数和电容量比值带电检测时的接线与测试流程。（5分）

考核知识点： 标准化操作流程

难易度： 中

标准答案：

（1）将带电检测仪器可靠接地，先接接地端再接仪器端，并在其两个信号输入端连接好测量电缆。

（2）打开取样单元，用测量电缆连接参考设备取样单元和仪器 In 端口，被试设备取样单元和仪器 Ix 端口。按照取样单元盒上标示的方法，正确连接取样单元测试引线和主机，防止在试验过程中形成末屏开路。

（3）打开电源开关，设置好测试仪器的各项参数。

（4）正式测试开始之前应进行预测试，当测试数据较为稳定时，停止测量，并记录、存储测试数据。如有需要，可重复多次测量，从中选取一个较稳定数据作为测试结果。

（5）测试数据异常时，首先应排除测试仪器及接线方式上的问题，确认被测信号是否来自同相、同电压的两个设备，并应选择其他参考设备进行比对测试。

Jb0222232005 电容型设备相对介质损耗因数及电容量比值测量时，参考设备的选择应遵循哪些原则？（4分）

考核知识点： 仪器参数

难易度： 中

标准答案：

选择合适的参考设备对于电容型设备带电检测至关重要，应遵循以下原则：

（1）采用相对值比较法，参考设备一般选择停电例行试验数据比较稳定的设备。

（2）宜选择与被试设备处于同一母线或直接相连母线上的其他同相设备、同类型电容型设备，如同一母线或直接相连母线上无同类型设备，可选择同相异类电容型设备。

（3）双母线分列运行的情况下，两段母线下所连接的设备应分别选择各自的参考设备进行带电检测工作。

（4）选定的参考设备一般不再改变，以便于进行对比分析。

Jb0223232006 简述避雷器带电检测方法。（8分）

考核知识点： 避雷器带电检测方法

难易度： 中

标准答案：

（1）全电流测试。通过在放电计数器两端并接专用测试仪器获取，或通过带有泄漏电流监测功能的避雷器放电计数器直接读取。

（2）阻性电流测试。通过采集避雷器电压和全电流信号，经过数字信号处理后得到基波或各次谐波电流和电压的幅值及相角，将基波电流投影到基波电压上就可以得出阻性电流基波。

（3）三次谐波法。基于氧化锌避雷器的总阻性电流与阻性电流 3 次谐波在大小上存在一定函数关系，通过检测氧化锌避雷器三相总泄漏电流中阻性电流 3 次谐波分量来判断总阻性电流的变化。

（4）电容电流补偿法。将金属氧化物避雷器电压信号进行 90° 移相，得到一个与容性电流相位相同的补偿信号，然后与容性电流相减将容性分量抵消，得到阻性电流。

（5）基波法。同步地采集氧化锌避雷器上的电压和总泄漏电流信号，得到基波电流和基波电压的幅值及相角，再将基波电流投影到基波电压上就可以得出阻性基波电流。

（6）波形分析法。运用快速傅里叶变换对同步检测到的电压和电流信号进行谐波分析，获得电压和阻性电流各次谐波的幅值和相角，然后计算各次谐波的有功无功分量。目前用得较多的是对 1、3、5、7 次谐波进行分析处理。

Jb0223232007　如何进行避雷器带电检测结果分析？（4 分）

考核知识点：缺陷分析

难易度：中

标准答案：

（1）在进行金属氧化物避雷器泄漏电流测试结果分析时，应综合全电流、阻性电流基波分量、阻性电流谐波分量、电压电流夹角等测量结果，判断金属氧化物避雷器运行状况。

（2）阻性电流的基波成分增长较大，谐波的含量增长不明显时，一般为污秽严重或受潮缺陷。

（3）阻性电流谐波的含量增长较大，基波成分增长不明显时，一般为老化绝缘。

（4）容性电流增加，避雷器一般发生不均匀劣化。避雷器有一半发生劣化时，底部容性电流增加最多。

Jb0223232008　影响避雷器带电测试数据的因素有哪些？（7 分）

考核知识点：检测影响因素

难易度：中

标准答案：

（1）瓷套外表面受潮污秽的影响。

（2）温度对金属氧化物避雷器泄漏电流的影响。

（3）湿度对测试结果的影响。

（4）相间干扰的影响。

（5）谐波的影响。

（6）参考电压方法选取的不同。

（7）电磁场的影响。

Jb0222232009　论述带电测量介质损耗因数和电容量对电容型设备的意义。（4 分）

考核知识点：介质损耗因数和电容量基础知识

难易度：中

标准答案：

（1）对于电容型绝缘的设备，通过对其介电特性的检测，可以发现尚处于早期阶段的绝缘缺陷。

（2）介质损耗因数 $\tan\delta$ 是设备绝缘的绝缘缺陷中，由介质损耗引起的有功电流分量和设备总电容电流之比，它对发现设备的绝缘整体劣化较为敏感，如包括设备大部分体积的绝缘受潮，而对局部缺陷则不易发现。

（3）测量绝缘设备的电容，除了能给出有关可能引起极化过程改变的介质结构的信息外，还能发现严重的局部缺陷（如绝缘击穿），但灵敏度也同绝缘损坏部分与完好部分的体积有关。

Jb0222232010　请写出相对测量法得到的相对介质损耗因数和相对电容量比值换算成绝对量的换算公式，并注明各参数的含义。（8 分）

考核知识点：公式换算

难易度：中

标准答案：

$$\tan\delta_{X0} = \tan(\delta_X - \delta_N) + \tan\delta_{N0}$$
$$C_{X0} = C_X / C_N C_{N0}$$

式中：$\tan\delta_{X0}$ 为换算后的被试设备介质损耗因数绝对量；$\tan\delta_{N0}$ 为参考设备最近一次停电例行试验测得的介质损耗因数；$\tan(\delta_X - \delta_N)$ 为带电测试获得的相对介质损耗因数；C_{X0} 为换算后的被试设备电容量绝对量；C_{N0} 为参考设备最近一次停电例行试验测得的电容量；C_X / C_N 为带电测试获得的相对电容量比值。

Jb0223232011　请画出 3 次谐波法测量避雷器泄漏电流的示意图。（4 分）

考核知识点：避雷器泄漏电流原理

难易度：中

标准答案：

3 次谐波法测量避雷器泄漏电流示意图如图 Jb0223232011 所示。

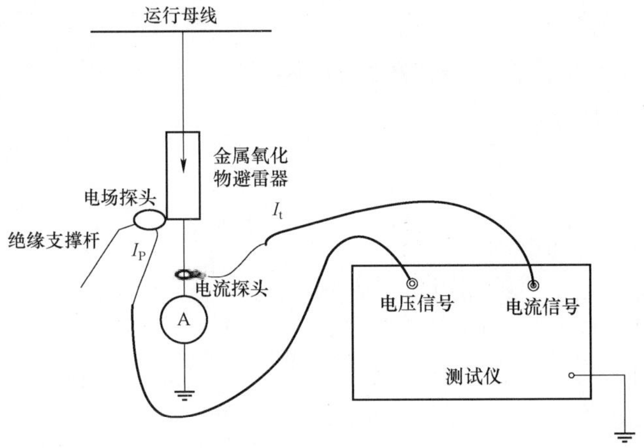

图 Jb0223232011

Jb0222232012　电容型设备相对介质损耗因数和电容量带电检测系统由哪些部分组成？（4 分）

考核知识点：仪器参数

难易度：中

标准答案：

电容型设备介质损耗因数和电容量带电测试系统一般由取样单元、测试引线和测试仪器等部分组成。取样单元获取电容型设备电流信号或者电压互感器二次电压信号；测试引线将取样单元获取的信号输入至测试仪器；测试仪器采集、处理和分析信号数据。

Jb0222231013　电容型设备相对介质损耗因数和电容量比值带电检测对检测周期有什么要求？（4 分）

考核知识点：检测周期

难易度：易

标准答案：

（1）110（66）kV 及以上电压等级的电容型设备投运后一个月内进行一次相对介质损耗因数和电容量比值的带电检测，记录作为初始数据。

（2）110（66）kV 及以上电压等级的电容型设备带电测试每 1～2 年测试一次。

Jb0223232014 避雷器泄漏电流测试时，电压取样的方式有哪几种？（6 分）

考核知识点：操作方法

难易度：中

标准答案：

（1）二次电压法。电压信号取自待测金属氧化物避雷器同间隔的电压互感器二次电压。其传输方式分为有线传输和无线传输方式两种。

（2）检修电源法。通过测取交流检修电源 220V 电压作为虚拟参考电压，再通过相角补偿求出参考电压，避免了通过取电压互感器端子箱内二次参考电压的误碰、误接线存在的风险。

（3）感应板法。将感应板放置在金属氧化物避雷器底座上，与高压导体之间形成电容。仪器利用电容电流做参考对金属氧化物避雷器总电流进行分解。由于感应板对位置比较敏感，该种测试方法受外界电场影响较大，如测试主变压器侧避雷器或仪器上方具有横拉母线时，测量结果误差较大。

（4）末屏电流法。选取同电压等级的容性设备末屏电流做参考量。容性设备可选取电流互感器、电压互感器，用钳形电流表测容性设备末屏电流误差较大。

Jb0223232015 简述相间干扰对金属氧化物避雷器泄漏电流分析判断的影响。（5 分）

考核知识点：数据分析

难易度：中

标准答案：

对于一字排列的三相金属氧化物避雷器，在进行泄漏电流带电检测时，由于相间干扰的影响，A、C 相电流都要向 B 相方向偏移，一般偏移角度 2°～4°，这导致 A 相阻性电流增加，C 相变小甚至为负。相间干扰对测试结果有影响，但不影响测试结果的有效性。采用历史数据的纵向比较法，能较好地反映金属氧化物避雷器的运行情况。

Jb0221232016 导致电力电缆局部放电的主要原因有哪些？（4 分）

考核知识点：缺陷分析

难易度：中

标准答案：

（1）绝缘内部的空洞、空腔等界面之间的间隙。

（2）绝缘层中的杂质。

（3）从电缆突起处、绝缘杂质、空隙开始的电树。

（4）防水工艺灯导致水分渗透形成水树。

Jb0221231017 简述高频局部放电检测原理。（4 分）

考核知识点：高频局部放电原理

难易度：易

标准答案：

当电力设备发生局部放电时，通常会在其接地引下线或其他地电位连接线上产生脉冲电流。通过高频电流传感器检测流过接地引下线或其他地电位连接线上的高频脉冲电流信号，实现对电力设备局部放电的带电检测。

Jb0221232018　简述高频局部放电检测缺陷谱图特征。(6 分)

考核知识点：高频局部放电谱图特征

难易度：中

标准答案：

(1)电晕放电。高电位处存在单点尖端，电晕放电一般出现在电压周期的负半周。若低电位处也有尖端，则负半周出现的放电脉冲幅值较大，正半周幅值较小。

(2)内部放电。存在内部局部放电时，一般出现在电压周期中的第一和第三象限，正负半周均有放电，放电脉冲较密且大多对称分布。

(3)沿面放电。存在沿面放电时，一般在一个半周出现的放电脉冲幅值较大、脉冲较稀，在另一半周放电脉冲幅值较小、脉冲较密。

Jb0221232019　高频局部放电检测系统结构一般由什么组成？(4 分)

考核知识点：仪器参数

难易度：中

标准答案：

电力设备高频局部放电检测系统一般由高频电流传感器、工频相位单元、信号采集单元、信号处理分析单元等构成。高频电流传感器完成对局部放电信号的接收，一般使用钳式高频电流传感器；工频相位单元获取工频参考相位；信号采集单元将局部放电和工频相位的模拟信号进行调理并转化为数字信号；信号处理分析单元完成局部放电信号的处理、分析、展示以及人机交互。

Jb0221231020　《国家电网公司变电检测管理规定》中，对母线电容电流测试结果的要求是什么？(4 分)

考核知识点：规程要求

难易度：易

标准答案：

(1)3～10kV 系统电容电流不大于 30A，20kV 及以上不大于 10A。

(2)与历史数值比较无较大变化。

Jb0223232021　简述为什么氧化锌避雷器泄漏电流的阻性电流是测量的关键因素，并举例说明。(4 分)

考核知识点：阻性电流理论知识

难易度：中

标准答案：

判断氧化锌避雷器是否发生老化或受潮，通常以观察正常运行电压下流过氧化锌避雷器阻性电流的变化，即观察阻性泄漏电流是否增大作为判断依据。例如：

(1)氧化锌避雷器污秽严重或受潮时，阻性电流的基波成分增长较大，谐波的含量增长不明显。

(2)氧化锌阀片老化时，阻性电流谐波的含量增长较大，基波成分增长不明显。

Jb0221232022　简述 10、35kV 母线消弧装置的配置要求。(5 分)

考核知识点：规程要求

难易度：中

标准答案：

(1)电容电流超过规定值时，建议采用中性点经消弧线圈接地的运行方式。

（2）一般采用过补偿运行方式，只有当消弧设备容量不足或采用过补偿不能满足对接地点残流的要求时，才能采用欠补偿运行方式。

（3）脱谐度一般不超过 10%。

（4）使接地时通过故障点的残流尽可能小，同时应保证电网正常运行和事故情况下中性点位移电压不应高于额定电压的 15%。

（5）当电容电流大于 100A（建议参考值）后消弧设备容量不足以补偿母线电容电流时，建议将中性点接地方式改为小电阻接地系统。

Jb0221232023　母线电容电流检测如何进行分析处理？（7 分）

考核知识点：数据分析

难易度：中

标准答案：

（1）母线电容电流检测结果应符合以下要求：

1）3～10kV 系统电容电流不大于 30A，20kV 及以上不大于 10A。

2）与历史数值比较无较大变化。

（2）综合分析：

1）电容电流超过规定值时，建议采用中性点经消弧线圈接地的运行方式。

2）一般采用过补偿运行方式，只有当消弧设备容量不足或采用过补偿不能满足对接地点残流的要求时，才能采用欠补偿运行方式。

3）脱谐度一般不超过 10%。

4）使接地时通过故障点的残流尽可能小，同时应保证电网正常运行和事故情况下中性点位移电压不应高于额定电压的 15%。

5）当电容电流大于 100A（建议参考值）后消弧设备容量不足以补偿母线电容电流时，建议将中性点接地方式改为小电阻接地系统。

Jb0221233024　何谓铁芯多点接地故障？大中型电力变压器发生铁芯多点接地故障常用的处理方法有哪些？（10 分）

考核知识点：缺陷分析及处理

难易度：难

标准答案：

变压器铁芯多点接地，就是当铁芯由于某种原因在某位置出现另一点接地时，则正常接地的引线上就会有环流的现象。

大中型电力变压器发生铁芯多点接地故障常用的处理方法是：

（1）临时应急处理。对于系统暂不允许停运检查的，可采用在铁芯接地回路上串接电阻的临时应急措施，以限制铁芯接地回路的环流，防止故障进一步恶化。在串接电阻前，分别对铁芯接地回路的环流和开路电压进行测量，使环流限制在 300mA 以下。

（2）吊罩检查。一般在解开铁芯与夹件等连接片后，进行以下检查试验：

1）测量穿心螺杆对铁芯的绝缘。

2）检查各间隙、槽部有无螺母、硅钢片废料等金属物。

3）对铁芯底部看不到地方用铁丝进行清理。

4）对各间隙进行油冲洗或氮气冲吹清理。

（3）电容放电排除法。对于那些铁芯毛刺、铁锈和焊渣的积聚引起的接地故障，吊罩直接检查处理往往无法奏效，可用电容放电法烧掉毛刺，用 600V 直流电压冲击把毛刺烧掉，而且冲击放电声很明显，当听不到放电声时，说明接地点已消除。测铁芯绝缘合格。

（4）不吊罩处理。对于安装于室内，且从以谱分析判断出为动态性质的接地故障，可利用榔头敲击的振动和放油时的油流使金属异物落到箱底或带出箱外，检查铁芯对地绝缘合格即可。

Jb0222232025　高压电容型电流互感器受潮的特征是什么？常用什么方法干燥？（6 分）

考核知识点：缺陷分析及处理

难易度：中

标准答案：

高压电容型电流互感器现场常见的受潮状况有三种情况。

（1）轻度受潮。进潮量较少，时间不长，又称初期受潮。其特征为：主屏的 $\tan\delta$ 无明显变化；末屏绝缘电阻降低，$\tan\delta$ 增大；油中含水量增加。

（2）严重进水受潮。进水量较大，时间不太长。其特征为：底部往往能放出水分；油耐压降低；末屏绝缘电阻较低，$\tan\delta$ 较大；若水分向下渗透过程中影响到端屏，主屏 $\tan\delta$ 将有较大增量，否则不一定有明显变化。

（3）深度受潮。进潮量不一定很大，但受潮时间较长。其特性为：由于长期渗透，潮气进入电容芯部，使主屏 $\tan\delta$ 增大；末屏绝缘电阻较低，$\tan\delta$ 较大；油中含水量增加。

当确定互感器受潮后，可用真空热油循环法进行干燥。目前认为这是一种最适宜的处理方式。

Jb0222232026　什么是劣化与老化？（8 分）

考核知识点：电气知识

难易度：中

标准答案：

劣化是指绝缘在电场、热、化学、机械力、大气条件等因素作用下，其性能变劣的现象。劣化的绝缘有的是可逆的，有的是不可逆的。例如绝缘受潮后，其性能下降，但进行干燥后，又恢复其原有的绝缘性能，显然，它是可逆的。再如，某些工程塑料在湿度、温度不同的条件下，其机械性能呈可逆的起伏变化，这类可逆的变化，实质上是一种物理变化，没有触及化学结构的变化，不属于老化。

老化则是绝缘在各种因素长期作用下发生一系列的化学物理变化，导致绝缘电气性能和机械性能等不断下降。绝缘老化原因很多，但一般电气设备绝缘中常见的老化是电老化和热老化。例如，局部放电时会产生臭氧，很容易使绝缘材料发生臭氧裂变，导致材料性能老化；油在电弧的高温作用下，能分解出碳粒，油被氧化而生成水和酸，都会使油逐渐老化。

由上分析可知，劣化涵义较广泛，而老化的涵义相对就窄一些，老化仅仅是劣化的一个方面，两者具体的联系与区别示意如下：

- 劣化
  - 可逆
    - 疲劳
    - 其他可逆的绝缘缺陷
  - 不可逆老化
    - 热老化
    - 电老化

Jb0223232027　金属氧化物避雷器运行中劣化的征兆有哪几种？（6 分）

考核知识点：数据分析

难易度：中

标准答案：

金属氧化物在运行中劣化主要是指电气特性和物理状态发生变化，这些变化会造成伏安特性漂移，热稳定性破坏，非线性系数改变，电阻局部劣化等。一般情况下这些变化都可以从避雷器的如下几种电气参数的变化上反映出来：

（1）在运行电压下，泄漏电流阻性分量峰值的绝对值增大。

（2）在运行电压下，泄漏电流谐波分量明显增大。

（3）运行电压下的有功损耗绝对值增大。

（4）运行电压下的总泄漏电流的绝对值增大，但不一定明显。

Jb0223232028　简述温度对金属氧化物避雷器泄漏电流的影响。（5 分）

考核知识点：检测影响因素

难易度：中

标准答案：

由于金属氧化物避雷器的氧化锌电阻片在小电流区域具有负的温度系数，且金属氧化物避雷器内部空间较小，散热条件较差，加之有功损耗产生的热量会使电阻片的温度高于环境温度。这些都会使金属氧化物避雷器的阻性电流增大，电阻片在持续运行电压下从 20～60℃，阻性电流增加 79%，而实际运行中的金属氧化物避雷器电阻片温度变化范围是比较大的，阻性电流的变化范围也很大。因此在进行检测数据的纵向比较时应充分考虑该因素。温度每升高 10℃，电流增大 3%～5%，可参照换算。

Jb0223232029　简述湿度对金属氧化物避雷器泄漏电流的影响。（4 分）

考核知识点：检测影响因素

难易度：中

标准答案：

湿度比较大的情况下，一方面会使金属氧化物避雷器瓷套的表面泄漏电流明显增大，同时引起金属氧化物避雷器内部阀片的电位分布发生变化，使芯体电流明显增大。严重时芯体电流能增大 1 倍左右，瓷套表面电流会成几十倍增加。

Jb0223222030　请画出泄漏电流测试相间干扰原理图。（6 分）

考核知识点：泄漏电流测试原理

难易度：中

标准答案：

泄漏电流测试相间干扰原理图如图 Jb0223222030 所示。

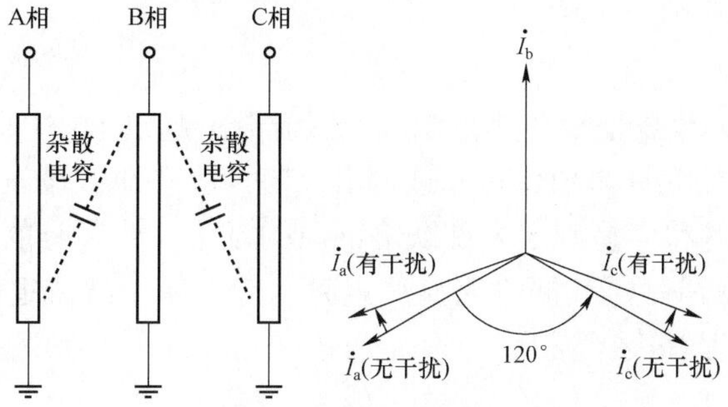

图 Jb0223222030

Jb0223232031 简述泄漏电流测试点电磁场对测试结果的影响。（4分）

考核知识点： 检测影响因素

难易度： 中

标准答案：

测试点电磁场较强时，会影响到电压 $\dot{U}$ 与总电流 $\dot{I}_X$ 的夹角，从而会使测得的阻性电流数据不真实，给测试人员正确判断金属氧化物避雷器的质量状况带来不利影响。测试时应选取多个测试点进行分析比较。

第二节 光 学

Jb0332232001 依据DL/T 664—2016《带电设备红外诊断应用规范》，对一般缺陷类型的确定及处理方法有哪些？（4分）

考核知识点： 规程要求

难易度： 中

标准答案：

一般缺陷：设备存在过热，比较温度分布有差异，但不会引发设备故障，一般仅作记录，可利用停电（或周期）检修机会，有计划地安排试验检修，消除缺陷。对于负荷率低、温升小但相对温差大的设备，如果负荷有条件或有机会改变时，可在增大负荷电流后进行复测，以确定设备缺陷的性质，否则，可视为一般缺陷，记录在案。

Jb0332232002 依据DL/T 664—2016《带电设备红外诊断应用规范》，对严重缺陷类型的确定及处理方法有哪些？（4分）

考核知识点： 规程要求

难易度： 中

标准答案：

严重缺陷：当设备存在过热，或出现热像特征异常，程度较严重，应早做计划，安排处理。未消缺期间，对电流致热型设备，应有措施（如加强监测次数，清楚温度随负荷等变化的相关程度等），必要时可限负荷运行；对电压致热型设备，应加强监测并安排其他测试手段进行监测，缺陷性质确认后，安排消缺计划。

Jb0332232003 依据DL/T 664—2016《带电设备红外诊断应用规范》，对紧急缺陷类型的确定及处理方法有哪些？（4分）

考核知识点： 规程要求

难易度： 中

标准答案：

紧急缺陷：当电流（磁）致热型设备热点温度（或温升）超过DL/T 664—2016《带电设备红外诊断应用规范》的附录G规定的允许限值温度（或温升）时，应立即安排设备消缺处理，或设备带负荷限值运行；对电压致热型设备和容易判定内部缺陷性质的设备（如确有的冲油套管、未打开的冷却器阀、温度异常的高压电缆终端等），其缺陷明显严重时，应立即消缺或退出运行，必要时，可安排其他试验手段进行确诊，并处理解决。

Jb0331231004　哪些情况要进行 SF_6 气体泄漏检测？（3 分）

考核知识点：SF_6 气体泄漏检测基础知识

难易度：易

标准答案：

（1）SF_6 气体绝缘设备在投运前、投运后一个月内，以及解体检修后，可进行红外检漏检测。

（2）补气间隔明显小于设计规定的，宜进行红外检漏检测。

（3）运行中发现 SF_6 气体绝缘电气设备气室压力下降速率显著时，应进行红外检漏检测。

Jb0332231005　红外测温的判断方法有哪几种？（4 分）

考核知识点：规程要求

难易度：易

标准答案：

红外测温的判断方法有表面温度判断法、相对温差判断法、图像特征判断法、同类比较判断法、综合分析判断法、实时分析判断法。

Jb0332232006　如图 Jb0332232006 所示，红外测温隔离开关温度为 131℃，隔离开关合闸到位，请对该缺陷进行分析，说明判断方法、缺陷类型、缺陷定义、缺陷原因及缺陷处理。（4 分）

图 Jb0332232006

考核知识点：缺陷分析及处理

难易度：中

标准答案：

该设备为隔离开关触头发热，红外测温触头温度已达 131℃，可用表面温度判断法判断该发热缺陷为电流致热型设备缺陷，且热点温度大于 130℃，可将此缺陷定义为紧急缺陷。根据图片所示，隔离开关分合到位，造成发热的可能原因为触头弹簧压接不良，应立即降低负荷电流或停电立即消缺处理。

Jb0332232007　如图 Jb0332232007 所示，请对该缺陷进行分析，说明判断方法、缺陷类型、缺陷定义、缺陷原因及缺陷处理。（4 分）

考核知识点：缺陷分析及处理

难易度：中

标准答案：

可判断该设备为瓷柱式充油式套管，其中两相套管明亮，一相套管发暗，可用图像特征判断法判断该发热缺陷为电压致热型设备缺陷，且根据红外图片可见一相套管不见油位，可将此缺陷定义为紧急缺陷。造成缺油的可能原因为套管窝气或密封圈老化破损、密封不严等，应立即停电进行排气、补油处理。

图 Jb0332232007

Jb0332232008 如图 Jb0332232008 所示，该设备为氧化锌避雷器，请对该缺陷进行分析，说明判断方法、缺陷类型、缺陷定义、缺陷原因及缺陷处理。（4 分）

图 Jb0332232008

考核知识点：缺陷分析及处理

难易度：中

标准答案：

该设备为氧化锌避雷器，其中两相谱图颜色一致，一相上部有明显发亮，正常为整体轻微发热，较热点一般在靠近上部且不均匀，多节组合从上到下各节温度递减，引起整体发热或局部发热为异常，温差明显分布异常，可用图像特征判断法判断该发热缺陷为电压致热型设备缺陷，可将此缺陷定义为严重及以上缺陷。可能原因为阀片老化或受潮等，建议应立即进行工频泄漏电流的全电流和阻性电流测试，或停电进行直流参考电压下泄漏电流试验。

Jb0332232009 如图 Jb0332232009 所示，请对该缺陷进行分析，说明判断方法、缺陷类型、缺陷原因及缺陷处理。（4 分）

考核知识点：缺陷分析及处理

难易度：中

标准答案：

该设备为连引流线瓷绝缘子，正常绝缘子串的温度分布同电压分布规律，即呈现不对称的马鞍型，相邻绝缘子温差很小，以铁帽为发热中心的热像图，其比正常绝缘子温度高，可用图像特征判断法判断该发热缺陷为电压致热型设备缺陷，为低值绝缘子发热。建议进行精确检测或其他电气方法进行零、低阻值的检测确认，视缺陷绝缘子片数做相应的缺陷处理。

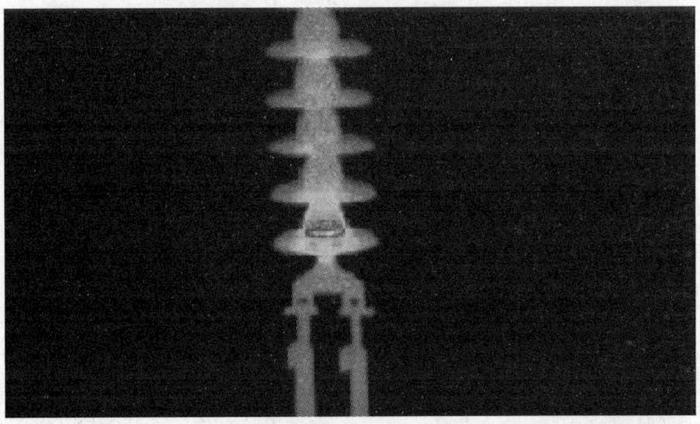

图 Jb0332232009

Jb0332232010 如图 Jb0332232010 所示，请对该缺陷进行分析，说明判断方法、缺陷类型、缺陷原因及缺陷处理。（4 分）

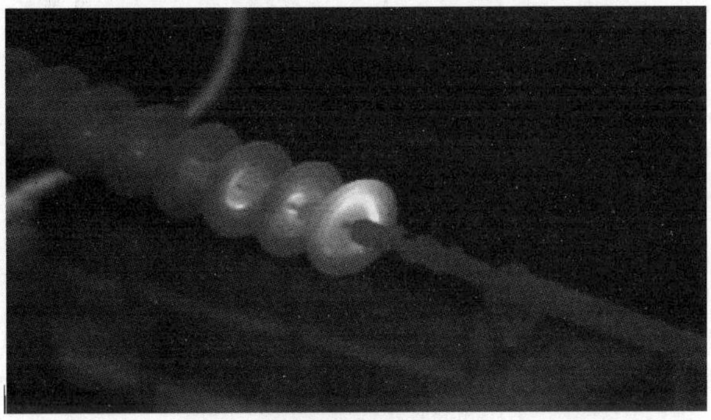

图 Jb0332232010

考核知识点：缺陷分析及处理

难易度：中

标准答案：

该设备为连引流线瓷绝缘子，其热像特征是以瓷盘（或玻璃盘）为发热区的热像，可用图像特征判断法判断该发热缺陷为电压致热型设备缺陷。可能由于表面污秽引起绝缘子泄漏电流增大，建议进行精确检测或其他电气方法进行零、低阻值的检测确认，视缺陷绝缘子片数作相应的缺陷处理。若确定为污秽引起，则停电或带电清洗处理或更换绝缘子瓷盘。

Jb0332232011 如图 Jb0332232011 所示，该设备为电流互感器，请对该缺陷进行分析，说明判断方法、缺陷类型、缺陷定义、缺陷原因及缺陷处理。（4 分）

考核知识点：缺陷分析及处理

难易度：中

标准答案：

该设备有油位观察窗户，为油浸式电流互感器，A、C 两相谱图颜色一致为 29.0℃左右，B 相温度为 31.5℃以上，B 相与 A、C 两相温差超过 2～3K，可用图像特征判断法判断该发热缺陷为电压致热型设备缺陷。瓷套整体温升增大，且瓷套上部温度偏高，很大可能是由于 B 相介质损耗偏大引起，可将此缺陷定义为紧急缺陷。建议应停电处理进行介质损耗、油色谱、油中含水量检测。

图 Jb0332232011

Jb0332232012　如何理解物体的辐射率？（4 分）

考核知识点：红外热成像理论知识

难易度：中

标准答案：

某个物体向外发射的红外辐射强度取决于这个物体的温度和这个物体表面材料的辐射特性，用辐射率（ε）描述物体向外发射红外能量的能力。辐射率的取值范围可以从 0 到 1，通常说的黑体是指辐射率为 1.0 的理想辐射源，而镜子的辐射率一般为 0.1。如果用红外测温仪测量温度时选择的辐射率过高，测温仪显示的温度将低于被测目标的真实温度（假设被测目标的温度高于环境温度）。

Jb0332232013　如何利用简便的方法确定某个物体（材料）的发射率？（5 分）

考核知识点：红外热成像理论知识

难易度：中

标准答案：

（1）首先用热偶或接触测温仪测出被测物体的真实温度，然后用红外测温仪测量该物体，并边测边改变仪器的发射率，直到显示值与物体的真实温度一致。

（2）如果所测量的温度达到 76℃，可以将一个特殊的塑料带缠绕（或粘贴）在被测物体表面，使被测物体被塑料部分覆盖，将红外测温仪的发射率设置成 0.95，测出塑料带的温度，然后测量塑料带周围的温度，调节发射率使显示值和塑料带的温度一致。

Jb0332231014　已知变压器套管柱头温度 79℃，变压器区域环境温度 38℃，正常相温度 46℃，测试条件符合规定。请计算相对温差，并根据相对温差判断法分析缺陷性质。（4 分）

考核知识点：数据分析

难易度：易

标准答案：

已知发热点温度 $T_1=79$℃，正常相对应点温度 $T_2=46$℃，环境温度 $T_0=38$℃，则

$$\delta=(T_1-T_2)/(T_1-T_0)\times100\%=(79-46)/(79-38)\times100\%\approx80.5\%>80\%$$

根据相对温差法，套管柱头相对温差 $\delta\geq80\%$，且热点温度小于 80℃，判定为严重缺陷。

Jb0333232015　导电体表面电晕放电主要由哪些情况造成？（8分）

考核知识点：缺陷分析

难易度：中

标准答案：

（1）由于设计、制造、安装或检修等原因，形成的锐角或尖端。

（2）由于制造、安装或检修等原因，形成表面粗糙。

（3）运行中导线断股或散股。

（4）均压、屏蔽措施不当。

（5）在高电压下，导电体截面偏小。

（6）悬浮金属物体产生的放电。

（7）导电体对地或导电体间间距偏小。

（8）设备接地不良及其他情况。

Jb0333232016　绝缘体表面电晕放电由哪些情况造成？（4分）

考核知识点：缺陷分析

难易度：中

标准答案：

（1）在潮湿情况下，绝缘子表面破损或裂纹。

（2）在潮湿情况下，绝缘子表面污秽。

（3）绝缘子表面不均匀覆冰。

（4）绝缘子表面金属异物短接及其他情况。

Jb0331232017　早期对于 SF_6 气体检漏主要采取哪几种方法？（5分）

考核知识点：缺陷处理

难易度：中

标准答案：

（1）肥皂水查漏法。

（2）包扎查漏法。

（3）手持式检漏仪查漏法。

（4）抽真空法。

（5）密度继电器报警法。

Jb0331232018　根据检测原理不同，检漏检测技术可分为哪几种？（5分）

考核知识点：检漏检测技术分类

难易度：中

标准答案：

（1）负电晕检测技术。

（2）电子捕获检测技术。

（3）负离子捕获检测技术。

（4）紫外电离检测技术。

（5）红外吸收技术。

（6）光声光谱技术。

（7）成像检漏技术。

Jb0331232019　采用红外吸收技术原理的检漏仪器普遍用于哪些场合？具有什么优点？（3分）

考核知识点：红外检漏技术应用

难易度：易

标准答案：

采用该技术的检测仪器普遍用于室内 SF_6 气体的泄漏监测。仪器体积小、质量轻、无放射源危险、无需耗材、性能稳定。

Jb0331232020　请描述 SF_6 气体红外泄漏检测仪检测到的漏气现象。（4分）

考核知识点：谱图分析

难易度：中

标准答案：

检漏仪的红外探测器专门针对极窄的光谱范围进行调整，只检测由一个窄带滤波器界定的红外区域吸收的气体。泄漏气体出现区域的视频图像将产生对比变化，从而产生烟雾状阴影，气体浓度越大，吸收强度就越大，烟雾状阴影就越明显，进而使检测人员能准确找到泄漏源。

Jb0331231021　SF_6 气体红外泄漏检测仪主要由哪几部分组成？（4分）

考核知识点：仪器参数

难易度：易

标准答案：

SF_6 气体红外泄漏检测仪主要由光学系统、红外探测器、信号处理器、显示器部分和供电单元组成。

Jb0331232022　SF_6 气体红外泄漏检测仪的使用注意事项有哪些？（7分）

考核知识点：仪器使用注意事项

难易度：中

标准答案：

（1）使用时，注意不要刮伤镜头，不使用时盖上镜头盖。

（2）没有使用的时候，尽量避免在太阳光底下暴晒。

（3）仪器使用时，应避免太阳光或高温热源直接入射镜头，以免损坏探测器。

（4）不要对电池进行长时间充电，以免损坏电池。

（5）仪器使用完毕，应关闭电源，取出电池，盖好镜头盖。

（6）避免使用手、硬纸巾、水、酒精等溶液擦拭脏污镜头，应使用专用镜头纸。

（7）仪器长时间不用，应隔一段时间拿出来运行一段时间，以保持仪器性能稳定。

Jb0333232023　紫外放电有什么作用？（5分）

考核知识点：缺陷判断

难易度：中

标准答案：

（1）发现电晕放电和表面局部放电的来源。

（2）发现支柱式绝缘子的细小裂纹。

（3）在线评估绝缘的表面电导。

（4）检测运行中电力设备外绝缘子闪络痕迹。

（5）评估高压带电设备布局、结构、安装工艺、设计是否合理。

Jb0331232024　红外成像检漏仪的操作步骤有哪些？（5 分）

考核知识点：操作步骤

难易度：中

标准答案：

（1）开机，将开机键调至相应挡位，不同挡位标志不同的温度测量范围。

（2）进行均匀化校准，校准时仪器镜头盖必须盖好，均匀化校准可实现背景噪声的抑制，提高灵敏度。

（3）打开镜头盖，调节图像焦距，调节明亮度和对比度，达到红外图像画面清晰的状态。

（4）如果检测中发现泄漏量很小，应提高仪器检测灵敏度。

（5）测试中可改变图像色板颜色，调节红外视频颜色，通过更换不同的色板模式，更有利于发现气体泄漏。

Jb0331232025　进行电力设备红外成像检漏的人员应具备哪些条件？（4 分）

考核知识点：人员要求

难易度：中

标准答案：

（1）熟悉红外成像检漏技术的基本原理和诊断程序，了解红外成像检漏仪的工作原理、技术参数和性能，掌握红外成像检漏仪的操作程序和使用方法。

（2）了解被检测设备的结构特点、工作原理、运行情况和导致设备故障的基本因素。

（3）具有一定的现场工作经验，熟悉并能严格遵守电力生产和工作现场的有关安全管理规定，掌握 SF_6 气体安全防护技能。

（4）应经过上岗培训并考试合格。

Jb0331232026　红外成像检漏仪应具备哪些功能？（5 分）

考核知识点：仪器参数

难易度：中

标准答案：

（1）SF_6 气体泄漏的检测成像。

（2）泄漏点定位。

（3）可见光拍摄功能，拍摄设备的可见光图片。

（4）具备抗外部干扰的功能。

（5）视频、图片的存储和导入导出。

Jb0331232027　红外成像检漏的安全要求有哪些？（7 分）

考核知识点：安全防护知识

难易度：中

标准答案：

（1）应严格执行《国家电网公司电力安全工作规程（变电部分）》的相关要求。

（2）检测工作人员不得少于两人。负责人应由有经验的人员担任，开始检测前，负责人应向全体检测人员详细布置检测中的安全注意事项，交代带电部位以及其他安全注意事项。

（3）进入室内开展现场检测前，应先通风 15min，检查氧气和 SF_6 气体含量合格后方可进入，检测过程中应始终保持通风。

（4）检测时应与设备带电部位保持足够的安全距离。

（5）检测时要防止误碰误动设备。

（6）行走中注意脚下，防止踩踏设备管道。

（7）检测时避免阳光直接照射或反射进入仪器镜头。

Jb0331232028　SF_6红外成像检漏检测步骤有哪些？（5 分）

考核知识点：标准化操作流程

难易度：中

标准答案：

（1）检测仪器是否正常工作，确认电源正常。

（2）根据 SF_6 电气设备情况，确定重点检测部位。

（3）根据检测部位调整检测仪器。

（4）至少选择三个不同方位对设备进行检测，以保证对设备的全面检测。

（5）记录泄漏部位的视频和图片。

（6）若存在异常情况，应出具检测报告。

Jb0331231029　简述用肥皂气泡法进行气体检漏的原理及优缺点。（4 分）

考核知识点：皂气泡法气体检漏的原理及优缺点

难易度：易

标准答案：

气泡肥皂法是一种定性检漏，其基本原理就是在疑似检漏点处涂抹肥皂水，观察该泄漏点是否有气泡产生，以此判断是否有泄漏点及泄漏量的大小。其优点是现场简单易行，成本低；缺点是检测准确性差，漏点位置距离带电部位不满足安全距离时需设备停电，冬天气温低时泡沫容易失去作用。

Jb0331232030　红外成像检漏较其他检漏技术有哪些优势？（4 分）

考核知识点：红外成像检漏技术优势

难易度：中

标准答案：

（1）可进行带电检测，减少因检漏而引起的停电。

（2）非接触，远距离监测，人员检测更安全。

（3）可实时捕捉微量 SF_6 气体泄漏，准确定位故障点，省时省力。

（4）适合各种环境、天气、背景的检测。

（5）灵敏度较高，成像清晰，发现漏气点的能力强。

Jb0331231031　激光成像检漏仪主要由哪几部分组成？（4 分）

考核知识点：仪器参数

难易度：易

标准答案：

激光成像检漏仪主要由激光器、光学系统、探测器、数据处理系统、显示和供电单元组成。

Jb0331231032　SF_6电气设备气体泄漏成像检测现场应满足哪些条件？（4分）

考核知识点：检测环境条件

难易度：易

标准答案：

（1）室外检测宜在晴朗天气下进行。

（2）环境温度不宜低于5℃。

（3）相对湿度不宜大于80%。

（4）检测时风速一般不大于5m/s。

Jb0331232033　简述激光成像检漏原理。（4分）

考核知识点：激光成像检漏原理

难易度：中

标准答案：

激光成像技术主要是利用了SF_6气体极强的红外吸收特性。由激光器发出的激光，经过反射背景会形成反向散射激光进入激光探测器的成像系统，如果激光穿过SF_6气体，则其能量会被吸收一部分，则有泄漏和无泄漏两种情况下的反向散射激光存在差异，形成各自不同的激光影像，由此判断泄漏点。

Jb0331232034　红外成像检漏过程中应注意哪些事项？（7分）

考核知识点：注意事项

难易度：中

标准答案：

（1）开机后应正确完成仪器的测量设置，应待仪器均匀化校准完成后再打开镜头盖。

（2）对于泄漏量较小即补气周期较长的泄漏点，应使用仪器高灵敏度模式进行检测。

（3）检测时应在微风的气象条件下进行，风力偏大将使SF_6气体在空气中的密度减小，不易捕捉到泄漏产生的烟气画面。

（4）SF_6气体泄漏的量值可能会存在变化，会有时多时少的情况，同时由于风向等原因使得检测难度增加，应选择多角度仔细观察以摄录对比度明显的泄漏画面，便于对泄漏点的定位查找。

（5）检测前应对被测设备的压力表计进行观察记录，有针对性地进行查找，必要时可辅以手持式定性检漏仪对泄漏点进行定位确认，可以有效提高漏点查找的作业效率。

Jb0331232035　对检出的泄漏点及时进行缺陷性质认定，应依据哪些规程和方法？（5分）

考核知识点：缺陷判断

难易度：中

标准答案：

对检出的泄漏点进行缺陷性质认定，可通过补气记录的间隔时间（参考Q/GDW 448—2010《气体绝缘金属封闭开关设备状态评价导则》）或压力下降的计算（计算公式如下）来确定设备的缺陷性质，以便科学合理地制订相应的检修策略（参考Q/GDW 447—2010《气体绝缘金属封闭开关设备状态检修导则》）。

$$F = 100\frac{P_1 - P}{P_1 + 0.1} \times \frac{12}{\Delta t}$$

式中：P_1为压力下降前数值（MPa）；P为压力下降后数值（MPa）；Δt为压力下降总计时间（月）。

Jb0331232036 红外成像检漏仪的主要技术指标有哪些？（5分）

考核知识点：技术指标

难易度：中

标准答案：

（1）探测灵敏度：≤1μL/s。

（2）热灵敏度：≤0.035℃。

（3）探头分辨率：≥320×240。

（4）帧频：≥45帧/s。

（5）数字信号分辨率：≥12bit。

Jb0331231037 红外成像检漏工作前应做哪些准备工作？（4分）

考核知识点：工作前检测准备

难易度：易

标准答案：

（1）检测前，应了解相关设备数量、型号、制造厂家、安装日期等信息以及运行情况，制订相应的技术措施。

（2）配备与检测工作相符的图纸、上次检测的记录、标准作业卡。

（3）检查环境、人员、仪器、设备满足检测条件。

（4）按相关安全生产管理规定办理工作许可手续。

Jb0331231038 红外成像检漏的原始数据应如何保存？（3分）

考核知识点：数据保存

难易度：易

标准答案：

在检测过程中，应随时保存红外成像检漏原始数据，存放方式如下：

（1）建立一级文件夹，文件夹名称：变电站名+检测日期（如×××站20150101）。

（2）建立二级文件夹，文件夹名称：设备名称及运行编号（如×××线2210断路器）。

（3）文件名：设备泄漏位置。

Jb0331231039 SF_6红外成像检漏仪和紫外线成像仪的校验周期为多久？（4分）

考核知识点：检测周期

难易度：易

标准答案：

SF_6红外成像检漏仪的校验周期为1年。紫外线成像仪的校验周期为2年。

Jb0332232040 在高温炉和其他高温应用场合使用红外热像仪，应做好哪些措施？（4分）

考核知识点：仪器保护措施

难易度：中

标准答案：

在高温炉和其他高温应用场合使用红外热像仪，必须在热像仪上安装挡热板，否则可能会使热像仪受损，另外，还必须在热像仪中输入正确的挡热板外部光学透射率值。在拆卸挡热板时，必须将外部光学透射率重置为1.0。

Jb0332232041　什么是红外探测技术？（4分）

考核知识点： 红外探测基础知识

难易度： 中

标准答案：

不同种类的物体发射出的红外光波段是有其特定波段的，该波段的红外光处在可见光波段之外。因此，人们可以利用这种特定波段的红外光来实现对物体目标的探测与跟踪。将不可见的红外辐射光探测出并将其转换为可测量的信号，这就是红外探测技术。

Jb0331232042　红外检漏仪开机后为什么要进行冷却？（4分）

考核知识点： 仪器操作

难易度： 易

标准答案：

红外探测器经低温冷却后，响应时间缩短，灵敏度提高，响应波长展宽，受限背景噪声减小。

Jb0333232043　电网设备的带电X射线检测主要可以发现哪些缺陷？（4分）

考核知识点： 缺陷分析

难易度： 中

标准答案：

X射线检测主要对设备内部结构进行检测，可发现内部异物碎屑、触头烧损、螺栓松动、结合不到位、结构变形、绝缘老化等缺陷，还可进行材质材料等部件的检测等。

Jb0333232044　X射线具有哪些物理性质？（7分）

考核知识点： X射线基础知识

难易度： 中

标准答案：

（1）在真空中以光速直线传播。

（2）本身不带电，不受电场和磁场的影响。

（3）在媒质界面上只能发生漫反射，不能产生镜面反射。

（4）可以发生干涉和衍射现象，但只能在非常小的光阑中才会发生。

（5）不可见，能够穿透可见光不能穿透的物质。

（6）在穿透物质中，会与物质发生复杂的物理化学作用。

（7）具有辐射生物效应，能够杀伤生物细胞，破坏生物组织。

Jb0333232045　从事电网设备X射线检测，需要考虑哪些防护因素？（3分）

考核知识点： 安全防护知识

难易度： 中

标准答案：

只需要考虑外照射的防护，包括以下三个方面：
（1）时间防护，要控制射线对人体的曝光时间。
（2）距离防护，要控制射线源到人体间的距离。
（3）屏蔽防护，在人体和射线源之间隔一层吸收物质。

Jb0331231046　使用激光成像检漏仪检测的基本步骤有哪些？（5 分）

考核知识点： 检测步骤

难易度： 易

标准答案：

（1）确定检测位置。
（2）启动成像仪。
（3）调整成像效果。
（4）检测与成像结果录制。
（5）关闭成像仪，先关闭激光源，再关闭总电源和显示屏。

Jb0331232047　激光成像检漏仪使用过程中有哪些安全注意事项？（7 分）

考核知识点： 安全防护知识

难易度： 中

标准答案：

（1）激光严禁对准眼睛，防止损伤眼睛。
（2）严格按照操作手册进行操作，防止周围人员受到激光照射。
（3）严禁将激光成像仪对准镜面或者抛光金属使用，以避免灼伤。
（4）不要将设备直接对准很高强度的光，例如太阳、激光器、电焊机等。
（5）不要在超出设备许可的工作温度或储存温度环境中使用或存放仪器。
（6）不要将设备暴露在灰尘或潮湿环境中。
（7）不使用仪器时应盖上镜头盖，以防止污染。

Jb0331232048　光谱分析技术在电网设备的带电检测中有哪些优点？（4 分）

考核知识点： 带电检测优点

难易度： 中

标准答案：

（1）操作简便、快速，适宜带电检测，在现场可以直接应用，设备不必停电，可以对设备上的金属部件进行成分分析，并且能快速知晓检测结果。
（2）灵敏度高，能准确地检测金属部件中的化学元素成分。
（3）测量范围宽，几乎所有金属材料都可以检测。
（4）操作简单易学，适合推广应用。

Jb0331232049　光谱分析技术在电网设备的带电检测中有哪些局限性？（4 分）

考核知识点： 带电检测局限性

难易度： 中

标准答案：

（1）光谱定量分析建立在相对比较的基础上，必须有一套标准样品作为基准来定量，而且定量结果容易受基体的影响，即要求标准样品的组成和结构状态与被分析的样品基本一致，给实际应用带来一定的困难。

（2）目前不能实现远程控制，带电检测时检验人员手持设备，要时刻与带电设备保持一定的安全距离，给此项工作造成一定的不便。

Jb0331232050 目前光学成像检测技术在电气设备中有哪些应用？（5分）

考核知识点：光学成像检测技术应用

难易度：中

标准答案：

（1）红外热像检测技术。用于检测各类设备的发热状况。

（2）紫外成像技术。用于检测带电设备导体或者绝缘表面的放电情况。

（3）X射线检测技术。用于检测电气设备内部的各种缺陷，如触头烧损、导电杆变形、螺栓松动等。

（4）SF_6气体泄漏检测技术。用于检测SF_6充气设备气体的泄漏情况。

（5）光谱分析技术。用于检测电气设备的金属材料中的金属成分含量。

第三节 局部放电检测

Jb0112232001 采用单传感器开展超声波局部放电检测时，如何判断GIS内部尖刺位于导体上还是位于壳体上？（4分）

考核知识点：缺陷分析

难易度：中

标准答案：

（1）方法一。通过调整测量频带，将带通滤波器测量频率从100kHz降低到50kHz，如果信号幅值明显减小，则缺陷应在壳体上；如果信号幅值基本不变，则缺陷位置应在中心导体上。

（2）方法二。如果信号水平最大值在GIS壳体表面周线方向的较大范围内出现，则缺陷位置应在中心导体上；如果最大值在一个特定点出现，则缺陷应在壳体上。

Jb0111232002 如图Jb0111232002所示，在A和C之间存在一放电源，通过特高频精确定位发现，A点信号比C点偏后2ns，B点比C点超前16ns，分析该放电点位于哪个位置。（5分）

考核知识点：缺陷定位

难易度：中

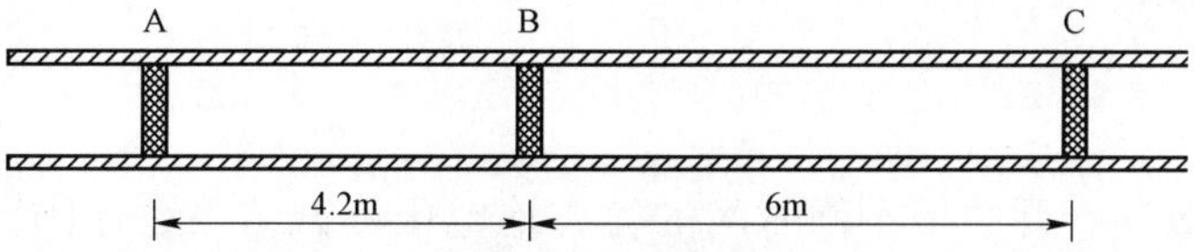

图 Jb0111232002

标准答案：

因为A点比C点信号偏后2ns，所以放电点在B点与C点之间，又因为B点比C点超前16ns，设该放电点与B点距离X，则与C点距离为$6-X$，可得

$$(6-X)/(3\times10^{8})-X/(3\times10^{8})=16\times10^{-9}$$

解得 X=0.6m

放电点位于 B 点右侧 0.6m 处。

Jb0112232003 超声波局部放电带电检测时，背景信号的检测方法主要有哪些？（3 分）

考核知识点：背景信号检测方法

难易度：中

标准答案：

（1）检测现场空间干扰较小时，将传感器置于空气中，仪器所得的数值为背景值。

（2）检测现场空间干扰较大时，将传感器置于待测设备基座上，仪器所得数值为背景值。

（3）在信号诊断和准确定位时，宜将传感器置于临近的正常设备上，仪器所测得的数值即为背景值。

Jb0112232004 GIS 设备超声波局部放电检测时发现信号异常后如何处理？（5 分）

考核知识点：缺陷处理

难易度：中

标准答案：

如果发现信号异常，则在该气室进行多点检测，延长检测时间不少于 30s，并记录多组数据进行幅值对比和趋势分析。为准确进行相位相关性分析，可利用具有与运行设备相同相位关系的电源引出同步信号至检测仪器进行相位同步。亦可用耳机监听异常信号的声音特性，根据声音特性的持续性、频率高低等进行初步判断，并通过按压可能振动的部件，初步排除干扰。

Jb0112232005 超声波局放检测中影响检测信号的因素有哪些？（3 分）

考核知识点：检测影响因素

难易度：中

标准答案：

（1）放电强度的大小决定了电场应力、机械应力和粒子力的振荡幅度，直接决定了振动的程度和声波的响度。

（2）对于同种程度的放电，振动幅度与介质的弹性系数有关，固体与液体振动小，气体振动大。

（3）振动和声波的传播过程是有损耗的，传播途径的差异导致超声波响度与放电强度之间复杂的比例关系。

Jb0114232006 简述暂态地电压局部放电检测数据分析方法。（4 分）

考核知识点：数据分析

难易度：中

标准答案：

（1）纵向分析法。对同一开关柜不同时间的暂态地电压测试结果进行比较，从而判断开关柜的运行状况。需要电力工作人员周期性地对开关室内开关柜进行检测，并将每次检测的结果存档备份，以便于分析。

（2）横向分析法。对同一个开关室内同类开关柜的暂态地电压测试结果进行比较，从而判断开关柜的运行状况。当某一开关柜个体测试结果大于其他同类开关柜的测试结果和环境背景值时，推断该设备有存在缺陷的可能。

Jb0112231007　超声波局放带电检测技术中 dB、dBmV 符号分别表示什么意思？（4 分）

考核知识点：超声波基础知识

难易度：易

标准答案：

（1）dB，表明局部放电信号强度的一种形式，采用信号幅值与其基准值的比值的对数来表征，即 20lg（信号幅值/基准值）。

（2）dBmV，用于表征相对于基准为 1mV 局部放电量 dB 量值的表示法，例如某一信号的实际幅值为 1mV，则其分贝值为 20lg（1mV/1mV）=0dBmV。

Jb0111231008　特高频检测局部放电脉冲信号谱图的 *x*、*y*、*z* 轴分别表示什么含义？（3 分）

考核知识点：特高频谱图基础知识

难易度：易

标准答案：

局部放电脉冲信号谱图的 *x*、*y*、*z* 轴分别表示一个工频周期 0°～360°、工频放电周期、放电幅值。

Jb0112231009　请说出超声波局部放电连续谱图中频率成分 1 以及频率成分 2 的含义。（5 分）

考核知识点：超声波谱图基础知识

难易度：易

标准答案：

频率成分 1 是指检测到了局部放电超声波信号的 50Hz 相关性，其含义是表示局部放电在一个工频周期中分布的 20ms 重复性，该信号越强表示局部放电信号的工频相位分布越呈现半波特征；频率成分 2 是指检测到了局部放电超声波信号的 100Hz 相关性，其含义是表示局部放电在一个工频周期中分布的 10ms 重复性，该信号越强表示局部放电信号的工频相位分布越呈现正、半波特征。

Jb0114233010　请结合现场实际情况分析在现场进行开关柜局部放电检测时，哪些因素可能产生干扰，如何判别？（10 分）

考核知识点：检测影响因素

难易度：难

标准答案：

（1）现场常见的干扰源可能主要包括以下方面：

1）户外架空线的强电晕干扰会对开关室的进线柜及相邻柜的超声波和暂态对地电压测试值造成影响。

2）主变压器冷却器等大电动机运转时，由于内部线圈的转动会在外壳产生较高的暂态对地电压测试值，进而对开关室的进线柜及相邻柜的超声波和暂态对地电压测试值造成影响。

3）蓄电池屏柜和直流屏柜由于内部的整流电路，其暂态对地电压测试值会异常高，但影响范围小，在两三米开外即可忽略。

4）靠近灯源会使超声波测试值异常大。

5）屋顶荧光灯损坏后镇流器不停启动会导致暂态对地电压测试值提高很多，其影响范围较大，可以覆盖一个主控室或高压开关室。

6）开关柜背面的带电指示器会造成暂态对地电压测试值偏高。

7）有些电子电路板、控制箱等会产生一定的干扰，对暂态对地电压测试值产生影响，但影响范围仅限于与其连接的金属面，且不超过 0.5m 的距离，如消防控制箱、开关柜就近控制保护屏等。

8）闹市区的构架，暂态对地电压测试值受车辆等原因影响很大，但存在房屋的屏蔽措施时，内部的设备受影响较小。

9）人耳可听的声音等会对超声波测试带来极大干扰。

10）电晕放电可明显增大超声测试法的数值，且其声响与开关柜内部产生的声音基本类同。

11）超声测试法的干扰源影响距离一般较小，且有一定的方向性。

（2）当现场存在较大的干扰信号，首先可以通过定位进行判别。如果定位确定为外界的干扰信号，则可以通过设备寻找干扰源可能的来源。如通过局部放电定位仪的定位模式确定信号的传播方向来确定与被测设备相距较远的放电干扰源，如果在某个位置测得的信号很强而稍微换一地方信号立即就有很大的减弱，说明附近存在放电；而在设备上各个位置测得的读数均差别不大，说明放电点的位置较远，也就是干扰源。但有时现场定位的效果不理想，则可以通过使用短期在线监测仪进行短期在线监测，判别是干扰信号还是局部放电信号。

Jb0114233011　暂态地电压局部放电状态判断阈值的推荐参考值为什么在各地可能不通用？如何实现各地区暂态地电压局部放电状态判断阈值的修订和完善？（6 分）

考核知识点：暂态地电压理论知识

难易度：难

标准答案：

科学的局部放电状态阈值判断准则应考虑本地区开关柜的类型、环境条件、运行年限、负荷状况、以及制造水平等具体条件，才能得出符合企业实际的标准。过高的阈值，很容易导致开关柜检修不足。而过低的阈值，又容易导致检修费用和人员需求的大量增加，大幅度降低供电可靠性，引起过度检修问题。

因此，建议各企业在开展暂态地电压检测时，需要开展广泛的、长期的现场检测，累积足够的检测数据，然后通过统计分析和计算，并结合检修资金和人员限制，修订和完善推荐参考值，从而获得适合企业特点的暂态地电压判断阈值。

Jb0111233012　请简述应用特高频时间差法对放电源进行定位的基本原理及存在的问题。（8 分）

考核知识点：缺陷定位

难易度：难

标准答案：

（1）应用特高频时间差法对放电源进行定位的基本原理是：精确测量两个传感器接收到信号的时间差，根据电磁波的传播速度，计算放电源的位置。当计算距离等于两个传感器实际距离时，放电位置靠近先检测到信号的传感器，或位于先检测到信号的传感器的外侧；当计算距离小于两个传感器实际距离时，信号源位于两个传感器之间，可通过方程法求解找到具体位置。

（2）存在的问题如下：

1）由于现场条件所限，运行人员基本是依靠目测观察示波器上特高频信号初始峰之间的时间差，那么仅仅依靠目测初始峰的时间差，然后再取平均值，这种做法无疑增大了定位测量的误差。

2）从现场和实验室的数据发现，虽然某些放电类型的特高频信号的初始峰容易被识别，但是如果测量设备的硬件采样率比较低，有效采样点过少，那么也会造成特高频信号的初始峰辨别的误差增大。

3）从现场和实验室的数据发现，某些放电类型的特高频信号的初始峰不易被识别，也无法对其进行初始峰波形的细化，并且起始的幅值也不明显，进行精确的时间差定位比较困难。

4）此方法只能将局部放电源确定在一小段范围之内，进一步确定放电源在腔体上具体所处的方位较为困难，即放电源处于腔体的哪一侧。

Jb0111233013　试述 GIS 特高频法和超声波法局部放电检测的优缺点。（8 分）

考核知识点：特高频和超声波的优缺点

难易度：难

标准答案：

（1）特高频局部放电检测。抗干扰能力较强，对空气中电晕放电干扰很不敏感，但对架空线上的悬浮导体放电有反应；对 GIS 的各种放电性缺陷均具有较高的敏感度；不能发现弹垫松动、粉尘飞舞等非放电性缺陷；信号传播衰减小，检测范围大，通常可达十几米；特高频信号强度取决于脉冲陡度、宽度和幅度，而传统法的 pC 值仅取决于脉冲幅度，两者之间没有固定关系，仅存在粗略的对应特征。

（2）超声波局部放电检测。抗干扰能力较好，对电气干扰不敏感，但易受机械或电磁振动的影响；对自由颗粒缺陷具有较高的检测灵敏度，但对固体绝缘表面及内部的缺陷敏感度较低；能发现弹垫松动、粉尘飞舞等非放电性缺陷；传播衰减很大，检测范围小，适合缺陷定位；声发射信号强度取决于脉冲幅度和传播途径，而传统法的 pC 值仅取决于脉冲幅度，两者之间没有固定关系，仅存在粗略的对应特征。

Jb0112232014　简述 GIS 超声波局部放电检测方法的基本原理及检测步骤。（8 分）

考核知识点：超声波原理及检测步骤

难易度：中

标准答案：

（1）电力设备当中发生局部放电时，会伴随发生超声波信号，该信号会沿着 SF_6 气体、GIS 外壳进行传播。可以应用超声波传感器检测局部放电产生的超声波信号，反映 GIS 内部局部放电的强度、类型及大体位置。

（2）GIS 超声波局部放电测试点选择：

1）选择盆式绝缘子附近。

2）测量点选择在隔室侧下方，如存在异常信号，则应在该隔室进行多点检测，查找信号最大点。

3）在断路器断口处，以及隔离开关、接地开关、电流互感器、电压互感器、避雷器、导体连接部件等处均应设置测试点。

（3）试验程序：

1）测试背景噪声，背景噪声应满足测试环境要求。

2）传感器与测点部位间无气隙地均匀涂抹专用耦合剂，测量时保持静止状态。

3）开展测试，判断有无缺陷。

4）存储数据。

5）软件分析。

Jb0111233015　试述特高频局部放电检测发现异常信号后的诊断流程。（8 分）

考核知识点：缺陷分析及处理

难易度：难

标准答案：

（1）排除干扰。测试中的干扰可能来自各个方位，干扰源可能存在于电气设备内部或外部空间。在开始测试前，尽可能排除干扰源的存在，比如关闭荧光灯和关闭手机。尽管如此，现场环境中还是有部分干扰信号存在。

（2）记录数据并给出初步结论。采取降噪措施后，如果异常信号仍然存在，需要记录当前测点的数据，给出一个初步结论，然后检测相邻的位置。

（3）尝试定位。假如邻近位置没有发现该异常信号，就可以确定该信号来自 GIS 内部，可以直接对该信号进行判定。假如附近都能发现该信号，需要对该信号尽可能地定位。放电定位是重要的抗干扰环节，可以通过强度定位法或者借助其他仪器，大概定出信号的来源。如果在 GIS 外部，可以确定是来自其他电气部分的干扰；如果是 GIS 内部，就可以做出异常诊断了。

（4）对比谱图给出判定。一般的特高频局部放电检测仪都包含专家分析系统，可以对采集到的信号自动给出判定结果。测试人员可以参考系统的自动判定结果，同时把所测谱图与典型放电谱图进行比较，确定局部放电的类型。

（5）保存数据。局部放电类型识别的准确程度取决于经验和数据的不断积累，检测结果和检修结果确定以后，应保留波形和谱图数据，作为局部放电类型识别的依据。

Jb0112232016　试述超声波局部放电检测信号分析诊断流程。（6 分）

考核知识点：缺陷分析及处理

难易度：中

标准答案：

电力设备中，不同缺陷引起的放电现象存在明显差异，主要表现在信号幅值、脉冲上升沿、脉冲发生相位以及周期重复性等。在开展局部放电超声波检测时，检测人员可重点根据连续检测模式、相位检测模式、脉冲检测模式、时域波形检测模式以及特征指数检测模式的谱图特征判断被测设备是否存在绝缘缺陷以及绝缘缺陷类型。

在连续检测模式下，当检测到峰值或有效值较大，而 50Hz 频率成分和 100Hz 频率成分不大时，可初步判断待测设备中存在自由微粒缺陷，此时可使用脉冲检测模式进行确认。

当检测到峰值或有效值较大，且存在 50Hz 频率成分或 100Hz 频率成分时，可初步判断被测设备中存在电晕缺陷或局放缺陷。

Jb0111233017　请论述特高频局部放电检测方法应用过程中的常见干扰信号及其识别、排除及抑制方法。（8 分）

考核知识点：测试影响因素

难易度：难

标准答案：

（1）手机通信干扰。此类干扰信号无工频电压相关性，信号频率为 900MHz，其脉冲信号谱图表现出严格的周期性，在整个脉冲信号谱图上均匀分布。常用的排除或抑制方法为在现场检测时使手机处于关闭状态。

（2）户外设备电晕干扰。此类干扰信号具有明显的极性效应，特别常见于户外开关场，其干扰来源为户外敞开式设备产生的电晕，有时能够听到明显的电晕声，往往是天气越干燥，电晕干扰信号越强。有时此类干扰信号幅值很大，几乎覆盖整个相位，但其频率成分基本在 500MHz 以下，且具有一定的方向性。常用的排除或抑制方法包括应用高通滤波器、方向排除法、屏蔽法等。

（3）灯光噪声干扰信号。此类干扰信号常见于应用电子镇流器的荧光灯、整流器等设备附近，与工频同步电压信号具有相关性，对应于半波、全波整流器件或者高频开关电源所发出的干扰信号，但没有明显的相位分布特征。常用的排除、抑制方法为关闭附近的灯。

（4）设备外部悬浮电极干扰。此类干扰较为少见，但识别、判断具有较大的难度。原因是该类放电本来就是局部放电，完全具有悬浮电极类缺陷放电的谱图特征，放电幅值较大。常用的排除方法为首先对该放电源进行定位，若来自设备外部则完全可以排除；另外，可以将附近可能形成悬浮电极的金属部件、物品等可靠接地或使其远离检测现场。

Jb0111232018　试述 GIS 特高频局部放电检测方法的基本原理，按照传感器布置位置可分为哪几种？各自有什么优缺点？（6 分）

考核知识点：仪器参数

难易度：中

标准答案：

GIS 特高频局部放电检测技术是应用宽带高频天线（300MHz～1GHz 传感器）检测 GIS 内部局部放电电流激发的电磁波信号，从而反映 GIS 内部局部放电的类型及大体位置。

根据传感器安装位置不同，该方法分为内置法与外置法两种。内置式特高频传感器一般安装于 GIS 或变压器设备的内部，常用于在线监测系统；而外置式特高频传感器则安装在设备外部，常用于便携式带电检测。

内置式传感器具有抗干扰性能强、灵敏度高以及便于组成在线监测系统的优点；而外置式传感器则具有应用方便、检测高效以及经济性较好的优点。

Jb0114232019　试分析开关柜暂态地电压检测的基本原理。（6 分）

考核知识点：暂态地电压基本原理

难易度：中

标准答案：

当开关设备发生局部放电现象时，局部放电产生的电磁波信号会由金属柜体的内表面转移到外表面，且在金属柜体外表面产生暂态地电压。

测量时，暂态地电压传感器紧密接触在开关柜金属柜体上面，裸露的金属柜体可看作平板电容器的一个极板，而暂态地电压传感器则可看作平板电容器的另一个极板。对于由金属柜体、暂态地电压传感器构成的平板电容器来说，金属柜体表面出现的任何电荷变化均会在暂态地电压传感器的金属盘上感应出同样数量的电荷变化，并形成一定的感应电信号。该信号输入到检测设备内部并经检测阻抗转换为与放电强度成正比的高频电压信号。经检测设备处理后，则可得到开关柜局部放电的放电强度、重复率等特征参数。

由于检测原理为电容耦合式，所以检测时，暂态地电压传感器一定要与柜体紧密接触，才能够有效地检测局部放电信号。

Jb0114233020　论述暂态地电压传感器的构成及基本原理。（5 分）

考核知识点：仪器参数

难易度：难

标准答案：

暂态地电压法本质上属于外部电容法局部放电检测技术的范畴。

暂态地电压传感器本质上是一个金属盘，前面覆盖有 PVC 塑料，并用同轴屏蔽电缆引出。测量时，暂态地电压传感器抵触在开关柜金属柜体上面，裸露的金属柜体可看作平板电容器的一个极板，而暂态地电压传感器则可看作平板电容器的另一个极板，中间的填充物则为 PVC 塑料。

对于由金属柜体、PVC 材料和暂态地电压传感器构成的平板电容器来说，金属柜体表面出现的任何电荷变化均会在暂态地电压传感器的金属盘上感应出同样数量的电荷变化，并形成一定的高频感应电流。该高频电流经引出线输入到检测设备内部并经检测阻抗转换为与放电强度成正比的高频电压信号。经检测设备处理后，则可得到开关柜局部放电的放电强度、重复率等特征参数。

第四节 油 气

Jb0442232001 温度对高压电气设备中 SF_6 气体湿度产生影响的原因有哪些？（3 分）

考核知识点： SF_6 基础知识

难易度： 中

标准答案：

（1）在温度高的时候，释放了渗透在材料内部的水分，使气体中的水分随温度升高而增大。

（2）在温度降低时，气体中的水分又较多地凝聚在壳体及绝缘材料表面，而使气体中的水分含量减少。

（3）当温度升高，气室中相对湿度降低，吸附剂吸附水汽的能力降低。

Jb0442232002 测量断路器 SF_6 气体微水含量应注意什么？（4 分）

考核知识点： SF_6 检测技术

难易度： 中

标准答案：

（1）测量前检查本体内 SF_6 气体压力应为额定压力。

（2）测量时间应选择在充入 SF_6 气体 24h 后进行。

（3）为使测量准确，空气湿度不得超过 80%。

（4）测量系统在取样前必须用高纯氮预先干燥。

Jb0441233003 某隔膜式变压器（FPSZ9－150000/220）出厂日期为 2003 年 3 月 16 日，2004 年 7 月 26 日投运，并进行了例行的高压试验和油色谱分析，数据符合投运要求，而设备投运后油色谱分析却出现乙炔及总烃升高情况，故对其加强了跟踪分析，色谱分析数据见表 Jb0441233003。根据该表结果判断设备是否存在故障及故障类型。（变压器油密度按照 0.9g/cm^3，油重 34.89t）（10 分）

表 Jb0441233003 单位：μL/L

日期	CH_4	C_2H_4	C_2H_6	C_2H_2	H_2	CO	CO_2	总烃	备注
7月26日	0.69	0	0	0	0	3.34	10.33	0.69	局部放电后
7月27日	1.02	0.15	0.28	0	4.66	20.46	275.98	1.45	投运 1 天
7月31日	17.76	32.92	3.52	2.12	21.95	29.68	278.06	56.32	投运 4 天

考核知识点： 充油电气设备故障诊断

难易度： 难

标准答案：

（1）判断设备有无故障。

1）气体组分含量均未达到注意值。

2）总烃含量不高，所以不适合用相对产气速率进行判断，应采用绝对产气速率，计算绝对产气速率为 709mL/d，远大于注意值 12mL/d，气体产生速度很快，可认为设备存在潜伏性故障。

（2）判断设备故障类型。

1）虽然气体组分含量均未超过注意值，但是总烃绝对产气速率超过了注意值，因此适用“三比值”法。

2）根据“三比值”法进行计算：

C_2H_2/C_2H_4=2.12/32.92≈0.06

CH_4/H_2=17.76/21.95≈0.81

C_2H_4/C_2H_6=32.92/3.52≈9.35

由此得到“三比值”编码为002，对应的故障性质为高于700℃高温过热故障。

Jb0442233004 工作人员测得某运行中110kV组合电器隔离开关气室SF_6气体湿度为435μL/L，认为该气室SF_6气体湿度合格，未超过注意值，当日天气晴朗，环境温度23℃，环境相对湿度46%，请问该工作人员的判断是否正确，为什么？（10分）

考核知识点：SF_6检测技术

难易度：难

标准答案：

湿度测量结果为23℃环境温度下的数值，应折算到20℃温度下的数值再进行比较。隔离开关气室属于无电弧分解物的气室，运行中的隔离开关气室SF_6气体湿度注意值为500μL/L。查温度折算表（见表Jb0442233004），无法直接得出23℃下的实测值435μL/L在20℃时的折算值，因此采用线性插值法计算折算值。环境温度23℃时，湿度实测值431μL/L，折算到20℃的湿度值为500μL/L；湿度实测值439μL/L，折算到20℃的湿度值为510μL/L；那么湿度实测值435μL/L，折算到20℃的湿度值为

$$510-(439-435)\times\frac{510-500}{439-431}=505\ (\mu L/L) > 500\mu L/L$$

因此该工作人员的判断不正确，该气室SF_6气体湿度不合格，已经超过注意值。

表 Jb0442233004 单位：μL/L

R	t (℃)																			
	15	16	17	18	19	20	21	22	23	24	25	26	27	28	29	30	31	32	33	34	35
450	554	530	508	487	467	450	427	406	387	369	352	336	320	305	291	278	266	254	242	231	221
460	566	542	519	498	477	460	436	415	396	377	360	343	327	312	298	284	272	259	248	236	226
470	578	554	530	508	488	470	446	424	405	386	368	351	335	319	305	291	278	265	253	242	231
480	590	565	542	519	498	480	455	434	413	394	376	358	342	326	311	297	284	271	259	247	236
490	603	577	553	530	508	490	465	443	422	402	383	366	349	333	318	303	290	277	264	252	241
500	615	589	564	541	519	500	474	452	431	410	391	373	356	340	324	310	296	282	270	258	246
510	627	600	575	552	529	510	484	461	439	419	399	381	363	347	331	316	302	288	275	263	251
520	639	612	587	562	539	520	493	470	448	427	407	388	371	354	338	322	308	294	281	268	256
530	652	624	598	573	550	530	503	479	456	435	415	396	378	361	344	329	314	300	286	274	261
540	664	636	609	584	560	540	512	488	465	444	423	404	385	367	351	335	320	305	292	279	266

Jb0442233005 工作人员对某变电站运行中220kV组合电器进行SF_6气体分解产物检测时，在某电流互感器气室检测到SO_2气体成分，浓度为12.5μL/L，在后续的跟踪检测中缩短了检测周期，每个月进行一次检测，共计进行了6次检测，各次检测结果分别为13.2、12.8、12.9、13.5、13.0、12.6μL/L。查该设备的运行资料，发现该设备在投运期间进行交接耐压试验时发生了盆式绝缘子沿面闪络，然后对该气室重新处理并进行耐压试验，合格后投运。请结合上述信息，给出设备的处理意见，并说明理由。（8分）

考核知识点：SF_6检测技术

难易度：难

标准答案：

该气室的 SO_2 气体浓度超过注意值，应进行综合诊断。结合设备运行记录和检测结果，设备在投运期间进行交接耐压试验时发生了盆式绝缘子沿面闪络，并对该气室重新处理，同时 SO_2 气体浓度在跟踪检测期间未发生明显变化，因此可判断检测到的 SO_2 气体来源是交接耐压试验时盆式绝缘子沿面闪络产生的部分 SO_2 吸附在设备表面，随时间推移又被释放出来。

建议对该气室进行跟踪检测，如果 SO_2 气体浓度发生突变或持续明显增长，应对该气室进行停电检修。如果 SO_2 气体浓度未发生突变或持续明显增长，可暂不进行停电检修。

Jb0442232006　工作人员对某变电站运行中 220kV 组合电器进行 SF_6 气体纯度检测时，发现某电流互感器气室 SF_6 气体纯度为 90.5%，对该气室进行 SF_6 气体检漏，未发现泄漏点。请判断该气室 SF_6 气体纯度是否合格，分析可能的原因并给出处理建议。（6 分）

考核知识点：SF_6 检测技术

难易度：中

标准答案：

SF_6 气体纯度低于 97%，不合格。

纯度偏低的原因可能为对设备抽真空时，真空度未达到要求；对设备充气时，充入的 SF_6 新气不合格，或充气步骤不规范导致充气管道和减压阀内的空气和水分被充入设备中；设备内部绝缘材料或线圈绕组释放出水分。

建议对设备进行停电检修，即气体回收、抽真空、重新充气并检测。

Jb0441231007　简述充油电气设备故障诊断步骤。（4 分）

考核知识点：充油电气设备故障诊断

难易度：易

标准答案：

（1）判断有无故障。

（2）判断故障类型。

（3）判断故障的状况。

（4）提出相应的处理措施。

Jb0441232008　应用“三比值”法判断变压器内部故障时，应注意什么？（4 分）

考核知识点：充油电气设备故障诊断

难易度：中

标准答案：

（1）根据各组分含量注意值或产气速率注意值，判断可能存在故障时才能进一步使用。

（2）具体情况具体分析，不能死搬硬套。

（3）应注意设备结构与运行情况。

（4）特征气体的比值应在故障下运行不断监视。

Jb0442232009　为什么 SF_6 断路器中气体压力不超过 1MPa？（4 分）

考核知识点：SF_6 基础知识

难易度：中

标准答案：

因为 SF_6 是一种大分子量、密度较大的气体，其临界温度达到−45.6℃，所以，SF_6 断路器里压力不能太高，否则当环境温度降低时，若不采取加热措施，SF_6 气体可能发生液化，造成断路器不能正常工作。经试验验证，SF_6 断路器中气体压力不应超过 1MPa。

Jb0441233010 某变压器，油量 40t，油中溶解气体分析结果见表 Jb0441233010，求变压器的绝对产气速率（每月按 30 天计），判断是否存在故障。（油的密度为 0.895g/cm³）（6 分）

表 Jb0441233010

分析日期	油中溶解气体组分浓度（μL/L）							
	H_2	CO	CO_2	CH_4	C_2H_4	C_2H_6	C_2H_2	总烃
1990-07-01	93	1539	2958	58	27	43	0	138
1990-11-01	1430	2000	8967	6632	6514	779	7	13 932

考核知识点： 充油电气设备故障诊断

难易度： 难

标准答案：

$$\gamma_a = \frac{C_{i,2} - C_{i,1}}{\Delta t} \cdot \frac{m}{\rho}$$

$$= \frac{13\,932 - 138}{4 \times 3 \times 24} \times \frac{40}{0.895} = 214\ (\text{mL/h})$$

变压器的绝对产气速率为 214mL/h。

产气速率及气体组分含量已大大超过标准注意值，表明可能存在严重故障。

Jb0441232011 在进行色谱分析时，室温为 20℃，求 50℃时平衡状态下油样的体积。（6 分）

考核知识点： 色谱分析基础知识

难易度： 中

标准答案：

$$V_L = V_L' \times [1 + 0.000\,8 \times (50 - t)]$$

$$= 40 \times [1 + 0.000\,8 \times (50 - 20)]$$

$$= 40.96\ (\text{mL})$$

50℃时平衡状态下油样的体积是 40.96mL。

Jb0441232012 如何保证色谱分析标定的准确性？（5 分）

考核知识点： 色谱分析基础知识

难易度： 中

标准答案：

标定的准确性主要取决于进样的重复性和仪器运行的稳定性。

（1）进样操作应尽量排除各种疏忽与干扰。

（2）必须在仪器运行工况稳定的状态下进行。

（3）两次标定的重复性应在平均值的±2%以内。

（4）仪器每次开机均应进行标定。

（5）仪器稳定性较差或操作条件变化时，应增加标定次数。

Jb0441232013　为什么要对变压器油进行色谱分析？（4分）

考核知识点：色谱分析基础知识

难易度：中

标准答案：

色谱分析是对运行中的变压器内部可能有局部过热或局部放电两种形式的故障进行分析。故障时故障点周围的变压器油和固体绝缘材料因发热而产生气体，其中大部分气体不断溶入油中，用气相色谱分析的方法可把溶入油中的气体及含量分析出来，借此判断变压器内部潜在故障的性质和严重程度。

Jb0442232014　电化学传感器法测量 SF_6 分解产物的测量原理及要求是什么？（4分）

考核知识点：SF_6 检测技术

难易度：中

标准答案：

电化学传感器法是通过传感器与被测气体发生反应并产生与气体浓度成正比的电信号进行工作的，目前只能检测 H_2S、SO_2、HF、CO 等部分分解产物，常用于现场测量。

电化学传感器在使用中会受到环境污染、温度、压力和湿度的影响，其寿命一般为 1～3 年，电化学传感器类仪器必须每年校准 1 次。

Jb0441231015　在油质试验方法中，常规分析包含哪几种试验？各举出3例。（3分）

考核知识点：绝缘油试验基础知识

难易度：易

标准答案：

（1）物理性能试验，如闪点、苯胺点、密度等测定。

（2）化学性能试验，如氧化安定性、酸值、苛性钠等试验。

（3）电气性能试验，如析气性、体积电阻率、介质损耗因数等试验。

Jb0442232016　SF_6 分解产物检测原理是什么？（5分）

考核知识点：SF_6 检测技术

难易度：中

标准答案：

SF_6 分解产物检测检测方法不同，检测原理也不同。气相色谱检测法是以惰性气体（载气）为流动相，以固体吸附剂或涂渍有固定液的固体载体为固定相的柱色谱分离技术，配合热导检测器，检测出被测气体中的 CF_4 含量。电化学法传感器检测法是根据被测气体的不同组分改变电化学传感器输出电信号，从而确定被测气体中的组分及其含量。气体检测管检测法是被测气体与检测管内填充的化学试剂发生反应而生成特定的化合物，引起指示剂颜色变化，根据颜色变化指示长度得到被测气体所测组分的含量。

Jb0441232017　列出国际电工委员会（IEC）油中溶解气体的“三比值”法的编码规则。（5分）

考核知识点：充油电气设备故障诊断

难易度：中

标准答案：

编码规则见表 Jb0441232017。

表 Jb0441232017

特征气体比值	比值范围编码		
	C_2H_2/C_2H_4	CH_4/H_2	C_2H_4/C_2H_6
<0.1	0	1	0
0.1～1	1	0	0
1～3	1	2	1
>3	2	2	2

Jb0441233018 氢焰检测器的使用维护应注意哪些方面？（8分）

考核知识点： 色谱分析基础知识

难易度： 难

标准答案：

（1）离子头、收集极对地绝缘良好。

（2）离子头必须洁净，不得沾染有机物，必要时可用笨、酒精和蒸馏水依次擦洗干净。

（3）使用的气体必须净化，管道也必须干净，否则会引起基流增大，灵敏度降低。

（4）样品水分太多或进样量太大时，会使火焰温度下降影响灵敏度，甚至会使火焰熄灭，所以应控制样品中的水分和进样量。

（5）氢焰检测器停机时，应先关空气熄火，然后再降温，最后关载气和氢气。如果在氢焰检测器温度低于100℃时就点火，或关机时不先熄火后降温，则容易造成氢焰检测器收集极积水使绝缘下降，会造成基线不稳。

（6）氢焰检测器长期不使用，在重新操作之前，应在150℃下烘烤2h。

Jb0442231019 在工作场所，有分解产物存在时，空气中 SF_6 的安全浓度为多少？（4分）

考核知识点： SF_6 基础知识

难易度： 易

标准答案：

在工作场所，要严格控制 SF_6 气体的泄漏。当 HF、SO_2、SOF_2、SO_2F_2 分解产物存在时，空气中 SF_6 的安全浓度为200μL/L。在设备发生内部故障以后的任何工作期间，可能出现 SF_6 的高度分解，可能发生 SOF_2 的水解，此时空气中 SF_6 的最大允许浓度是20μL/L。

Jb0442232020 SF_6 气体湿度测试对测量管路和接头有何要求？（4分）

考核知识点： SF_6 检测技术

难易度： 中

标准答案：

（1）测量管路用不锈钢管或聚四氟乙烯管，长度在2m左右，内径2～3mm。不得使用乳胶管或橡皮管。

（2）测量管路应无扭曲、弯折、漏气现象。

（3）测量管路使用前洗净，再吹干或烘干，平时应放置在干燥器中保存。

（4）测量接头要求用金属材料，内垫用金属垫片或用聚四氟乙烯垫片，平时应放置在干燥器中保存。

Jb0441233021　过热故障的产气特征是什么？（8分）

考核知识点：充油电气设备故障诊断

难易度：难

标准答案：

（1）热点不涉及固体绝缘的裸金属过热性故障，产生的气体主要是低分子烃类，CH_4 与 C_2H_4 是特征气体，一般两者之和常占总烃的80%以上。当故障点温度较低时，CH_4 占的比例大，随着热点温度的升高（500℃以上），C_2H_4、H_2 组分急剧增加，比例增大。当严重过热（800℃以上）时，也会产生少量乙炔，但含量不超过乙烯量的10%。

（2）涉及固体绝缘的过热性故障时，除产生上述低分子烃类气体外，还产生较多的 CO、CO_2。随着温度的升高，CO/CO_2 比值增大。对于只限于局部油道堵塞或散热不良的过热性故障，由于过热温度较低，且过热面积较大，此时对绝缘油的热解作用不大，因而低分子烃类气体不一定多。

Jb0442232022　SF_6 气体水分测量方法中的露点法特别适合在实验室条件下测量洁净气体中的水分，测量速度快，测试精度高。但是露点法不太适合现场使用，请简述主要原因。（3分）

考核知识点：SF_6 检测技术

难易度：中

标准答案：

（1）运行设备中的气体往往含有腐蚀性成分及灰尘等颗粒杂质，镜面易受灰尘等颗粒杂质的污染或气体腐蚀。

（2）在夏季高温环境下，因空气冷却效果较差，难以制冷到很低的温度，无法测试低含量气体中的水分。

（3）设备内存在的挥发性高沸点溶剂对检测结果有干扰，使测试结果失真。

Jb0441232023　在色谱分析中，提高氢焰检测器灵敏度的方法有哪些？（5分）

考核知识点：色谱分析基础知识

难易度：中

标准答案：

（1）采用氮气作载气。

（2）在一定范围内增加氢气和空气的流量。

（3）将空气和氢气预混合，从火焰内部供氧。

（4）收集级和喷嘴之间有合适的距离。

（5）维持收集级表面清洁。

Jb0441232024　影响油品击穿电压的因素有哪些？（4分）

考核知识点：绝缘油试验基础知识

难易度：中

标准答案：

（1）水分是影响油品击穿电压的因素。

（2）油中微量的气泡会使击穿电压明显下降。

（3）油品温度对击穿电压也有影响。

（4）油中含有游离碳及水分时，油的击穿电压随碳微粒量的增加而下降。

Jb0441232025　影响油品介质损耗因数的因素有哪些？（4 分）

考核知识点：绝缘油试验基础知识

难易度：中

标准答案：

（1）与施加的电压值及频率有关。

（2）与测定时的油品温度有关。

（3）与测定时的空气湿度有关。

（4）与油品的净化程度和老化深度有关。

Jb0441232026　电力专用色谱仪应具备什么条件？各部件的作用是什么？（4 分）

考核知识点：色谱分析基础知识

难易度：中

标准答案：

（1）电力系统用于油中溶解气体的气相色谱仪，必须具备的硬件条件是：具有热导检测器（TCD），氢焰检测器（FID）及镍触媒转化炉。

（2）热导检测器（TCD）主要用来检测 H_2、O_2；氢焰检测器（FID）主要用来检测 CO、CO_2、CH_4、C_2H_4、C_2H_6、C_2H_2；镍触媒转化炉是将 CO、CO_2 转化为 CH_4。

Jb0441232027　变压器油中微量水分超标如何应对？（4 分）

考核知识点：绝缘油试验基础知识

难易度：中

标准答案：

绝缘油一旦超过极限值，检修人员应检查密封胶囊有无破损，呼吸器吸附剂是否失效，潜油泵是否漏气；降低运行温度；采用真空过滤处理。在真空状态下，将油进行适当加热，使液态水汽化，汽化水随着抽真空逸出油箱外部。

Jb0441222028　画图说明色谱图上大峰上的小峰面积如何测量。（5 分）

考核知识点：色谱分析基础知识

难易度：中

标准答案：

气相色谱图如图 Jb0441222028 所示。

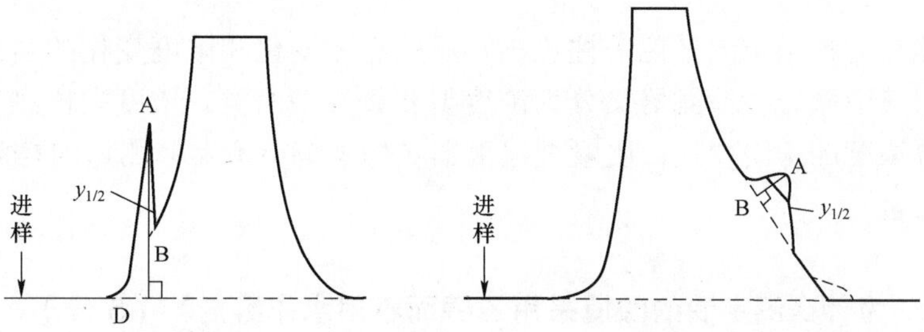

大峰上峰形较锐的小峰　　大峰上峰形较宽的小峰

图 Jb0441222028

Jb0441232029　变压器油在油断路器中的灭弧机理是什么？（4 分）

考核知识点：色谱分析基础知识

难易度：中

标准答案：

当油断路器在切断电力负荷时，触头间会产生电弧，电弧产生的高温会使油发生剧烈的热分解，而产生大量的氢气，同时由于氢气的导热系数较大，此时可以吸收大量的热，并且将此热量传导到油中，直到触头冷却，从而达到灭弧的目的。

Jb0442232030　影响 SF_6 分解的主要因素有哪些？（5 分）

考核知识点：SF_6 基础知识

难易度：中

标准答案：

（1）电弧能量的影响。

（2）电极材料的影响。

（3）水分的影响。

（4）氧气的影响。

（5）设备绝缘材料的影响。

Jb0441232031　影响气相色谱定量分析准确度的原因有哪些？（6 分）

考核知识点：色谱分析基础知识

难易度：中

标准答案：

（1）进样技术。

（2）在色谱仪中，样品发生吸附或分解。

（3）检测器性能。

（4）记录仪性能。

（5）取样和脱气取样技术。

（6）数据处理。

Jb0441232032　气相色谱的检测器如何分类？（5 分）

考核知识点：色谱分析基础知识

难易度：中

标准答案：

气相色谱检测器是一种用于测量色谱柱流出物质的组成变化和浓度变化的装置。一般可分为积分型和微分型两大类。其中微分型检测器又分为浓度型和质量型两类。浓度型检测器（如热导检测器）测量的是载气中组分浓度的瞬间变化；质量型检测器（如氢焰检测器）测量的是载气中所携带的样品组分进入检测器的质量。

Jb0441232033　为什么测定油的酸值采用乙醇而不用水作溶剂？（5 分）

考核知识点：绝缘油试验基础知识

难易度：中

标准答案：

（1）乙醇是大部分有机酸的良好溶剂。

（2）试验终点比水溶液敏锐清晰。

（3）可以避免或降低某些化合物的干扰。

（4）有助于矿物酸的溶解。

（5）对指示剂影响甚小。

Jb0441232034　测定油品界面张力时应注意哪些事项？（5 分）

考核知识点：绝缘油试验基础知识

难易度：中

标准答案：

（1）试验前应将铂环和试验杯清洗干净。

（2）铂环和试验杯的尺寸和规格应该符合要求。

（3）试验采用中性纯净蒸馏水，试样按规定预先过滤。

（4）必须固定一个恰当的测试周期。

（5）注意测试环境、试样温度的恒定。

Jb0441232035　测定油中含气量时有哪些基本要求？（5 分）

考核知识点：绝缘油试验基础知识

难易度：中

标准答案：

（1）完全地从油中脱出全部气体，一般要求脱气率应达到 97%～99%。

（2）装置应气密性好，有较高的真空度。一般要求真空系统的残压不高于 40Pa。

（3）脱气时应能准确地测出被脱气试油体积和脱出气体体积，要求体积测量最好能精确到两位有效数字。

（4）气体从油中脱出后，应尽量防止气体对油的回溶。

（5）脱气后能完全排净残油和残气。

Jb0442232036　为什么要对充有 SF_6 气体的设备进行检漏？（3 分）

考核知识点：SF_6 检测技术

难易度：中

标准答案：

（1）SF_6 气体的设备如有泄漏，将导致额定充气气压降低，影响设备正常运行。

（2）泄漏出的 SF_6 气体中的电弧分解气含有有害杂质，对人体有害。

（3）SF_6 气体价格昂贵，一旦发生泄漏应查找原因与以消除，避免浪费。

Jb0442232037　从气压计上读得当地大气压力是 765mmHg，试换算成“Pa”“标准大气压”和“mmH_2O”。（4 分）

考核知识点：化学分析基础知识

难易度：中

标准答案：

因 1mmHg=133.322Pa

则 765mmHg=101 991.33Pa

又 760mmHg=1 标准大气压

则 765mmHg≈1.007 标准大气压

又 1mmHg=133.322Pa

1mmH_2O≈9.81Pa

则 1mmHg≈13.6mmH_2O

765mmHg≈765×13.6mmH_2O=10 404mmH_2O

Jb0441232038　如何测定油品的氧化安定性？（4 分）

考核知识点：绝缘油试验基础知识

难易度：中

标准答案：

将一定量的试油装入专用特制的玻璃氧化管内，向其中加入一定规格的金属做催化剂，在一定温度下不断地通入一定流速的氧气或空气，连续保持一定时间，即用人工的方法，加速油品的氧化，而后测定氧化油的酸值和沉淀物。

Jb0441232039　使用注射器做油（气）采样容器时应注意什么？（5 分）

考核知识点：绝缘油试验基础知识

难易度：中

标准答案：

（1）一般选用 100mL 的全玻璃注射器。

（2）选用时应通过严密性试验。

（3）使用前注射器应清洗干净并烘干。

（4）注射器芯能自由滑动，无卡涩。

（5）取样后，保持注射器的清洁，注意防尘、破损。

第五节　技术管理与培训

Jb0661232001　仪器仪表如何保管和使用？（6 分）

考核知识点：仪器保管和使用

难易度：中

标准答案：

（1）仪器仪表应有专人负责，妥善保管。各单位应建立台账，具备出厂合格证、使用说明书、质保书、检定证书、分析软件和操作手册等档案资料。

（2）仪器仪表管理应纳入公司生产管理系统（PMS 系统），各单位应完整、规范地在生产管理系统登记本单位的仪器仪表台账。

（3）仪器仪表的保管、使用环境条件以及运输中的冲击、振动应符合技术性能要求。

（4）使用人员在携带仪器前往现场途中，要防止仪器过分振动和碰撞，及时做好相应防范措施。在使用过程中防止仪器受潮。

（5）仪器仪表保养每季不少于 1 次，确保处于完好状态。

（6）仪器仪表发生故障时，应由专业修理人员修理，检测合格后方能投入使用。

Jb0661231002　检测验收内容包括什么？（3分）

考核知识点： 标准化工作流程

难易度： 易

标准答案：

检测验收内容包括：检测项目无遗漏、数据记录无误、场地清理干净、被测设备外观整洁、零部件标志齐全且恢复到工作许可前的电气接线状态。

Jb0661232003　带电检测工作出现哪些情况时应适当增加检测频次？（5分）

考核知识点： 缺陷处理

难易度： 中

标准答案：

（1）在雷雨季节前和大风、暴雨、冰雪灾、沙尘暴、地震、严重寒潮、严重雾霾等恶劣天气之后。

（2）新投运的设备，对核心部件或主体进行解体性检修后重新投运的设备（得分占比20%）。

（3）高峰负荷期间或负荷有较大变化时。

（4）经受故障电流冲击、过电压等不良工况后。

（5）设备有家族性缺陷警示时。

Jb0661232004　使用气瓶有哪些注意事项？（8分）

考核知识点： 安全防护知识

难易度： 中

标准答案：

（1）避免阳光、明火、热辐射的作用，远离热源。

（2）气瓶要固定牢靠。

（3）气瓶使用时，一定要使用减压装置。

（4）经常检查气路的严密性。

（5）气瓶使用时一定要辨明颜色，防止错用。

（6）开启气瓶时不得过快、过猛，最好使用铜制工具。

（7）气瓶不得用空，应留有余压。

（8）气瓶的附件或瓶颈应避免油或油脂污染。

Jb0661232005　电力设备的主要故障模式有哪些？（5分）

考核知识点： 缺陷分析

难易度： 中

标准答案：

（1）电阻损耗（铜耗）增大故障。

（2）介质损耗增大故障。

（3）铁磁损耗（铁损）增大故障。

（4）电压分布异常和泄漏电流增大故障。

（5）缺油及其他故障。

Jb0661231006　根据《国家电网公司变电检测管理规定》，对带电检测记录和报告的要求有哪些？（4分）

考核知识点： 报告编制要求

难易度：易

标准答案：

（1）检测班组应在现场测试工作结束后 15 个工作日内完成检测记录的整理，录入生产管理系统并形成检测异常分析报告。

（2）带电检测异常分析报告包括检测项目、检测日期、检测对象、检测数据、检测结论等内容。

第五章 高 级 技 师

第一节 电 流

Jb0222133001 电容型设备介质损耗因数和电容量带电检测时，相对测量法相比绝对测量法有何优点？（4分）

考核知识点： 介质损耗因数和电容量带电检测相知识

难易度： 难

标准答案：

相对测量法能够克服绝对值测量法易受环境因素影响、误差大的缺点，因为外部环境（如温度等）、运行情况（如负载容量等）变化所导致的测量结果波动，会同时作用在参考设备和被试设备上，它们之间的相对测量值通常会保持稳定，故更容易反映出设备绝缘的真实状况；同时，由于相对测量法不需采用电压互感器（电容式电压互感器）二次侧电压作为基准信号，故不受电压互感器角差变化的影响，且操作安全，避免了由于误碰电压互感器二次端子引起的故障。

Jb0223132002 简述金属氧化物避雷器带电检测的数据分析方法。（5分）

考核知识点： 数据分析

难易度： 中

标准答案：

金属氧化物避雷器泄漏电流带电检测数据分析应采取纵向、横向比较和综合分析，判断金属氧化物避雷器是否存在受潮、老化等劣化，应对补偿后的数据进行对比分析，同时应注意，宜以同种方法测试数据进行比较。

（1）纵向比较法。与前次或初始值比较，阻性电流初值差应不大于30%，全电流初值差应不大于20%，当阻性电流增加0.3倍时应缩短试验周期并加强监测，增加1倍时应停电检查。

（2）横向比较法。同一厂家、同一批次、同相位的产品，避雷器各参数应大致相同，彼此应无显著差异。如果全电流或阻性电流差别超过70%，即使参数不超标，避雷器也有可能异常。

（3）综合分析法。当怀疑避雷器泄漏电流存在异常时，应排除各种因素的干扰，并结合红外精确测温、高频局部放电测试结果进行综合分析判断，必要时应开展停电诊断试验。

Jb0222113003 对某变电站212间隔电流互感器进行相对介质损耗因数测试时，以213间隔为参考设备的测试数据见表Jb0222113003－1，212和213间隔上次停电例行试验数据见表Jb0222113003－2。根据测试数据分析最有可能存在缺陷的设备。（6分）

考核知识点： 缺陷分析

难易度： 难

表 Jb0222113003－1

试验时间	基准单元	试验数据		
		A	B	C
2010－8－4	213	0.025 6/1.006 9pF	0.003/0.992 3pF	－0.000 2/0.994 3pF
2009－7－21	213	0.001/0.998 9pF	0.001/0.994 5pF	0.000 5/0.997 5pF

表 Jb0222113003－2

间隔	试验时间	试验数据		
		A	B	C
213	2008－10－11	0.002 65/789.5pF	0.002 89/793.6pF	0.002 62/785.6pF
212	2008－10－12	0.002 85/796pF	0.002 75/788.5pF	0.002 78/782.3pF

标准答案：

（1）纵向分析，212 间隔单元 A 相 2010 年带电检测数据相对介质损耗因数较 2009 年增长量为 0.025 6－0.001＝0.024 6，变化量超过 0.005，达到缺陷标准；电容量变化为（1.006 9－0.998 9）/0.998 9＝0.8%，电容量未见异常。

（2）横向分析，B、C 相两年的带电检测数据稳定，但 A 相相对介质损耗因数值有较明显的增长，与 B、C 相变化趋势明显不同。

（3）对相对值进行换算。参考基准单元停电例行试验结果，将带电检测测试结果换算到绝对量，其中介质损耗因数为 0.025 6＋0.002 65=0.028 25，与历史数据比较有明显增长，并远远超过了状态检修规程给出的注意值标准 0.007；电容量为 1.006 9×789.5pF=794.9pF，与历史数据 796pF 变化不大。

综合上述数据分析，判断 212 间隔 A 相相对介质损耗因数明显超标，设备内部存在缺陷。

Jb0223133004　简述 DL/T 596—1996《电力预防性试验规程》中对氧化锌避雷器带电测试的判断标准及补充规定。（8 分）

考核知识点：《电力预防性试验规程》

难易度：难

标准答案：

DL/T 596—1996《电力预防性试验规程》规定，每年雷雨季节前应测量氧化锌避雷器运行电压下的全电流、阻性电流和功率损耗，测量值与初始值有明显变化时应加强监测，当阻性电流增加 1 倍时，应停电检查。

这条规定还是比较笼统的，通过现场测试和应用，对这条规定做以下补充：

（1）正常避雷器的相位角在 80° 以上，当功率因数角小于 80° 时应停电检查。

（2）阻性电流基波含量正常情况应大于各次谐波电流，如果谐波电流增大，超过基波电流或谐波电流含量增加 1 倍，基波电流增加不明显时，可能是避雷器氧化锌阀片老化，应停电检查。

（3）阻性基波电流与初始值相比有明显变化，而谐波电流变化不明显时，可能是避雷器污秽严重或受潮，基波电流增加 1 倍时应停电检查。

（4）全电流明显增大，而阻性电流没有变化的情况可能是绝缘脏污造成，应将绝缘擦拭干净进行试验。如果全电流仍然增大，说明是外部绝缘老化或破损造成。

（5）同一个厂家、相同型号、同批次的避雷器，测试参数相差不大，因此不仅可以与历史数据比较来判断避雷器运行状况，还可以横向比较同批次的避雷器测试参数来判断避雷器的运行状况。

（6）从上面的测试原理可以看出，仅仅以观察总电流的变化情况来确定氧化锌避雷器阻性电流的变化情况是困难的，只有将阻性泄漏电流从总电流中分离出来，分析阻性电流中的谐波含量，才能清楚地了解它的变化情况。

Jb0223132005　请对氧化锌避雷器带电测试测量结果参数进行说明。（7 分）

考核知识点： 数据分析

难易度： 中

标准答案：

U：参考电压有效值。电压互感器变比已乘到 U 中，设置好变比，将显示母线电压。

I_x：全电流有效值。它仅含基波和 3、5、7 次谐波。

I_{xp}：全电流峰值，即 I_x 的峰值。

I_r：阻性电流有效值。它仅含阻性电流基波和阻性电流 3、5、7 次谐波。

I_{rp}：阻性电流峰值，即 I_r 的峰值。

I_{r1p}：阻性电流基波峰值。$I_{r1p}=I_{x1p}\sin\varphi$。

I_{r3p}、I_{r5p}、I_{r7p}：阻性电流 3、5、7 次谐波峰值。

I_{c1p}：容性电流基波峰值。$I_{c1p}=I_{c1p}\cos\varphi$。

氧化锌避雷器全电流既含有氧化锌避雷器非线性产生的高次谐波，也含有母线电压谐波产生的高次谐波。与 I_{rp} 相比 I_{r1p} 更加稳定真实，因此建议用 I_{r1p} 作为阻性电流指标。

φ：电流超前电压的角度。其中已经包含补偿角度 φ_0。

φ_0：补偿角度。

P_1：基波功耗。P_1 等于阻性电流基波有效值 I_{r1} 与电压基波 U_1 的乘积。

说明：K_u 应设置为电压互感器变比以获得运行电压下氧化锌避雷器的功耗。

C_x：氧化锌避雷器电容量。计算公式为 $C_x=\dfrac{I_{C1}}{2\pi fU_1}$。

Jb0222132006　请简述相对介质损耗因数和电容量比值检测步骤。（9 分）

考核知识点： 标准化操作

难易度： 中

标准答案：

（1）查看被试设备出厂试验数据及投运后历次试验数据。

（2）选择合适的参考设备，一般选择停电例行试验数据比较稳定、与被试设备处于同一母线或直接相连母线上的其他同相设备，宜选择同类型电容型设备。选定的参考设备一般不再改变，以便于进行对比分析。

（3）核对被试设备、参考设备运行编号，查看并记录设备铭牌。

（4）检查测试引线导通情况。

（5）开机检查仪器是否正常，设置好测试仪器的各项参数。

（6）正确连接取样单元、测试引线和测试仪器，测试仪器外壳可靠接地，防止在试验过程中形成开路或短路。采用绝对测量法时，电压信号应通过电压互感器测量绕组获取。

（7）正式测试开始之前应进行预测试，数据稳定后，记录数据，并记录基波频率。采用相对测量法时，应注意相邻间隔对测试结果的影响，记录被试设备相邻间隔带电与否。

（8）测试完成后，正确恢复设备接线，确保电容型设备末屏可靠接地。

（9）测试数据异常时，应首先排除测试仪器及接线无问题后，选择其他设备进行对比测试，分析原因。

Jb0223133007　请简述相对介质损耗因数和电容量比值检测数据分析与处理的方法。（8分）

考核知识点：数据分析

难易度：难

标准答案：

电容型设备相对介质损耗因数和电容量比值带电检测结果分析方法如下：

（1）比较测试结果应满足下列标准：同相设备介质损耗因数测量值（$\tan\delta_x-\tan\delta_n$）与初始测量值比较，变化量不大于0.003，电容量比值（C_x/C_n）与初始测量值比较，初值差不超过±5%。

（2）处于同一单元的三相电容型设备，其带电测试结果的变化趋势不应有明显差异。

（3）必要时，可依照以下公式，根据参考设备停电例行试验结果，把相对测量法得到的相对介质损耗因数和相对电容量比值换算成绝对量，并参照电容型设备停电例行试验标准，判断其绝缘状况。计算公式如下

$$\tan\delta_{X0}=\tan(\delta_X-\delta_N)+\tan\delta_{N0}$$

$$C_{X0}=C_X/C_NC_{N0}$$

式中　$\tan\delta_{X0}$ ——换算后的被试设备介质损耗因数绝对量；

$\tan\delta_{N0}$ ——参考设备最近一次停电例行试验测得的介质损耗因数；

$\tan(\delta_X-\delta_N)$ ——带电测试获得的相对介质损耗因数；

C_{X0} ——换算后的被试设备电容量绝对量；

C_{N0} ——参考设备最近一次停电例行试验测得的电容量；

C_X/C_N ——带电测试获得的相对电容量比值。

（4）对于电容式电压互感器，受其电磁单元结构及参数等因素影响，测得的介质损耗差值可能较大，可通过历次试验结果进行综合比较，根据其变化趋势做出判断。

（5）数据分析还应综合考虑设备历史运行状况、同类型设备参考数据，同时参考其他带电测试试验结果，如油色谱试验、红外测温以及高频局部放电测试等技术手段进行综合分析。

Jb0221132008　变压器铁芯多点接地的主要原因及表现特征是什么？（6分）

考核知识点：缺陷分析

难易度：中

标准答案：

统计资料表明，变压器铁芯多点接地故障在变压器总事故中占第三位，主要原因是变压器在现场装配机安装中不慎遗落金属异物，造成多点接地或铁轭与夹件短路、芯柱与夹件相碰等。

变压器铁芯多点接地故障的表现特征有：

（1）铁芯局部过热，使铁芯损耗增加，甚至烧坏。

（2）过热造成的温升，使变压器油分解，产生的气体溶解于油中，引起变压器油性能下降，油中总烃含量大大超标。

（3）油中气体不断增加并析出（电弧放电故障时，气体析出量较之更高、更快），可能导致气体继电器动作发信号甚至使变压器跳闸。

（4）在实践中，可以根据上述表现特征进行判断，其中检测油中溶解气体色谱和空载损耗是判断变压器铁芯多点接地的重要依据。

Jb0223132009　为什么要监测金属氧化物避雷器运行中的持续电流的阻性分量？（5分）

考核知识点：数据分析

难易度：中

标准答案：

当工频电压作用于金属氧化物避雷器时，避雷器相当于一台有损耗的电容器，其中容性电流的大小仅对电压分布有意义，并不影响发热，而阻性电流则是造成金属氧化物电阻片发热的原因。

良好的金属氧化物避雷器虽然在运行中长期承受工频运行电压，但因流过的持续电流通常远小于工频参考电流，引起的热效应极微小，不致引起避雷器性能的改变。而在避雷器内部出现异常时，主要是阀片严重劣化和内壁受潮等阻性分量将明显增大，并可能导致热稳定破坏，造成避雷器损坏。但这个持续电流阻性分量的增大一般是经过一个过程的，因此运行中定期监测金属氧化物避雷器的持续电流的阻性分量，是保证安全运行的有效措施。

Jb0223121010　请画出波形分析法测试避雷器阻性电流的示意图。（3 分）

考核知识点：避雷器阻性电流原理

难易度：易

标准答案：

波形分析法测试避雷器阻性电流示意图如图 Jb0223121010 所示。

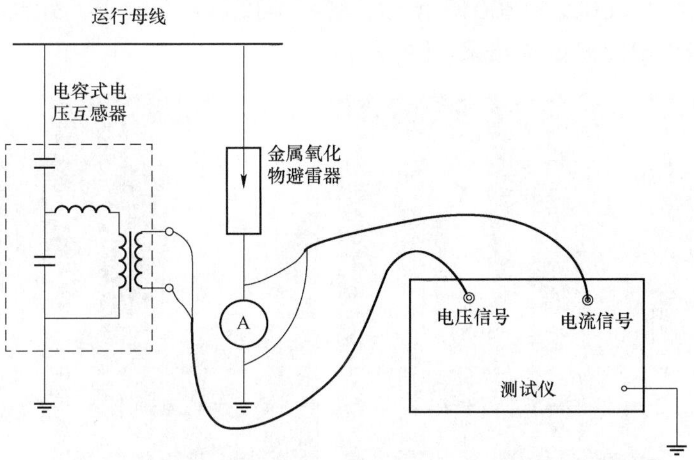

图 Jb0223121010

Jb0222132011　电容型设备介质损耗因数和电容量带电检测用电流取样单元应满足哪些基本要求？（6 分）

考核知识点：电流取样单元基本要求

难易度：中

标准答案：

（1）取样单元应采用金属外壳，具备优良的防锈、防潮、防腐性能，且便于安装固定在被测设备下方的支柱或支架上使用。

（2）取样单元内部含有信号输入端、测量端及短接压板等，并应采用多重防开路保护措施，有效防止测试过程中因接地不良和测试线脱落等原因导致的末屏电压升高，保证测试人员的安全，且完全不影响被测设备的正常运行。

（3）对于套管类设备的信号取样，应根据被监测设备的末屏接地结构，设计和加工与之相匹配的专用末屏引出装置，并保证其长期运行时的电气连接及密封性能。

（4）对于线路耦合电容器的信号取样，为避免对载波信号造成影响，应采用在原引下线上直接套装穿芯式零磁通电流传感器的取样方式。

（5）回路导线材质宜选用多股铜导线，截面积不小于 4mm^2，并应在被测设备的末屏引出端就近加装可靠的防断线保护装置。

（6）取样单元应免维护，正常使用寿命不应低于 10 年。

Jb0222132012　电容型设备介质损耗因数和电容量带电检测用电压取样单元应满足哪些基本要求？（4 分）

考核知识点：电压取样单元基本要求

难易度：中

标准答案：

（1）取样单元应采用绝缘外壳，无裸露的金属件及接线端子，且便于安装固定在电压互感器二次柜内部，不会造成电压互感器的二次信号短路。

（2）取样单元应含有信号输入端、测量端及快速熔断器，并应提供明显的信号开断功能。

（3）内部取样电阻应采用高精度电阻，且阻值配置合理。

（4）取样单元具有过电压、过电流保护措施。

Jb0221133013　如图 Jb0221133013 所示，变压器顶部套管破损、外包绝缘破损，分析可能导致的后果，以及铁芯接地电流测试的结果。（6 分）

图 Jb0221133013

考核知识点：缺陷分析

难易度：难

标准答案：

变压器铁芯、夹件引出线经顶部套管由变压器顶部引出，顶部套管受外力等原因破损，绝缘能力下降变为零，造成铁芯引出线与外壳相连，形成临时接地点。变压器铁芯引下线由绝缘护套包裹达到与变压器外壳绝缘的效果，外力破坏、自然风化等原因使绝缘护套破损，破损后铁芯引下线铜排与变压器外壳搭接，形成临时接地点。上述两种情况均会导致变压器铁芯、夹件接地引下线在临时接地点与引线下接地点间形成闭合回路，闭合回路在变压器的漏磁场中感应出电流，导致铁芯、夹件引下线电流异常，超出 100mA 标准要求值。

第二节　光　　学

Jb0332132001　简述电压互感器红外热像检测缺陷诊断判据。（4 分）

考核知识点：红外缺陷诊断判据

难易度：中

标准答案：

（1）电压互感器瓷套本体部位从上到下温度分布均匀无局部发热，但某相较其他两相有 2K 及以上的温差，则可判定该相为严重及以上缺陷。

（2）10kV 浇筑式电压互感器如果存在以本体为中心的整体发热，且当温差超过 4K 时，应进行特性试验或局部放电量测试试验。

（3）油浸式电压互感器如果存在整体温升偏高，且当温差超过 2～3K 时，应进行介质损耗、空载、油色谱及油中含水量测量。

Jb0331132002　工作人员在对某组合电器进行 SF_6 气体红外成像检漏时拍到的气体泄漏图像如图 Jb0331132002 所示，试初步分析可能的泄漏原因。（3 分）

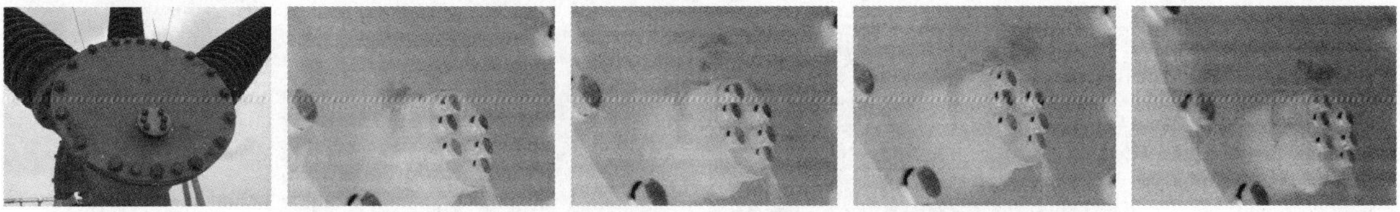

图 Jb0331132002

考核知识点：缺陷分析

难易度：中

标准答案：

根据可见光图片和红外图像中黑色烟雾位置分析，可能的泄漏原因有螺栓预紧力不够、密封圈压偏、密封圈老化、密封圈或密封面粘连异物等。

Jb0331132003　工作人员在对某 35kV 断路器进行 SF_6 气体红外成像检漏时拍到的气体泄漏图像如图 Jb0331132003 所示，试初步分析可能的泄漏原因。（3 分）

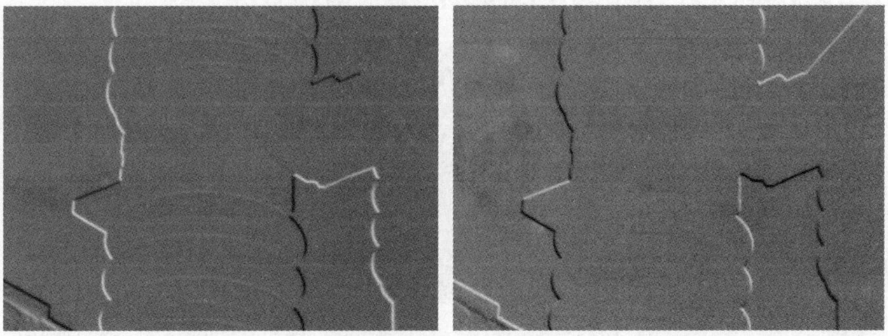

图 Jb0331132003

考核知识点：缺陷分析

难易度：中

标准答案：

根据断路器结构和红外图像中黑色烟雾位置分析，可能的泄漏原因有螺栓预紧力不够、密封圈压偏、密封圈老化、密封圈或密封面粘连异物等。

Jb0331132004　工作人员在对某 220kV 组合电器进行 SF_6 气体红外成像检漏时拍到的气体泄漏图像如图 Jb0331132004 所示，试初步分析可能的泄漏原因及处理方法。(3 分)

考核知识点： 缺陷分析及处理

难易度： 中

图 Jb0331132004

标准答案：

根据设备结构和红外图像中烟雾位置分析，泄漏位于密度继电器校验阀的旋钮处，泄漏原因应为密度继电器校验阀内部损坏导致密封不良，应对该密度继电器校验阀进行更换。

Jb0331132005　工作人员在对某 220kV 组合电器进行 SF_6 气体红外成像检漏时拍到的气体泄漏图像如图 Jb0331132005 所示，试初步分析可能的泄漏原因。(3 分)

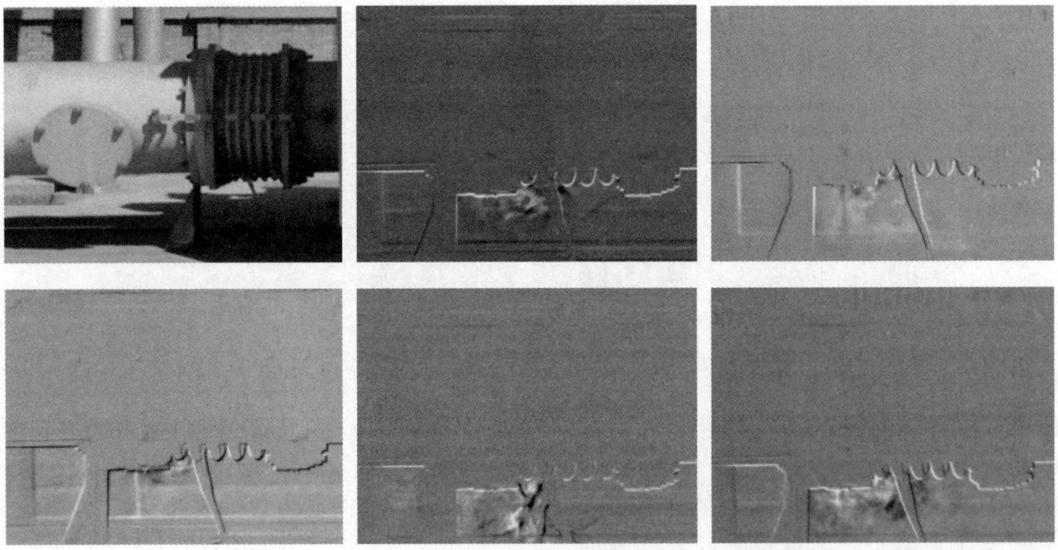

图 Jb0331132005

考核知识点： 缺陷分析

难易度： 中

标准答案：

根据设备结构和红外图像中烟雾位置分析，泄漏原因可能为波纹管存在砂眼或焊缝焊接不良，波纹管与其固定法兰连接处密封不良，波纹管法兰与母线筒法兰对接面密封不良。

Jb0332132006　2020 年 6 月 1 日某变电站 1 号主变压器 501-1 隔离开关 A 相发热温度为 123.1℃，B 相发热温度为 82.5℃，C 相发热温度为 68.9℃，环境参照体温度为 23.0℃，发热图像如图 Jb0332132006 所示。请根据上述内容分析发热原因并提出处理建议。（5 分）

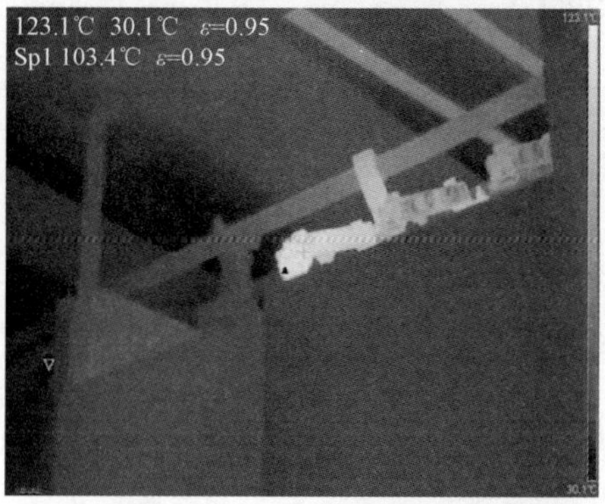

A相

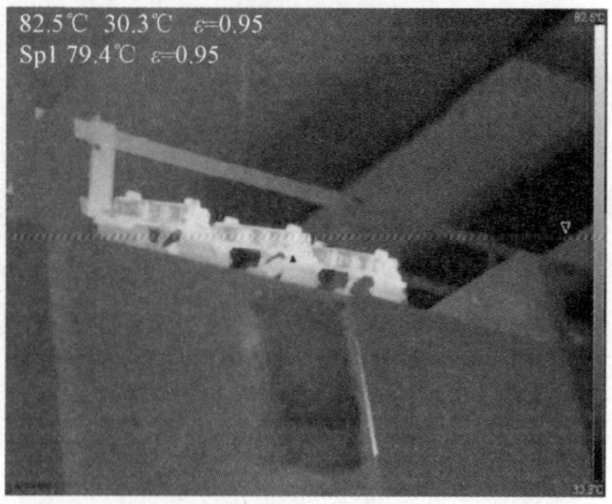

B相

C相

图 Jb0332132006

考核知识点： 缺陷分析及处理

难易度： 中

标准答案：

1 号主变压器 501－1 隔离开关 A 相发热温度为 123.1℃，B 相发热温度为 82.5℃，C 相发热温度为 68.9℃。参考温度为 23℃。热图像的热点温度大于 110℃，根据 DL/T 664—2016《带电设备红外诊断应用规范》附录 H 表 H.1 发热诊断依据"热图像的热点温度＞110℃或$\delta \geq 95\%$"，判定为紧急缺陷。综合分析判断 1 号主变压器 501－1 隔离开关隔离开关接线板由于自然因素导致接线板老化、接触不良，当负荷增加时，导致隔离开关温度明显升高，应加强监视，停电检修处理，送电后继续加强监视。

Jb0332132007　如图 Jb0332132007 所示，该设备为电容器，熔丝发热处温度最高为 78℃，正常熔丝温度为 28℃，环境温度为 22℃。请对该缺陷进行分析，说明判断方法、缺陷类型、缺陷定义、缺陷原因及缺陷处理。（4 分）

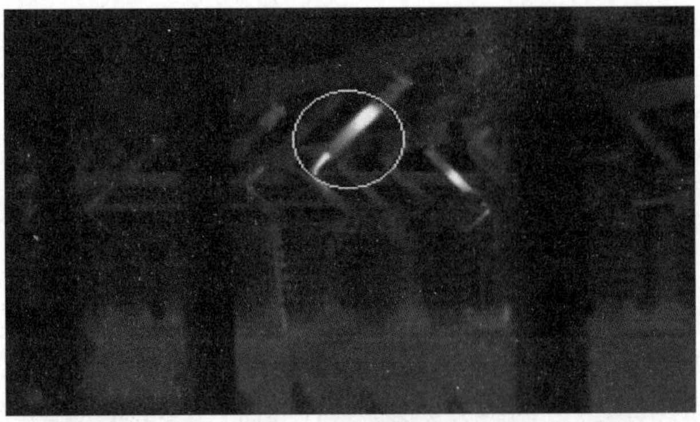

图 Jb0332132007

考核知识点：缺陷分析及处理

难易度：中

标准答案：

根据图像分析，该电容器熔丝明显发热，且是以熔丝中部靠电容侧为最热的热像，可用表面温度判断法判断该发热缺陷为电流致热型设备缺陷，计算温差结果为（78－28）/（78－22）×100%=89.28%，根据缺陷诊断判据“热点温度＞55℃或$\delta \geqslant 80\%$”，可确定该缺陷为严重缺陷。可能原因为熔丝容量不够，建议应停电处理更换熔丝容量。

Jb0332132008　如图 Jb0332132008 所示，该设备为断路器，发热处温度为 37℃。请对该缺陷进行分析，说明判断方法、缺陷类型、缺陷定义、缺陷原因及缺陷处理。（4 分）

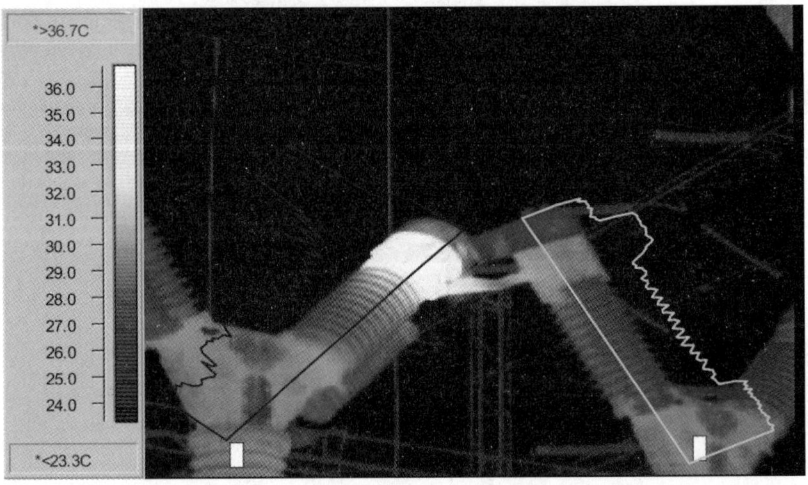

图 Jb0332132008

考核知识点：缺陷分析及处理

难易度：中

标准答案：

该设备为断路器，根据谱图分析，动静触头是以顶帽和下法兰为中心的热像，顶帽温度大于下法兰温度，可用表面温度判断法判断该发热缺陷为电流致热型设备缺陷。通过计算，内外温差超过 10K，未达到严重缺陷的要求，可能原因为压指压接不良，建议应测量回路电阻。

Jb0332132009 如图 Jb0332132009 所示，该设备为耦合电容器，热点温度为 112℃，正常点温度为 40℃，环境温度为 25℃。请对该缺陷进行分析，说明判断方法、缺陷类型、缺陷定义、缺陷原因及缺陷处理。（4 分）

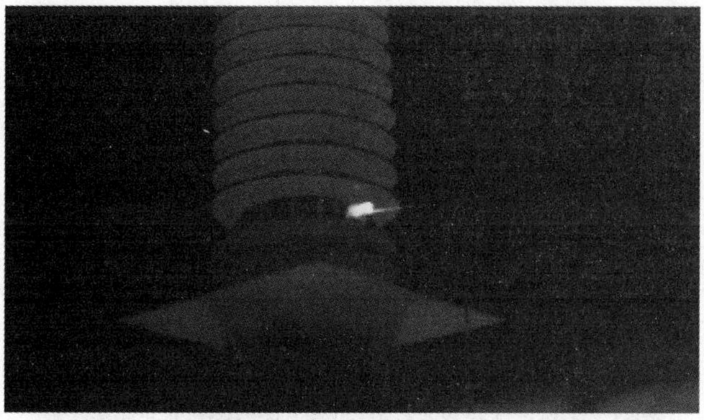

图 Jb0332132009

考核知识点： 缺陷分析及处理

难易度： 中

标准答案：

该设备为耦合电容器，根据谱图分析，电气设备与金属部件的连接，以接头为中心的热像，热点明显，计算温差结果为（112－40）/（112－25）×100%=93.5%。根据缺陷诊断判据“热点温度＞110℃或δ≥80%但未达到 95%”，可确定该缺陷为紧急缺陷。可能原因为接触不良，建议应立即停电处理。

Jb0332132010 如图 Jb0332132010 所示，该设备 10kV 断路器，环境温度 32℃。请对该缺陷进行分析，说明判断方法、缺陷类型、缺陷定义、缺陷原因及缺陷处理。（4 分）

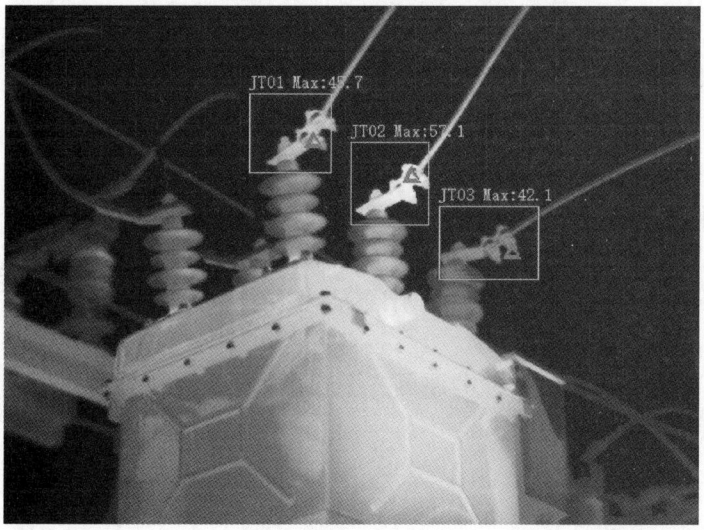

图 Jb0332132010

考核知识点： 缺陷分析及处理

难易度： 中

标准答案：

参照 DL/T 664—2016《带电设备红外诊断应用规范》附录 H 中表 H.1（即电流致热型设备缺陷诊

断判据）进行分析判断。

设备类别和部位：金属部件与金属部件的连接，接头和线夹。

热像特征：以线夹和接头为中心的热像，热点明显。

故障特征：接触不良。

缺陷性质：一般缺陷（$\delta \geqslant 35\%$但热点温度未达到严重缺陷温度值）。

设备接头存在发热，达一般缺陷判定标准，建议加强巡测。

Jb0332132011　如图 Jb0332132011 所示为某 10kV 间隔出线电缆红外测温图片，环境温度 26℃。请对该缺陷进行分析，说明判断方法、缺陷类型、缺陷定义、缺陷原因及缺陷处理。（4 分）

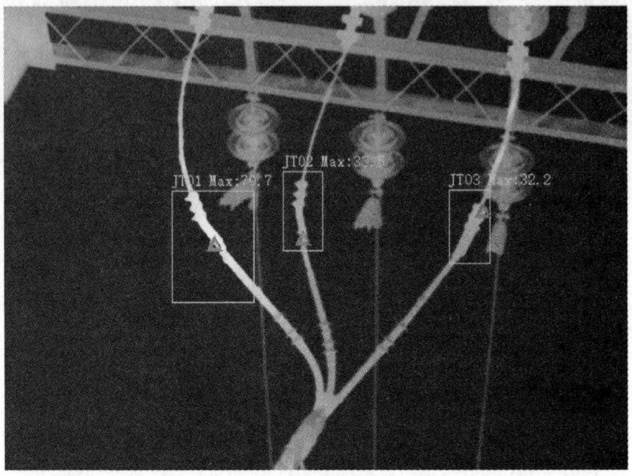

图 Jb0332132011

考核知识点：缺陷分析及处理

难易度：中

标准答案：

参照 DL/T 664—2016《带电设备红外诊断应用规范》附录 H 中表 H.1（即电流致热型设备缺陷诊断判据）进行分析判断。

设备类别和部位：电气设备与金属部件的连接，接头和线夹。

热像特征：以线夹和接头为中心的热像，热点明显。

故障特征：接触不良。

缺陷性质：严重缺陷（90℃≤热点温度≤130℃或$\delta \geqslant 80\%$但热点温度未达紧急缺陷温度值）。

该设备接头发热，属于严重缺陷，发热原因可能为接触不良。

Jb0332132012　电力变压器过热故障原因主要包括哪些？（7 分）

考核知识点：缺陷分析

难易度：中

标准答案：

（1）套管的将军帽与外部接线板或内部导电杆连接处接触不良。

（2）套管内部存在绝缘缺陷，运行中导致温度异常。

（3）套管缺油，缺油部分的温度比充油部分低，可利用设备温度与运行状况不相符的异常红外热像发现故障。

（4）电容式套管末屏接地不良，导致套管局部温度异常。

（5）变压器散热器运行异常，主要是由于运行中没有打开散热器与变压器本体的连接阀门，导致变压器本体的油温度不正常升高，而散热器内的油温度低。

（6）主变压器因漏磁在局部形成的过热缺陷。

（7）绝缘子污秽表面放电。

Jb0333132013 在对某 220kV 变电站设备进行紫外成像检测时，检测图像如图 Jb0333132013 所示，发现某 220kV 设备三相引流线均出现整体普遍放电情况，并存在较强的噪声，而与其相连接的导线上未发生放电，利用望远镜进行观察，未发现引流线存在散股及其他表面异常状况。根据题目及图片进行相应分析及处理意见。（4 分）

考核知识点：缺陷分析及处理

难易度：中

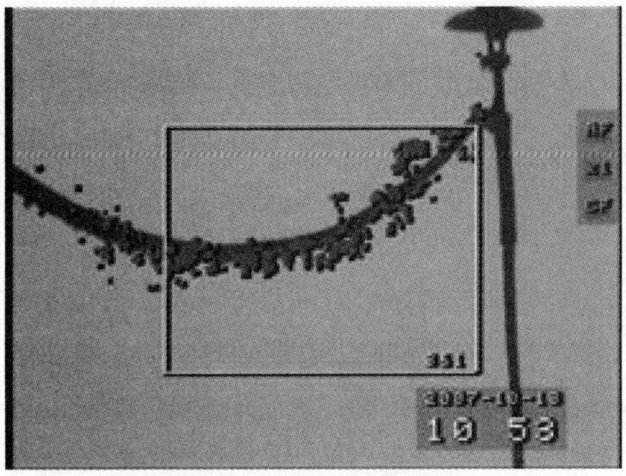

图 Jb0333132013

标准答案：

（1）检测分析。此案例中整条引流线均存在较强的表面放电，而与其相连接的导线却并未出现此类放电现象。在相同的环境条件和相同的电压下，同样形状的带电体放电规律应该基本相同，出现上述差异说明引流线与导线在外形或表面状态上存在差异，利用望远镜进行观察，并未发现引流线存在散股及其他表面异常状况，因此认为放电与引流线线径偏小有关。

（2）处理意见。结合检修计划对上述设备三相引流线进行了更换，更换后进行复测。停电处理前加强监测。

Jb0332131014 红外热像检测中电气设备与金属部件连接的缺陷判断依据有哪些？（4 分）

考核知识点：缺陷判断依据

难易度：易

标准答案：

电气设备与金属部件连接的检测部位为接头和线夹位置，热像特征是以接头和线夹为中心的热像。热点温度＞110℃或相对温差≥95%且热点温度＞80℃，为紧急缺陷；80℃≤热点温度≤110℃或相对温差≥80%但热点温度未达紧急缺陷温度值，为严重缺陷；相对温差≥35%但热点温度未达到严重缺陷温度值，为一般缺陷。

Jb0331133015 某日一台运行中的 SF_6 断路器报"SF_6 低气压报警"信号，运维人员现场检查断路器 SF_6 气体压力表指示压力值为 0.54MPa，该断路器采用相互独立的带有报警、闭锁触点的密度继电器和无温度补偿的普通压力表，当日天气晴朗，环境温度约 30℃，环境相对湿度为 36%，风速约 1.2m/s，该断路器 SF_6 气体压力曲线如图 Jb0331133015 所示。运维人员将上述情况告知检修人员后，

A 认为该断路器存在漏气现象，应进行补气并开展红外成像检漏工作；B 认为该断路器并未存在漏气现象，属于误报信号，应检查误报原因。请问谁的分析更加合理，为什么？（6 分）

考核知识点： 缺陷分析

难易度： 难

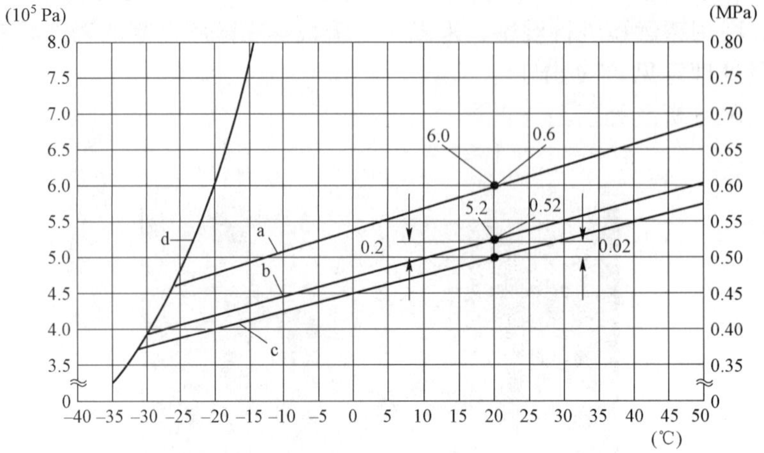

图 Jb0331133015

a—SF_6 充气压力（额定密度线）；b—“SF_6 泄漏”信号；c—SF_6 总闭锁；d—液化曲线

标准答案：

A 的分析更加合理。因为该断路器采用无温度补偿的普通压力表，压力表指示值和低气压报警值均会随温度变化而变化，压力表指示值 0.54MPa 为当日 30℃环境温度下未经补偿的实际气体压力，此时低气压报警值也应该以 30℃时的值为准，而不是 20℃时的报警值。根据 SF_6 气体压力曲线图中 b 曲线可知，30℃时 SF_6 低气压报警值略高于 0.55MPa，断路器实际气体压力 0.54MPa 已低于报警值，所以断路器存在漏气现象，并非误报信号，应进行补气。且当日天气晴朗，温度高于 5℃，相对湿度低于 80%，风速低于 5m/s，适合开展红外成像检漏工作。

Jb0332132016　某 110kV 隔离开关 B 相动静触头接头处红外成像结果和相应位置的可见光图像如图 Jb0332132016 所示，三相动静触头接头处温度分别为 A 相 26.1℃、B 相 46.7℃、C 相 26.5℃。以该隔离开关金属构架作为环境温度参照体，其温度为 21.4℃。负荷电流为 72A，额定电流为 3150A。请对该缺陷进行分析，说明判断方法、缺陷类型、缺陷定义、缺陷原因及缺陷处理。（4 分）

考核知识点： 缺陷分析及处理

难易度： 中

标准答案：

根据设备结构及发热点的位置判断该发热点属于电流致热型设备缺陷中的隔离开关刀口发热。其发热原因为 B 相合闸不到位，或触指弹簧受力不均、压接不良，导致动静触头接头处的接触电阻过大引起触头发热。

B 相发热点相对于正常相的温差为 20.6K＞15K，计算相对温差为 $\delta=(\tau_1-\tau_2)/\tau_1\times100\%=(T_1-T_2)/(T_1-T_0)\times100\%=\dfrac{46.7-26.1}{46.7-21.4}\times100\%=81.4\%$，80%＜$\delta$＜95%，该缺陷性质属于严重缺陷。由于该隔离开关负荷电流较小为 72A，而发热点的相对温差已经超过 80%，因此需要对其负荷电流进行密切监控，防止该发热点因为负荷电流的升高而温度过高，尽快利用停电机会消除该缺陷。

图 Jb0332132016

Jb0332132017 某主变压器 110kV 侧套管 C 相接线板处红外成像结果和相应位置的可见光图像如图 Jb0332132017 所示，三相套管接线板处温度分别为 A 相 33.7℃、B 相 32.5℃、C 相 80.6℃。以变压器 35kV 侧金属构架作为环境温度参照体，温度为 27.1℃。负荷电流为 361A，额定电流为 1145A。请对该缺陷进行分析，说明判断方法、缺陷类型、缺陷定义、缺陷原因及缺陷处理。(4 分)

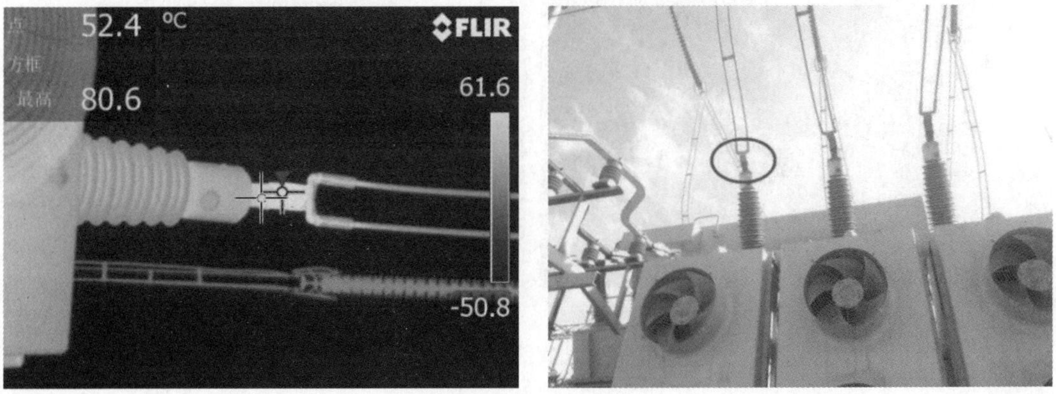

图 Jb0332132017

考核知识点：缺陷分析及处理

难易度：中

标准答案：

根据设备结构及发热点的位置位于套管一次接线板处，判断该发热点属于电流致热型设备缺陷中的“电气设备与金属部件的连接”。其发热原因为运行中受到负荷电流之间电动力的作用及天气与环境的影响，C 相接线板紧固螺栓出现松动导致接触不良，同时连接部位表面由于电化学作用发生氧化，出现氧化层，导致接触电阻增大引起接线板发热。由于 C 相发热点温度为 80.6℃＞80℃，相对温差为

$\delta=(\tau_1-\tau_2)/\tau_1\times100\%=(T_1-T_2)/(T_1-T_0)\times100\%=\dfrac{80.6-33.7}{80.6-27.1}\times100\%=87.7\%$，$80\%<\delta<95\%$，该缺陷性质属于严重缺陷。建议对该发热点加强监测并结合主变压器停电机会消除该缺陷。

Jb0332132018　如图 Jb0332132018 所示，该设备为三相刀闸红外热成像照片，C 相接头发热，温度 80.1℃，B 相 50.9℃，A 相 55℃，检测设备区域内环境温度为 28.0℃，负荷 449.5A（大于 30%的额定负荷）。请对该缺陷进行分析，说明判断方法、缺陷类型、缺陷定义、缺陷原因及缺陷处理。（4 分）

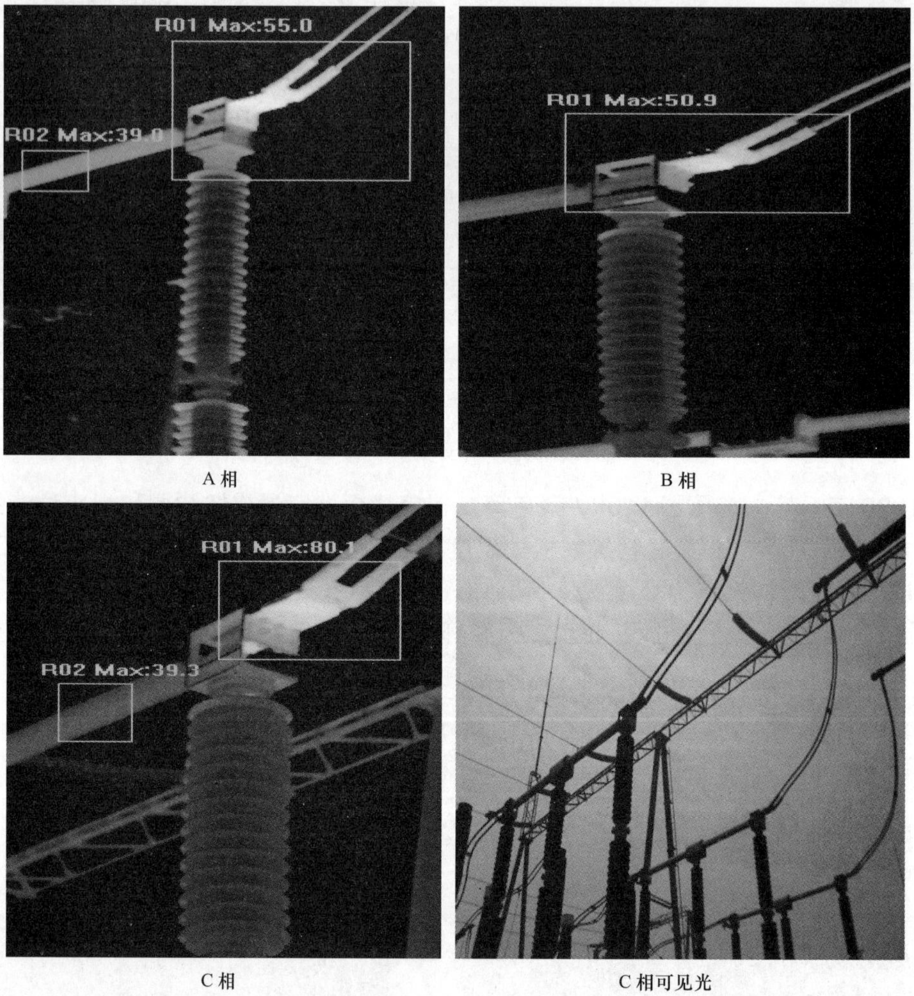

图 Jb0332132018

考核知识点：缺陷分析及处理

难易度：中

标准答案：

刀闸 C 相存在发热现象，C 相热点温度 80.1℃，A 相 55℃，B 相 50.9℃。计算结果温差为（80.1−50.9）/（80.1−28）×100%=56%，与 B 相同部位的温差为 29.2K，且此时负荷超过 30%的额定负荷，参考 DL/T 664—2016《带电设备红外诊断应用规范》，该接头处采用电流致热型设备的诊断依据进行综合判断，相对温差$\delta\geq35\%$但热点温度未达严重缺陷温度值，属于一般缺陷。原因可能为接头长期裸露在大气环境中，受到雨、雪、有害气体及酸、碱、盐等腐蚀性物质的污染和侵蚀，造成接头接触面氧化。由于接触电阻增大，在电流致热效应的影响下接头发热，且发热量高于散热量，该接头最终产生了温升现象，金属载流接头被腐蚀后严重危害接头的寿命和运行效果。建议安排复测，加强跟踪，适时安排检修消除缺陷，确保设备安全运行。

Jb0331132019　对某 330kV 变电站进行红外成像检漏时发现某间隔 A 相 33422 接地开关盆式绝缘子上端操动机构壳体位置有 SF_6 气体泄漏情况，漏气点红外检漏谱图及可见光照片如图 Jb0331132019 所示，图中的圆圈标记点即为漏气点。依据设备检修试验记录，该气室有过两次补气记录，补气周期为 2 个月。与其他间隔同一位置的气室压力值对比，其压力值最低。请分析可能漏气的原因，并提出故障处理方案。（4 分）

红外检漏谱图　　可见光

图 Jb0331132019

考核知识点：缺陷分析及处理

难易度：中

标准答案：

（1）漏气的主要原因：由于设备漏气点位于操动机构壳体处，不同于盆式绝缘子和接头的漏气点，这一类漏气问题通常是由于产品在生产制造中工艺不良而导致的砂眼类缺陷所致。

（2）故障处理方案：① 用样冲在砂眼周围逐步向砂眼处冲，直到漏气点消除；② 更换设备外壳。

Jb0331132020　对某 330kV 变电站进行红外成像检漏时发现漏气点在吉奇 I 线 98 断路器气室顶部 8 处螺栓及底部 6 处螺栓处有 SF_6 气体泄漏情况，分别对断路器顶部法兰和底部法兰进行了标记，可见光及漏气点红外检漏谱图（以 4 个标记点为例）如图 Jb0331132020 所示。对该气室压力进行了跟踪监视，24h 后，气室压力值下降了 0.01MPa。请分析可能漏气的原因，并提出故障处理方案。（6 分）

考核知识点：缺陷分析及处理

难易度：中

标准答案：

（1）分析造成漏气的可能原因如下：

1）密封圈有损伤导致漏气。密封圈由于制造、安装或运行中受潮腐蚀等原因，会造成密封圈局部不光洁或劣化失去弹性。

2）密封槽光洁度不够或有异物，会引起密封圈受损，或与密封圈不能很好结合，达不到应有的密封效果，进而导致漏气。

（2）故障处理方案。由于该断路器存在漏气点多，漏气速度快，长时间处于低于额定压力的“亚健康”状态，可能会引发新的绝缘问题，导致停电事故。一方面，建议在缺陷消除前，加强对气体压力表计监视，及时补充 SF_6 气体确保设备安全稳定运行；另一方面，应考虑停电检修，并及时联系设备厂家制定现场检修方案消除缺陷。

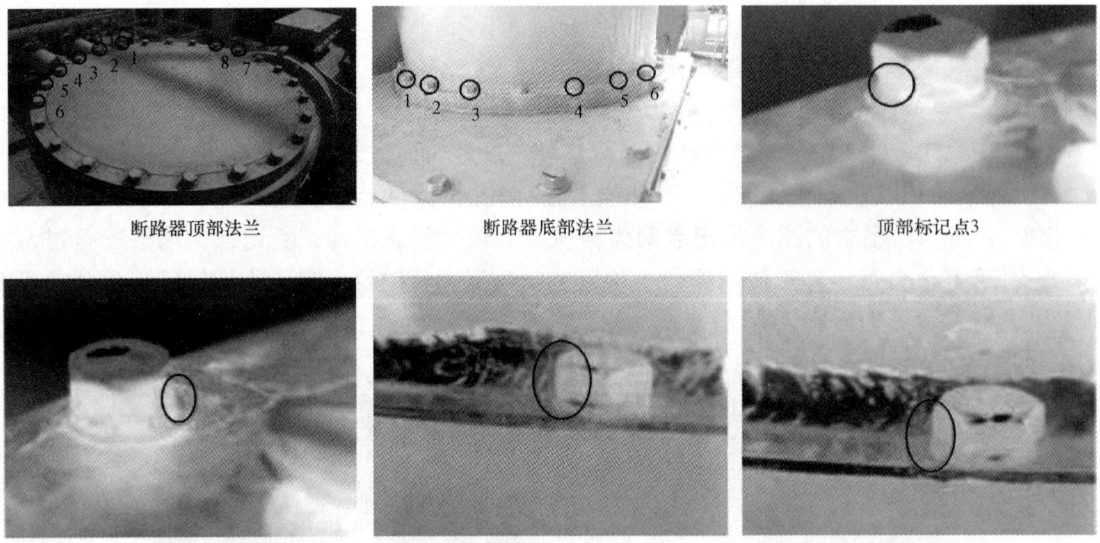

断路器顶部法兰　断路器底部法兰　顶部标记点3

顶部标记点4　底部标记点2　底部标记点4

图 Jb0331132020

Jb0331132021　对某 110 kV 变电站进行红外成像检漏时发现某间隔 A 相断路器与母线侧电流互感器之间竖向盆式绝缘子发现有 SF_6气体泄漏情况，机构已经闭锁，断路器无法进行分闸操作，漏气点红外检漏谱图及可见光照片如图 Jb0331132021－1 所示，图中的圆圈标记点即为漏气点。

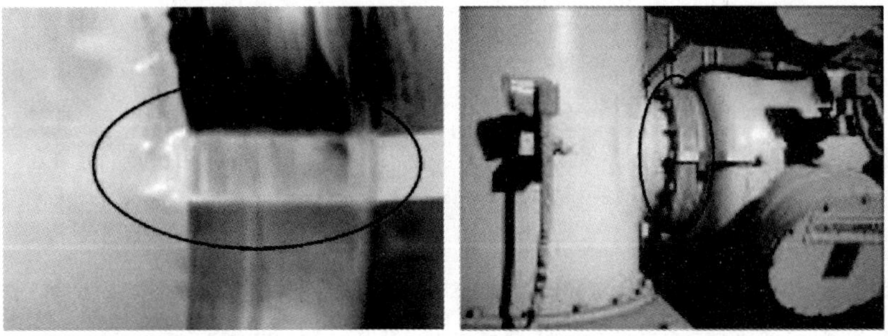

红外检漏谱图　可见光

图 Jb0331132021－1

对 A 相断路器与母线侧电流互感器之间竖向盆式绝缘子漏气缺陷进行了更换处理，盆式绝缘子拆下后，发现其 6 点钟方向螺孔内侧有长约 5cm 的裂纹，裂纹已穿越密封槽，见图 Jb0331132021－2 中的圆圈。竖盆下方螺栓孔均以严重锈蚀，上方螺栓孔轻度锈蚀，见图 Jb0331132021－3。现场更换了盆式绝缘子，并对盆式绝缘子进行了注胶处理。请分析可能漏气的原因，并提出故障处理方案。(5 分)

图 Jb0331132021－2

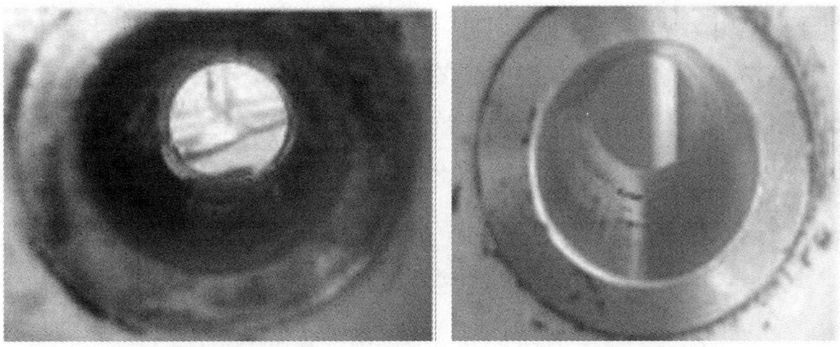

锈蚀螺孔　　正常螺孔

图 Jb0331132021－3

考核知识点：缺陷分析及处理

难易度：中

标准答案：

（1）盆式绝缘子漏气的主要原因。由于 GIS 设备在安装时注胶不到位，导致雨水沿螺栓浸入盆式绝缘子形成积水。考虑天气的变化，盆内积水在气温的变化下，反复结冰、融化使得盆式绝缘子反复承受应力产生裂纹，当裂纹穿越密封槽时，引起盆式绝缘子漏气。

（2）故障处理方案。对 GIS 盆式绝缘子进行注胶检查处理，对所有的法兰密封面和盆式绝缘子对接面涂抹防水胶，该方法可以从根本上解决由于注胶不到位引起的漏气缺陷。

Jb0331132022　对榕城 1000kV 变电站进行红外成像检漏时发现榕笠Ⅱ路/3 号主变压器 5042 开关电流互感器 2A 相与 5042 开关 A 相之间盆式绝缘子原封堵有 SF_6 气体泄漏情况，漏气点红外检漏谱图及可见光照片如图 Jb0331132022 所示。请分析可能漏气的原因，并提出故障处理方案。（4 分）

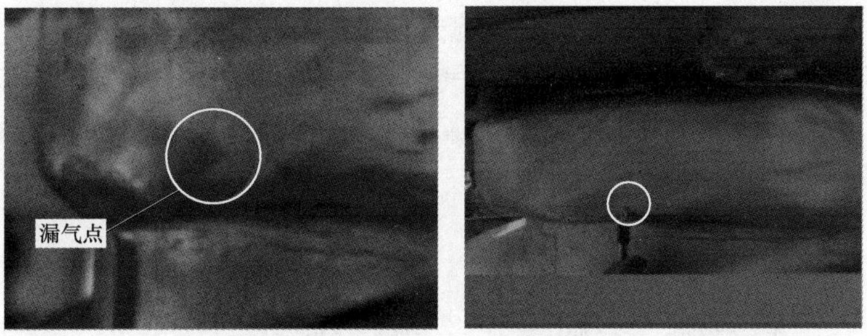

图 Jb0331132022

考核知识点：缺陷分析及处理

难易度：中

标准答案：

（1）缺陷分析。检漏仪显示盆式绝缘子原封堵处有持续性烟雾状气体冒出，判断此盆式绝缘子处存在泄漏点，原因可能由于盆式绝缘子原封堵出现裂纹，导致封堵失效出现漏气现象。

（2）故障处理方案。① 对投用的 GIS 设备要求对压力装置等保存历史巡视数据以便对比；② 盆式绝缘子由于制造工艺、材质、巡视质量较差且在室外长期运行，出现微小裂纹，在厂家改进盆式绝缘子设计后希望不会再发生同类故障，同时把好检测关，确保设备零部件安全可靠运行。

Jb0331132023　某供电公司 110kV 变电站 110kV 母联 1150 断路器，为×××公司生产，型号为 ZF4－110，出厂日期为 1997 年 9 月，投运日期为 1998 年 2 月。2018 年 1 月 30 日，检修人员对

该断路器进行红外检漏，检测中发现 110kV 母联 1150 断路器气室气体压力表值为 0.52MPa，额定压力为 0.5MPa，利用 GF306 红外成像检漏仪检测确定 1150 断路器气管三通有漏气现象。随即检修人员对漏气三通进行紧固并对该断路器补气，后再次对其进行检测，发现漏气现象消失，缺陷消除，漏气点红外检漏谱图如图 Jb0331132023 所示。请分析可能漏气的原因，并提出故障处理方案。（4 分）

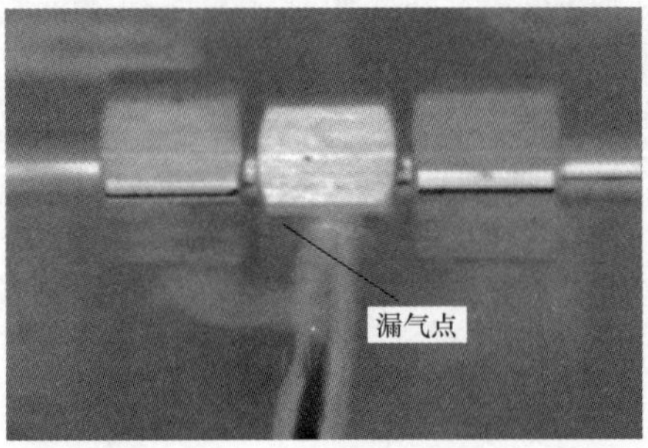

图 Jb0331132023

考核知识点： 缺陷分析及处理

难易度： 中

标准答案：

（1）缺陷分析。漏气位于 110kV 母联 1150 断路器气管三通处。

（2）故障处理方案。对漏气三通进行紧固并对该断路器补气，后经检测，漏气现象消失，即该问题解决，对渗漏复检后未发现渗漏，随后通过近一个月的巡查、跟踪未发现异常，则确定该缺陷处理完毕，设备正常运行。

Jb0331132024　对某 330kV 变电站进行红外红外成像检漏时发现在 3352 代东 I 线 A 相断路器气室与气体压力表连接管位置有 SF_6 气体泄漏情况，漏气点红外检漏谱图及可见光照片如图 Jb0331132024 所示，图中的圆圈标记点即为漏气点。依据设备检修试验记录，该气室有过两次补气记录，补气周期为 1 个月，气室密度继电器压力值下降了 0.04MPa。请分析可能漏气的原因，并提出故障处理方案。（4 分）

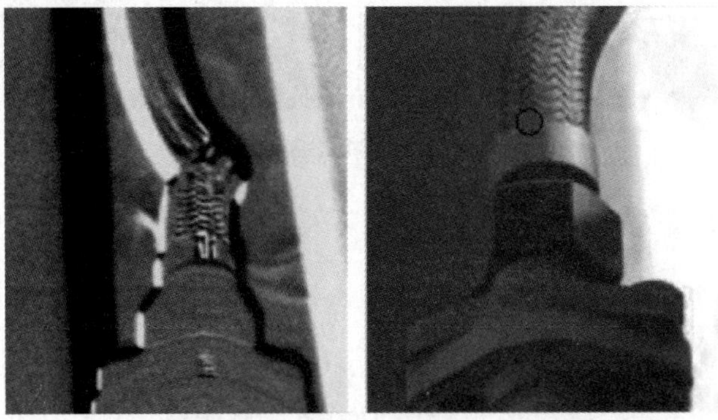

红外检漏谱图　　可见光

图 Jb0331132024

考核知识点： 缺陷分析及处理

难易度： 中

标准答案：

（1）缺陷分析。漏气原因可能是金属连接软管自身制造留有缺陷，存在软管金属头内部焊接不良或密封口配合误差的问题。另外，断路器压力表采用的是金属软管与罐体连接的方式，且金属软管布置在断路器机构箱外，金属软管容易受到外界环境或外力干扰影响接口处密封性能，造成漏气。

（2）故障处理方案。由于漏气性质较严重，应及时联系设备厂家确定漏气原因，制订现场检修方案消除缺陷，避免多次补气给设备运行带来安全风险和人力、物力成本损耗。

Jb0333133025 提高紫外检测仪的增益有哪些优缺点？（5 分）

考核知识点：仪器参数

难易度：难

标准答案：

调节增益即调节探测器的灵敏度，提高增益可增强探测器的检测灵敏度，更容易检测到微小的放电。但是高增益会对放电源的定位造成一定影响，因为过大的光斑会挡住背景的可见光视图，在主放电源信号增强的同时，干扰信号也会增强，影响视觉。干扰信号一般是随机出现，位置不固定。因而在初步检测时，应提高增益，便于发现微小放电，在放电源定位时，应减少增益，外界干扰较大时，降低增益可有效去除背景干扰，便于快速发现放电点。

Jb0333131026 紫外检测的环境要求有哪些？（3 分）

考核知识点：环境要求

难易度：易

标准答案：

（1）应在良好的天气下进行，如遇雷、中（大）雨、雪、雾、沙尘不得进行该项工作。

（2）一般检测时风速宜不大于 5m/s，准确检测时风速宜不大于 1.5m/s。

（3）检测温度不宜低于 5℃。

（4）应尽量减少或避开电磁干扰或强紫外光干扰源。

Jb0333131027 紫外成像检测的安全要求是什么？（3 分）

考核知识点：安全防护知识

难易度：易

标准答案：

（1）应严格执行《国家电网公司电力安全工作规程（变电部分）》的相关要求。

（2）检测时应与设备带电部位保持相应的安全距离。

（3）检测时防止误碰误动设备。

（4）行走中注意脚下，防止踩踏设备管道。

Jb0333131028 紫外成像检测对仪器的要求有哪些？（3 分）

考核知识点：仪器参数

难易度：易

标准答案：

紫外成像仪应操作简单，携带方便，图像清晰、稳定，具有较高的分辨率和动、静态图像储存功能，在移动巡检时不出现拖尾现象，对设备进行准确检测且不受环境中电磁场的干扰。

Jb0333132029 紫外成像检测仪器的主要技术指标有哪些？（3 分）

考核知识点：仪器技术指标

难易度：中

标准答案：

（1）最小紫外光灵敏度：不大于 8×10^{-18}W/cm^2。

（2）最小可见光灵敏度：不大于 0.7lx。

（3）电晕探测灵敏度：小于 5pC。

Jb0333131030　紫外成像检测仪器应具备哪些主要功能？（5分）

考核知识点：仪器参数

难易度：易

标准答案：

（1）自动/手动调节紫外线、可见光焦距。

（2）可调节紫外增益。

（3）具备光子数计数功能。

（4）检测仪器应具备抗外部干扰的功能。

（5）测试数据可存储于本机并可导出。

Jb0333131031　紫外成像检测前应做哪些检测准备？（3分）

考核知识点：检测前准备

难易度：易

标准答案：

（1）检测前，应了解相关设备数量、型号、制造厂家、安装日期等信息以及运行情况，制订相应的技术措施。

（2）配备与检测工作相符的图纸、上次检测的记录、标准作业卡。

（3）检查环境、人员、仪器、设备满足检测条件。

（4）按相关安全生产管理规定办理工作许可手续。

Jb0333132032　简述紫外成像检测的步骤。（6分）

考核知识点：标准化操作流程

难易度：中

标准答案：

（1）开机后，增益设置为最大。根据光子数的饱和情况，逐渐调整增益。

（2）调节焦距，直至图像清晰度最佳。

（3）图像稳定后进行检测，对所测设备进行全面扫描，发现电晕放电部位进行精确检测。

（4）在同一方向或同一视场内观测电晕部位，选择检测的最佳位置，避免其他设备放电干扰。

（5）在安全距离允许范围内，在图像内容完整情况下，尽量靠近被测设备，使被测设备电晕放电在视场范围内最大化，记录此时紫外成像仪与电晕放电部位距离，紫外检测电晕放电量的结果与检测距离呈指数衰减关系，在测量后需要进行校正。

（6）在一定时间内，紫外成像仪检测电晕放电强度以多个相差不大的极大值的平均值为准，并同时记录电晕放电形态，具有代表性的动态视频、图片以及绝缘体表面电晕放电长度范围。

Jb0333131033　影响紫外检测的主要因素有哪些？（4分）

考核知识点：影响因素

难易度：易

标准答案：

（1）大气湿度和大气气压。大气湿度和大气气压对电气设备的电晕放电有影响，现场只需记录大气环境条件，但不做校正。

（2）检测距离。紫外光检测电晕放电量的结果与检测距离呈指数衰减关系，在实际测量中根据现场需要进行校正。

Jb0333132034 电晕放电量与紫外光检测距离校正公式是什么？（3分）

考核知识点：距离校正公式

难易度：中

标准答案：

按5.5m标准距离检测，换算公式为

$$y_1=0.033\,x_2^2\,y_2\exp(0.412\,5-0.075\,x_2)$$

式中：x_2为检测距离，m；y_2为在x_2距离时紫外光检测的电晕放电量；y_1为换算到5.5m标准距离时的电晕放电量。

Jb0333131035 紫外成像的检测内容有哪些？（3分）

考核知识点：紫外成像基础知识

难易度：易

标准答案：

（1）电晕放电强度。

（2）电晕放电形态和频度。

（3）电晕放电长度。

Jb0333131036 导电体表面电晕异常放电应使用紫外仪检测哪些内容？（4分）

考核知识点：紫外成像基础知识

难易度：易

标准答案：

（1）检测单位时间内多个相差不大的光子数极大值的平均值。

（2）观测电晕放电形态和频度。

Jb0333131037 绝缘体表面电晕异常放电应使用紫外仪检测哪些内容？（3分）

考核知识点：紫外成像基础知识

难易度：易

标准答案：

（1）检测单位时间内多个相差不大的光子数极大值的平均值。

（2）观测电晕放电形态和频度。

（3）观测电晕放电长度范围。

Jb0333131038 《国家电网公司变电检测通用管理规定》中，对设备外绝缘及绝缘子紫外检测的检测周期有何规定？（3分）

考核知识点：检测周期规定

难易度：易

标准答案：

（1）1000kV：6月。

（2）新安装及A、B类检修重新投运后1周内。

（3）必要时。

Jb0333131039　设备局部放电紫外诊断方法有哪些？（4分）

考核知识点：缺陷判断

难易度：易

标准答案：

（1）图像观察法。根据电气设备放电发生的部位和放电严重程度综合判断。

（2）同类比较法。通过同类型电气设备对应部位电晕放电的紫外图像或紫外计数进行横向比较。

Jb0333132040　根据紫外线自身波长的不同，紫外线可分为哪三类？波长范围分别为多少？（3分）

考核知识点：紫外线基础知识

难易度：中

标准答案：

（1）短波紫外线：波长100～280nm。

（2）中波紫外线：波长280～315nm。

（3）长波紫外线：波长315～400nm。

Jb0333131041　根据放电量和放电形态如何判断外绝缘表面放电的缺陷性质？（3分）

考核知识点：缺陷判断

难易度：易

标准答案：

（1）一般缺陷；局部放电量不超过5000光子/s，放电距离不超过外绝缘1/3部位。

（2）严重缺陷：局部放电量超过5000光子/s，或放电距离超过外绝缘1/3长度。

（3）危急缺陷；局部放电量超过5000光子/s，且放电距离不超过外绝缘1/3部位。

Jb0333131042　根据放电量和放电形态如何判断金属带电部位放电的缺陷性质？（3分）

考核知识点：缺陷判断

难易度：易

标准答案：

（1）一般缺陷；局部放电量不超过5000光子/s。

（2）严重缺陷：局部放电量在5000～10 000光子/s。

（3）危急缺陷；局部放电量超过10 000光子/s。

Jb0333132043　输电导线放电的原因有哪些？各有哪些特点？（3分）

考核知识点：缺陷分析

难易度：中

标准答案：

导线的放电有四种原因，分别为污染、毛刺、断股和散股。断股和散股导致的放电部位同时伴随有温升，放电光子数一般在5000/min以上，且放电持续；而毛刺导致的放电不会伴随温升；污染导致的放电一般放电持续。

Jb0333132044 紫外成像的数据分析方法有哪几种？（6分）

考核知识点：缺陷分析

难易度：中

标准答案：

（1）直接法。此法直接利用紫外检测仪结果对设备的电晕状况进行评价，一般仅用于严重故障的判断。

（2）同类比较法。此法是指在同一回路的同类型设备或同一设备在相同运行工况下的同一部件之间对检测结果作比较。具体做法就是利用紫外检测仪获得同类设备的对应部位电晕活动产生的光电子数量进行纵向和横向比较，可以比较容易地判断出电晕放电是否正常。同类比较法适用范围比较广，在电力生产现场中各类型设备均有使用，运用也比较简单。

（3）档案分析法。此法将测量结果与设备电晕活动档案记录的数据相比较后进行分析。其基础工作就是要建立设备电晕放电技术档案。在诊断设备电晕有无异常时，可分析该设备在不同时期的电晕检测结果，包括温度、湿度等分布变化，以掌握设备电晕活动的变化趋势，然后进行判断。

Jb0333132045 紫外检测器与示差检测器的区别是什么？（4分）

考核知识点：仪器参数

难易度：中

标准答案：

（1）紫外检测器是选择性检测器，示差检测器是通用性检测器。

（2）紫外检测器灵敏度高，示差检测器灵敏度低。

（3）紫外检测器可进行梯度洗脱，示差检测器不能进行梯度洗脱。

（4）紫外检测器对压力和温度不敏感，示差检测器很敏感。

Jb0333132046 紫外成像中一般检测和准确检测有什么不同？（5分）

考核知识点：检测分类及区别

难易度：中

标准答案：

（1）一般检测。紫外成像仪开机，增益设置为最大，在图像稳定后即可开机检测。一般先对所用被测设备进行全面扫描，发现电晕放电部位，然后对异常放电部位进行准确检测。

（2）准确检测。紫外成像仪观测电晕放电部位应在同一方向或同一视场内，并选择检测的最佳位置以避免其他设备放电的干扰。

在安全距离允许的范围内，在图像内容完整的情况下，紫外成像仪宜靠近被测设备，使被检设备电晕放电部位在视场范围内最大化，记录紫外成像仪与电晕放电部位距离。在一定时间内，紫外成像仪检测电晕放电强度以多个相差不大的极大值的平均值为准，并同时记录电晕放电形态、具有代表性的动态视频过程以及绝缘体表面电晕放电长度范围。

第三节 局部放电检测

Jb0111132001 采用特高频法进行GIS局部放电检测过程中，常有各类干扰信号，都有哪些干扰信号？用什么方法来排除或者抑制？（4分）

考核知识点：环境干扰

难易度：中

标准答案：

（1）移动电话干扰，采取现场检测时手机关机方式。

（2）外部电晕干扰，采用高通滤波器、方向排除法或屏蔽法。

（3）荧光灯干扰，关闭测试现场的灯。

（4）外部悬浮电极干扰，采用放电源定位法定位出外部悬浮电极，情况允许的条件下使悬浮电极接地。

Jb0111122002　图 Jb0111122002－1 为某变电站内 500kV GIS 特高频局部放电检测的测点及设备尺寸示意图，测点 1、3、4 为盆式绝缘子上浇注孔，测点 2、5 为内置特高频传感器。在测点 1、2、3、4 均检测到异常信号，异常信号谱图如图 Jb0111122002－2 所示，背景测试未发现类似异常信号，示波器显示测点 3 领先测点 4 约 1ns。根据谱图对该异常信号点进行判断分析。（3 分）

考核知识点：缺陷定位

难易度：中

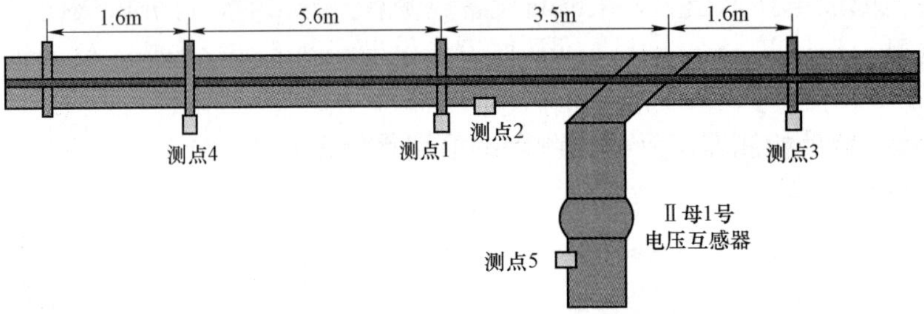

图 Jb0111122002－1

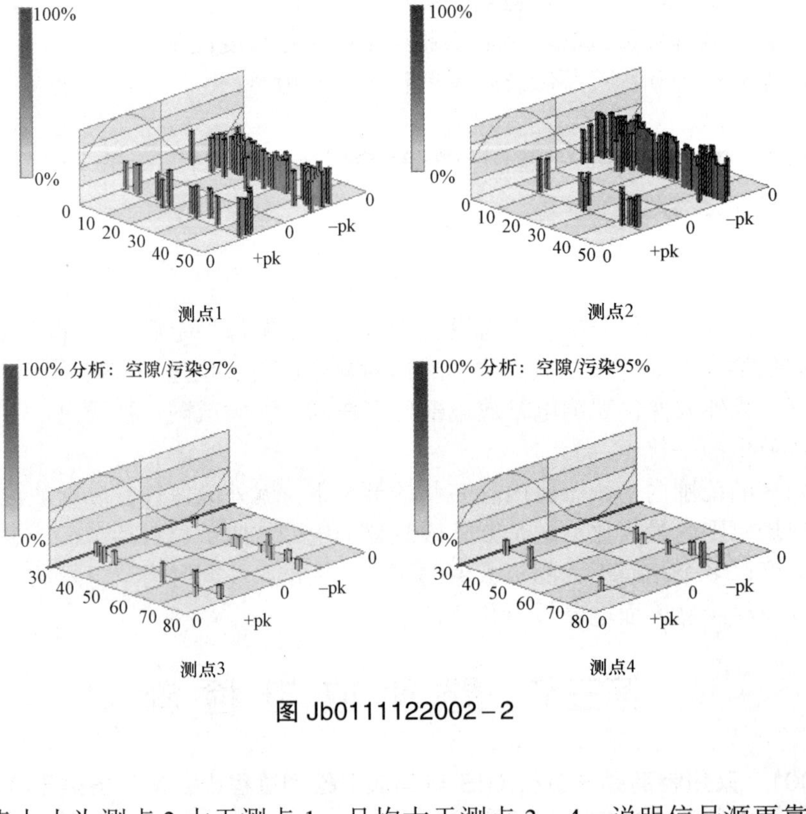

图 Jb0111122002－2

标准答案：

几处信号幅值大小为测点 2 大于测点 1，且均大于测点 3、4，说明信号源更靠近测点 1、2；背景测试未发现类似异常信号，基本可判断信号来自设备内部。采用高速示波器即可对信号源位置进行定位，示波器测试基本可判断信号源位于测点 1 附近，可能的局部放电类型为绝缘缺陷放电。

Jb0111132003　GIS 设备特高频局部放电检测过程中有哪些注意事项？（8 分）

考核知识点：注意事项

难易度：中

标准答案：

（1）特高频局部放电检测仪适用于检测盆式绝缘子为非屏蔽状态的 GIS 设备，若 GIS 的盆式绝缘子为屏蔽状态则无法检测。

（2）检测中应将同轴电缆完全展开，避免同轴电缆外皮受到剐蹭损伤。

（3）传感器应与盆式绝缘子紧密接触，且应放置于两根紧固盆式绝缘子螺栓的中间，以减少螺栓对内部电磁波的屏蔽及传感器与螺栓产生的外部静电干扰。

（4）在测量时应尽可能保证传感器与盆式绝缘子的接触，不要因为传感器移动引起的信号而干扰正确判断。

（5）在检测时应最大限度保持测试周围信号的干净，尽量减少人为制造出的干扰信号，例如手机信号、照相机闪光灯信号、照明灯信号等。

（6）在检测过程中，必须要保证外接电源的频率为 50Hz。

（7）对每个 GIS 间隔进行检测时，在无异常局部放电信号的情况下只需存储断路器中盆式绝缘子的三维信号，其他盆式绝缘子必须检测但可不用存储数据。在检测到异常信号时，必须对该间隔每个盆式绝缘子进行检测并存储相应的数据。

（8）在开始检测时，不需要加装放大器进行测量。发现有微弱的异常信号时，可接入放大器将信号放大以方便判断。

Jb0112132004　超声波局部放电检测有哪些措施可以提高检测效率及质量？（5 分）

考核知识点：标准化操作流程

难易度：中

标准答案：

（1）应使用合格的耦合剂，可以用工业凡士林等，耦合剂应保持洁净，不含固体杂质。

（2）检测过程中，耦合剂用量适中，应保证涂抹耦合剂的传感器可不需要外力即可固定在设备外壳上。

（3）在条件具备时，可使用耳机监听被测设备内部放电现象。

（4）由于超声波衰减较快，因此在开展局部放电超声波检测时，两个检测点之间的距离不应大于 1m。

（5）进行局部放电超声波检测时，应重点检测设备安装部位两端，以便检测安装过程中产生的潜在缺陷。

Jb0112132005　如何理解“GIS 内部存在自由颗粒缺陷，超声波检测比特高频检测灵敏度高”？（4 分）

考核知识点：缺陷分析

难易度：中

标准答案：

（1）超声波检测声信号是颗粒直接撞击罐体产生，信号幅值高。

（2）通常颗粒大小有限，所带电荷有限，因此自由颗粒放电量较小。

（3）现场干扰使得电信号灵敏度进一步降低。

Jb0114131006　暂态地电压检测结果判断指导原则有哪些？（3 分）

考核知识点： 判断指导原则

难易度： 易

标准答案：

（1）若开关柜检测结果与环境背景值的差值大于 20dBmV，需查明原因。

（2）若开关柜检测结果与历史数据的差值大于 20dBmV，需查明原因。

（3）若本开关柜检测结果与邻近开关柜检测结果的差值大于 20dBmV，需查明原因。

（4）必要时，进行局放定位、超声波检测等诊断性检测。

Jb0114133007　简述暂态地电压传感器的构成及基本原理。（8 分）

考核知识点： 暂态地电压传感器构成及基本原理

难易度： 难

标准答案：

暂态地电压法本质上属于外部电容法局部放电检测技术的范畴。暂态地电压传感器本质上是一个金属盘，前面覆盖有 PVC 塑料，并用同轴屏蔽电缆引出。测量时，暂态地电压传感器抵触在开关柜金属柜体上面，裸露的金属柜体可看作平板电容器的一个极板，而暂态地电压传感器则可看作平板电容器的另一个极板，中间的填充物则为 PVC 塑料。对于由金属柜体、PVC 材料和暂态地电压传感器构成的平板电容器来说，金属柜体表面出现的任何电荷变化均会在暂态地电压传感器的金属盘上感应出同样数量的电荷变化，并形成一定的高频感应电流。该高频电流经引出线输入到检测设备内部并经检测阻抗转换为与放电强度成正比的高频电压信号。经检测设备处理后，则可得到开关柜局部放电的放电强度、重复率等特征参数。

Jb0112132008　简述超声波局部放电检测数据分析和处理方法。（9 分）

考核知识点： 数据分析及处理

难易度： 中

标准答案：

根据连续谱图、时域谱图、相位谱图特和特征指数谱图征判断测量信号是否具备 50/100Hz 相关性。若是，说明可能存在局部放电，继续如下分析和处理：

（1）同一类设备局部放电信号的横向对比，相似设备在相似环境下检测得到的局部放电信号，其测试幅值和测试谱图应比较相似，例如对同一 GIS 间隔 A、B、C 三相断路器气室同一位置的局部放电谱图对比，可以帮助判断是否有放电。

（2）同一设备历史数据的纵向对比，通过在较长的时间内多次测量同一设备的局部放电信号，可以跟踪设备的绝缘状态劣化趋势，如果测量值有明显增大，或出现典型局部放电谱图，可判断此测试部位存在异常。

（3）若检测到异常信号，可借助其他检测仪器（如特高频局部放电检测仪、示波器、频谱分析仪以及 SF_6 分解物检测分析仪），对异常信号进行综合分析，并判断放电的类型，根据不同的判据对被测设备进行危险性评估。在条件具备时，利用声声定位、声电定位等方法，根据不同布置位置传感器检测信号的强度变化规律和时延规律来确定缺陷部位。以 GIS 检测为例，一般先确定缺陷位于的气室，再精确定位到高压导体、壳体等部位。同时进行缺陷类型识别，可以根据超声波检测信号的 50/100Hz 频率相关性、信号幅值水平以及信号的相位关系，进行缺陷类型识别。

Jb0111132009 请论述应用特高频时间差法对放电源进行定位的基本原理。(4 分)

考核知识点：缺陷定位

难易度：中

标准答案：

应用特高频时间差法对放电源进行定位的基本原理是精确测量两个传感器接收到信号的时间差，根据电磁波传播速度，计算放电源的位置。当计算距离等于两个传感器实际距离时，放电源应靠近先检测信号的传感器，或位于先检测到信号的传感器的外侧；当计算距离小于两个传感器实际距离时，信号源位于两个传感器之间，可通过方程法求解找到具体位置。

Jb0111132010 请论述应用特高频时间差法对放电源进行定位存在的问题。(5 分)

考核知识点：缺陷定位

难易度：中

标准答案：

(1) 由于现场条件所限，运行人员基本是依靠目测观察示波器上特高频信号初始峰之间的时间差，那么仅仅依靠目测初始峰的时间差，然后取平均值，这种做法无疑增大了定位测量的误差。

(2) 从现场和实验室的数据发现，虽然某些放电类型的特高频信号的初始峰容易被识别，但是如果测量设备的硬件采样率比较低，有效采样点过少，那么也会造成特高频信号的初始峰辨别的误差增大。

(3) 从现场和实验室的数据发现，某些放电类型的特高频信号的初始峰不易被识别，也无法对其进行初始峰波形的细化，并且起始的幅值也不明显，进行精确的时间差定位比较困难。

(4) 此方法只能将局部放电源确定在一小段范围之内，进一步确定放电源在腔体上具体所处的方位较为困难，即放电源处于腔体的哪一侧。

Jb0111122011 请简述高频局部放电检测原理，并绘制检测原理图。(5 分)

考核知识点：高频局放检测原理及原理图

难易度：中

标准答案：

当局部放电在电力设备很小的范围内发生时，局部击穿过程很快，将产生很陡的脉冲电流，脉冲电流将流经电力设备的接地引下线，同时会在垂直于电流传播方向的平面上产生磁场。通过在电力设备的接地线上安装高频电流传感器和相位信息传感器，从局部放电产生的磁场中耦合能量，再经线圈转化为电信号的方式，可以检测判断电力设备中的局部放电缺陷。高频局部放电检测原理如图 Jb0111122011 所示。

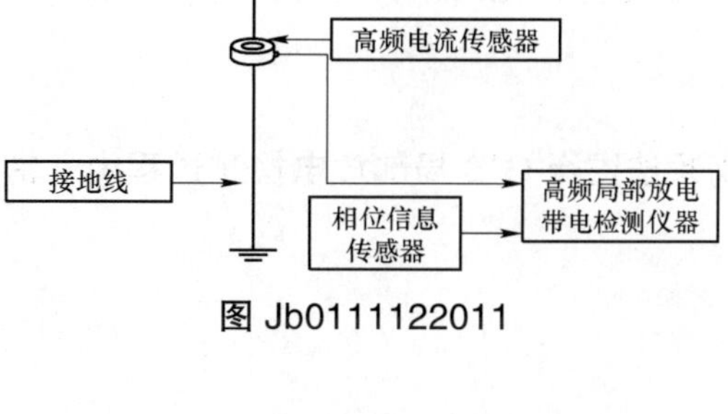

图 Jb0111122011

Jb0111123012　某 220kV GIS 进行局部放电检测时，在某间隔 B 相出线的三个盆式绝缘子处均测量到较强的特高频局部放电信号，例如图 Jb0111123012－1 中 F、G、H，信号最大点位于 G 点，特高频检测谱图（已正确进行相位同步）如图 Jb0111123012－2 所示。超声波法和 SF_6气体成分分析法均未测量到可疑信号。试分析该部位可能存在何种类型的缺陷，并提出下一步检测及处理建议。（6 分）

考核知识点：缺陷分析

难易度：难

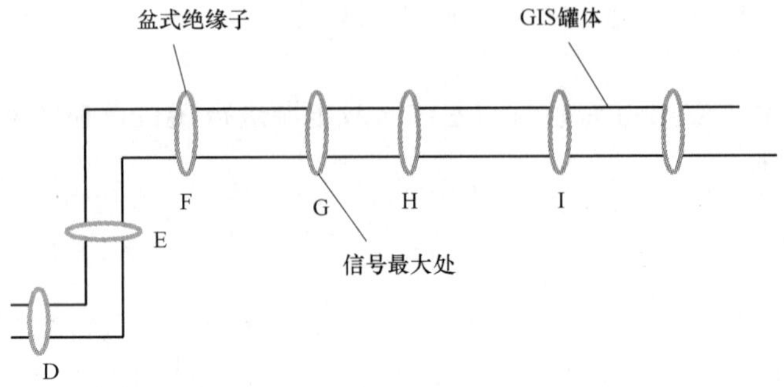

图 Jb0111123012－1

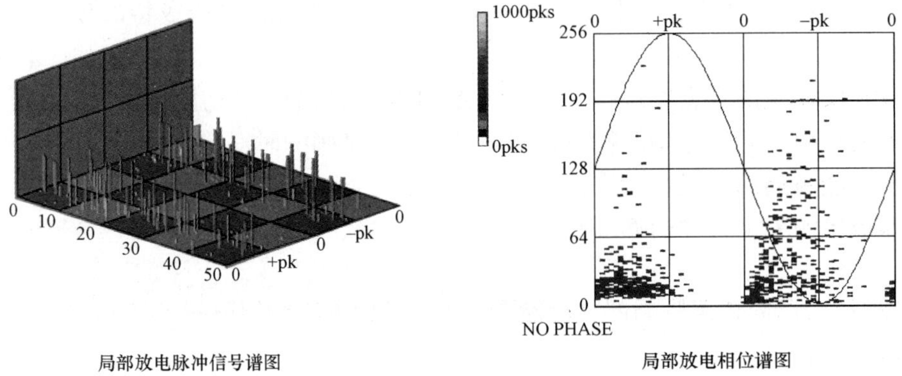

图 Jb0111123012－2

标准答案：

从特高频检测的相位谱图及脉冲信号谱图来看，放电信号在集中在一个周期的 0～90°和 180°～270°，正负半周基本对称。放电信号幅值较分散，脉冲大小不一，具有空穴放电及沿面放电的特征。

超声波法对固体绝缘内部空穴放电或沿面放电反应不灵敏，而 SF_6气体成分分析法无法检测到固体绝缘内部缺陷。在该位置检测由于超声波法及 SF_6气体成分分析法均未检测到异常信号，因此放电发生可能发生在固体绝缘内部，或是由于外部干扰所致。

综合分析，B 相 G 点盆式绝缘子或其附近的支柱绝缘子内部可能存在内部气泡放电，或周围存在干扰源。由于幅值定位法有一定误差，为保证设备安全，建议采取以下措施：① 尽快采用时差定位法对该信号进行定位分析，判断信号部位大约来自何处；② 如判断放电来自 GIS 固体绝缘内部气泡放电，应尽快停电更换处理。

Jb0111131013　采用特高频法进行 GIS 局部放电检测过程中，常有哪些干扰信号，用什么方法来排除或者抑制？（4 分）

考核知识点：环境干扰

难易度：易

标准答案：

（1）移动电话干扰，采取现场检测时手机关机方式。

（2）外部电晕干扰，采用高通滤波器、方向排除法或屏蔽法。

（3）荧光灯干扰，关闭测试现场的灯。

（4）外部悬浮电极干扰，采用放电源定位法定位出外部悬浮电极，情况允许的条件下使悬浮电极接地。

Jb0114133014　使用手持式暂态地电压检测仪对某变电站24台10kV开关柜进行局部放电检测。检测当天晴天，大气气温12℃，10kV开关室内环境温度经测量为15℃、湿度30%，开关室的大气背景噪声10dB，金属物体的背景噪声25dB。现场开关柜型号为KYN28A，水平布置，安装顺序与下表先后顺序一致。检测数据见表Jb0114133014。请根据国家电网有限公司《电力设备带电检测技术规范》的相关规定，对检测数据进行分析，判断可能存在那种类型放电以及放电存在的部位。（6分）

考核知识点：缺陷分析

难易度：难

表 Jb0114133014

开关柜名称	前中（dBmV）	前下（dBmV）	后上（dBmV）	后中（dBmV）	后下（dBmV）	超声检测结果	超声幅值（dB）
1号站用变压器10kV断路器	36	34	41	36	36		
馈1	36	32	36	34	32		
10kV一段电压互感器/避雷器	35	30	36	32	32		
馈2	34	27	32	32	30		
馈3	34	31	34	32	32		
馈4	34	32	34	32	32		
1号主变压器10kV断路器	34	32	35	38	36		
10kV一/二段分段断路器	34	32	36	38	34		
10kV一/二段分段插头	36	32	38	38	35		
10kV二（1）段电压互感器/避雷器	36	34	42	36	34		
馈5	36	37	44	36	34		
馈6	37	36	44	38	34		
馈7	38	37	45	44	38	后侧上部	15
馈8	42	43	46	45	45	后侧上部	34
2号主变压器10kV断路器	46	46	49	47	47	后侧上部	35
馈9	46	43	47	44	38	后侧上部	34
馈10	42	42	46	38	38	后侧上部	18
10kV二（2）段电压互感器/避雷器	38	37	42	38	38		
馈11	37	34	42	37	34		
馈12	38	34	42	37	34		
馈13	34	33	36	35	36		
10kV 2号电容器开关	34	30	34	34	32		
10kV二/三段分段插头	33	32	36	34	34		

标准答案：

由于该开关室内的金属背景噪声比较大，为 25dB，所以虽然检测过程中各柜暂态地电压的绝对值比较大，但除了馈 7、馈 8、2 号主变压器 10kV 断路器、馈 9、馈 10 以外，其他柜的地电波值未大于金属背景噪声 20dB，均可认为正常。馈 7、馈 8、2 号主变压器 10kV 断路器、馈 9、馈 10 后部各测点的地电波值均超过国家电网有限公司相关标准的判定值，最大值均出现在后侧上部，呈从上至下递减的趋势。馈 7、馈 8、2 号主变压器 10kV 断路器、馈 9、馈 10 超声波检测都在后侧上部发现典型放电声，且 2 号主变压器 10kV 断路器幅值最大，分别向相邻的开关柜逐步减小，故初步判定为悬浮放电，放电部位在母线小室。

Jb0112133015 对某变电站某台 10kV 开关柜进行局部放电检测时，发现有局部放电存在。除此之外，该台开关柜其他各部件均没有。请根据 Q/GDW 613—2011《12（7.2）kV～40.5kV 交流金属封闭开关设备状态评价导则》给出的柜体状态量评价标准（见表 Jb0112133015－1）、开关柜元件状态评价标准（见表 Jb0112133015－2），对该台开关柜相应元件进行扣分，并进行整体状态评价并制定相应的检修策略。（6 分）

考核知识点：缺陷分析及处理

难易度：难

表 Jb0112133015－1

状态量		劣化程度	基本扣分	判断依据	权重系数	扣分值（应扣分值×权重）
分类	状态量名称					
试验	绝缘电阻	Ⅳ	10	大于制造厂的规定值	4	
	测控及保护装置	Ⅳ	10	不能正常工作，不能正确动作	4	
	联锁性能检查	Ⅳ	10	不符合运行规定	4	
试验	局部放电检测	Ⅳ	10	检测到明显的局部放电	3	
	导电回路电阻	Ⅲ	8	大于制造厂规定值的 1.2 倍	3	
	SF_6 气体或干燥气体泄漏	Ⅱ	4	补气间隔大于一年	3	
		Ⅲ	8	补气间隔小于一年		
	交流耐压试验	Ⅳ	10	交流耐压试验不合格	4	

表 Jb0112133015－2

元件	正常状态		注意状态		异常状态	严重状态
	合计扣分	单项扣分	合计扣分	单项扣分	单项扣分	单项扣分
柜体	≤30	≤10	＞30	12～20	＞20～24	＞30
断路器	≤30	≤10	＞30	12～20	＞20～24	＞30
隔离开关（隔离手车）	≤30	≤10	＞30	12～20	＞20～24	＞30
接地开关	≤30	≤10	＞30	12～20	＞20～24	＞30
电流互感器	≤30	≤10	＞30	12～20	＞20～24	＞30
避雷器	≤30	≤10	＞30	12～20	＞20～24	＞30
站用变压器	≤30	≤10	＞30	12～20	＞20～24	＞30
电压互感器	≤30	≤10	＞30	12～20	＞20～24	＞30

标准答案：

（1）根据表 Jb0112133015－1 给出的柜体状态量评价标准，柜体部件的扣分值＝基本扣分值×权重＝10×3＝30。

（2）根据表 Jb0112133015－2 给出的开关柜元件状态评价标准，单项扣分＞20～24，开关柜元件评价为异常状态。

（3）开关柜整体状态评价原则是开关柜整体评价应综合其元件的评价结果，具体如下：当所有元件评价为正常状态时，整体评价为正常状态；当任一元件状态为注意状态、异常状态或严重状态时，整体评价应为其中最严重的状态。由此原则评价该台开关柜整体评价为异常状态。

（4）检修策略：适时安排 C 类检修，实施停电检修前应加强 D 类检修。

第四节　油　　气

Jb0442112001　在对新安装的 GIS 进行微水测试时，在环境温度为 25℃时，断路器灭弧室气室的微水测试值为 275μL/L，计算折算到 20℃的湿度值，并判断设备运行状况。（5 分）

考核知识点：SF_6 检测技术

难易度：中

标准答案：

表 Jb0442112001 为 SF_6 气体湿度测量结果的温度折算表。

表 **Jb0442112001**　　单位：μL/L

R	*t*（℃）														
	15	16	17	18	19	20	21	22	23	24	25	26	27	28	29
50	59	57	55	53	51	50	47	45	42	40	38	36	35	33	31
60	71	68	66	64	62	60	57	54	51	48	46	44	42	39	38
70	82	80	77	74	72	70	66	63	60	57	54	51	49	46	44
80	94	91	88	85	82	80	76	72	68	65	62	58	56	53	50
90	106	102	99	96	92	90	85	81	77	73	69	66	63	60	57
100	118	114	110	106	103	100	95	90	85	81	77	73	70	66	63
110	129	125	121	117	113	110	104	99	94	89	85	81	77	73	70
120	141	136	132	127	123	120	113	108	102	97	93	88	84	80	76
130	153	148	143	138	134	130	123	117	111	106	100	96	91	87	82
140	165	159	154	149	144	140	132	126	120	114	108	103	98	93	89
150	176	170	165	159	154	150	142	135	128	122	116	110	105	100	95
160	188	182	176	170	164	160	151	144	137	130	124	118	112	107	102
170	205	197	189	182	176	170	161	153	145	138	132	125	119	114	108
180	217	209	201	193	186	180	170	162	154	147	140	133	126	120	115
190	229	220	212	204	196	190	180	171	163	155	147	140	134	127	121
200	241	232	223	214	207	200	189	180	171	163	155	148	141	134	128
210	253	243	234	225	217	210	199	189	180	171	163	155	148	141	134
220	265	255	245	236	227	220	208	198	189	179	171	163	155	148	141
230	277	266	256	247	238	230	218	207	197	188	179	170	162	154	147
240	289	278	267	257	248	240	227	216	206	196	187	178	169	161	154
250	301	289	278	268	258	250	237	225	214	204	194	185	176	168	160
260	313	301	290	279	268	260	246	234	223	212	202	193	184	175	167
270	325	312	301	289	279	270	256	243	232	221	210	200	191	182	173
280	337	324	312	300	289	280	265	252	240	229	218	208	198	189	180

折算到20℃下的湿度值为

$V_{Y(t)}=V_{Y(0)}+(V_{Y(1)}-V_{Y(0)})/10(V_{X(t)}-V_{X(0)})$或$V_{Y(t)}=V_{Y(1)}-(V_{Y(1)}-V_{Y(0)})/10(V_{X(1)}-V_{X(t)})=214$（μL/L）

式中：$V_{Y(t)}$为测试温度下的实测值换算至20℃下的湿度值；$V_{X(t)}$为测试温度下的实测湿度值；$V_{X(0)}$、$V_{X(1)}$为同一环境温度下与实测值最接近的整数值；$V_{Y(0)}$、$V_{Y(1)}$为$V_{X(t)}$、$V_{X(1)}$换算至20℃下的湿度值（查温度折算表所得结果）。20℃的湿度折算值为214μL/L，超过微水含量要求，设备内部可能绝缘受潮，建议尽快停电处理。

Jb0442132002　对某220kV GIS某气室进行SF_6气体分解产物气相色谱分析，检测结果见表Jb0442132002。分解产物测试未检出SO_2、H_2S、HF等电弧放电的特征组分。试对结果进行分析。（3分）

考核知识点：SF_6检测技术

难易度：中

表 Jb0442132002

A相	分解产物（μL/L）	B相	分解产物（μL/L）	C相	分解产物（μL/L）
H_2	9.99	H_2	6.10	H_2	6.68
CH_4	0.14	CH_4	0.19	CH_4	0.10
CO	9.64	CO	9.29	CO	7.46
CF_4	0.99	CF_4	786.62	CF_4	0.90
CO_2	3.13	CO_2	2.12	CO_2	1.74
C_2F_6	14.19	C_2F_6	17.49	C_2F_6	16.73
C_3F_8	4.62	C_3F_8	4.38	C_3F_8	3.83

标准答案：

放电部位可能位于断路器气室；放电量较小以至于可能产生的电弧放电特征组分已与气室内水分、金属材料反应；被气室内吸附剂吸附。

Jb0441133003　运行人员在对某新投330kV变电站进行红外测温过程中，发现110kV Ⅰ母电压互感器B相中上部温度异常，检修人员对110kV设备区Ⅰ母母线电压互感器进行绝缘油取样分析。110kV Ⅰ母电压互感器色谱试验数据见表Jb0441133003－1，常规试验数据见表Jb0441133003－2。试对绝缘油试验结果进行分析并给出合理的处理建议。（8分）

考核知识点：充油电气设备故障诊断

难易度：难

表 Jb0441133003－1　　单位：μL/L

设备相别	氢（H_2）	一氧化碳（CO）	二氧化碳（CO_2）	甲烷（CH_4）	乙烯（C_2H_4）	乙烷（C_2H_6）	乙炔（C_2H_2）	总烃
A相	11.42	134.2	593.4	48.65	178.19	23.27	0.55	250.66
B相	10.33	125.96	567.28	27.88	77.08	15.9	0.09	120.95
C相	10	120.24	561	45.68	161.63	22.71	0.49	230.51

表 Jb0441133003－2

设备相别	微水（mg/L）	耐压（kV）	介质损耗因数	结论
	≤35	≥35	≤4%	
A 相	9.2	55.4	0.202%	合格
B 相	9.6	70.9	0.599%	合格
C 相	13.7	64.9	0.240%	合格

标准答案：

从以上色谱数据可以看出，110kVⅠ母电压互感器 A、B、C 三相总烃含量分别为 250.66、120.95、230.51μL/L，均超过注意值。采用“三比值”法对总烃含量超过注意值的电容式电压互感器进行分析，对应编码组合 022，初步判断故障类型为高温过热（高于 700℃）。

通过观察这些总烃超标设备不难发现烃类气体含量中最高的组分均为乙烯，而乙炔含量较低，同时甲烷、乙烷与氢气含量较正常相均有不同程度升高，这与“改进的特征气体法故障判断依据”中严重过热的特征气体特点基本一致，当故障性质为严重过热时，总烃高，$C_2H_4>CH_4$，C_2H_2 占总烃的 6%以下，H_2 一般占总烃总量的 27%以下。

综上所述，110kVⅠ母电压互感器 A、B、C 三相，中间变压器部分均存在高温过热缺陷，导致色谱数据异常。

由于该 330kV 变电站为新投变电站，在短时间内连续出现多台同一厂家、型号电压互感器油色谱异常的问题，应引起高度重视，建议厂家认真查找原因、给出调查报告，并在短期内对该批次电压互感器进行更换。

Jb0442112004　4 月 1 日，检查一台 220kV SF_6 断路器时，密度继电器指示 SF_6 压力值为 0.61MPa，环境温度 12℃，环境相对湿度 56%。当年 10 月 1 日再次检查该断路器时，密度继电器指示 SF_6 压力值为 0.60MPa，环境温度 29℃，环境相对湿度 34%。请问该断路器 SF_6 气体年泄漏率是否合格？（该断路器采用带温度补偿功能的密度继电器，忽略温度补偿误差，密度继电器指示压力值为相对压力）（3 分）

考核知识点：SF_6 检测技术

难易度：中

标准答案：

由于该断路器采用带温度补偿功能的密度继电器，且忽略温度补偿误差，密度继电器指示的压力值即为换算到标准大气条件下的压力值，压降前的压力 p_1=0.61MPa，压降后的压力 p_2＝0.60MPa，SF_6 气体在两次检查时间间隔的压力变化Δp＝0.01MPa，两次检查之间的时间间隔Δt=6 个月，以月计算一年时间 t=12 个月，可以计算出年泄漏率

$$F_y=\frac{\Delta p}{p_1+0.1}\bullet\frac{t}{\Delta t}\times100\%=\frac{0.01}{0.61+0.1}\times\frac{12}{6}\times100\%=2.8\%>0.5\%$$

因此该断路器 SF_6 气体年泄漏率不合格。

Jb0442112005　用局部包扎法检测某 SF_6 设备的密封性，共包扎了 3 个部位，3 个包扎腔的体积分别为 11、14、15L，包扎 24h 后，用定量检漏仪测量 3 个包扎腔内 SF_6 气体的浓度，分别为 985、11、7μL/L，请问该设备 SF_6 气体年泄漏率是否合格？（设备充入 SF_6 气体的总量为 130kg，SF_6 气体的密度为 6.16g/L）（6 分）

考核知识点：SF_6 检测技术

难易度： 中

标准答案：

根据题意可知共包扎了 $n=3$ 个部位，单位时间（24h）内的漏气量以 F_0 表示，3 个包扎腔的体积分别为 $V_1=11\text{L}$、$V_2=14\text{L}$、$V_3=15\text{L}$，3 个包扎腔测得 SF_6 气体浓度分别为 $C_1=985\mu\text{L/L}$、$C_2=11\mu\text{L/L}$、$C_3=7\mu\text{L/L}$，SF_6 气体的密度为 $\rho=6.16\text{g/L}$，包扎至测量的时间间隔 $\Delta t=24\text{h}$。可知

$$F_0=\frac{\sum_{i=1}^{n}C_iV_i\rho}{\Delta t}=\frac{(985\times11+11\times14+7\times15)\times10^{-6}\times6.16}{24}=2.85\times10^{-3}\ (\text{g/h})$$

年泄漏率以 F_y 表示，设备充入 SF_6 气体的总量 m_T=130 000g，以年计算的时间 t=365×24=8760（h），可得

$$F_y=\frac{F_0t}{m_T}\times100\%=\frac{2.85\times10^{-3}\times8760}{130\,000}\times100\%=0.019\%<0.5\%$$

所以该设备 SF_6 气体年泄漏率为 0.019%，符合规定要求。

Jb0441132006 油中故障气体分析中平衡判据的判断原理是什么？（4 分）

考核知识点： 充油电气设备故障诊断

难易度： 中

标准答案：

（1）首先对气垫层气体与油中溶解气体进行分析。

（2）计算出平衡条件下对应的理论值。

（3）如果理论值与实测值相近，且油中气体浓度稍大于气相气体浓度，表明设备存在发展缓慢的故障，再根据产气速率进一步判断故障持续时间与发展趋势。

（4）如果理论值与实测值相差较大，且气相气体浓度明显高于油中气体，表明设备存在较为严重的故障，再根据产气量与产气速率进一步估计故障严重程度与危害。

Jb0441132007 简述氢焰检测器的检测过程。（4 分）

考核知识点： 色谱分析基础知识

难易度： 中

标准答案：

燃烧用的氢气与柱出口流出物混合经喷嘴一道喷出，在喷嘴上燃烧，助燃用的空气由离子室下部进入，均匀分布于火焰周围。由于在火焰附近存在着由收集极和发射极所构成的静电场，当被测样品分子进入氢火焰时，燃烧过程生成的离子，在静电场作用下定向移动形成离子流，通过高阻取出，经微电流放大，将信号送至记录仪记录。

Jb0441132008 进行变压器油中溶解气体故障分析时，考查产气速率应注意哪些事项？（5 分）

考核知识点： 充油电气设备故障诊断

难易度： 中

标准答案：

（1）考查期间尽量使负荷、散热条件保持稳定。

（2）如考查产气速率与负荷的关系时，可有计划地改变负荷。

（3）对于新设备及大修后的设备，要投运一段时间再考查。

（4）对于气体浓度很高的设备或故障检修后的设备，应先进行脱气处理。

（5）如果设备已脱气或运行时间不长，不宜考查。

Jb0442132009　用于吸附 SF_6 气体中杂质的吸附剂应具备哪些性能？（5 分）

考核知识点：SF_6 基础知识

难易度：中

标准答案：

（1）具有良好的机械强度，在设备开断产生的振动中不应掉粉破碎，吸水后不应有潮解粉化现象。

（2）具有足够的平衡吸附量，以保证设备在解体检修周期内有可靠的吸附能力。

（3）选择性好。一种吸附剂最好能同时除去多种分解产物，但不吸附 SF_6，对多种杂质气体和湿度有足够的吸附力。

（4）不含有电导性和介电常数低的物质。

（5）置于断路器内的吸附剂具有耐高温和耐电弧冲击的能力。

Jb0442133010　影响 SF_6 击穿电压的因素有哪些？（8 分）

考核知识点：SF_6 基础知识

难易度：难

标准答案：

（1）电场的均匀性。SF_6 的击穿电压在均匀性不同的电场中差异较大。在均匀电场中，SF_6 的击穿电压比在极不均匀电场中大，而这种影响远比空气大得多。

（2）SF_6 的工作压力。提高 SF_6 的工作压力是提高 SF_6 击穿电压的途径之一，但工作压力也不能过高，否则 SF_6 会液化。同时还应注意，SF_6 的击穿电压有随气压增高而趋于饱和的现象，电场越不均匀越容易饱和。因此只有在保证 SF_6 不被液化，在保证电场相当均匀的条件下提高 SF_6 工作压力才最为有效。

（3）不纯物。SF_6 中混有空气、氮气等不纯气体或导电微粒时，则可显著降低其绝缘能力，SF_6 气体的导电微粒受电场作用而移动，逐步形成“导电小桥”，从而导致击穿电压下降。

（4）电极表面。随着电极表面积的增大，SF_6 的击穿电压将下降，电极表面越粗糙，则击穿电压越低，经过多次放电处理后的电极表面比较光滑，击穿电压有增高的趋势。

Jb0441132011　写出绝缘油色谱分析时油中溶解气体各组分的浓度计算公式，并标出公式中各字母代表的含义。（6 分）

考核知识点：色谱分析基础知识

难易度：中

标准答案：

$$X_i = 0.929 \cdot \frac{p}{101.3} \cdot C_{is} \cdot \frac{\overline{A_i}}{\overline{A_{is}}}\left(K_i + \frac{V'_g}{V'_1}\right)$$

式中　X_i ——油中溶解气体 i 组分浓度，μL/L；

C_{is} ——标准气体中 i 组分浓度，μL/L；

$\overline{A_i}$ ——样品气体中 i 组分的平均峰面积，mm^2；

$\overline{A_{is}}$ ——标准气体中 i 组分的平均峰面积，mm^2；

V'_g ——50℃、试验压力下平衡气体体积，mL；

V_1' ——50℃时的油样体积，mL；

p ——试验时的大气压力，kPa；

0.929 ——油样中溶解气体浓度从50℃校正到20℃时的温度校正系数。

式中的$\overline{A_i}$、$\overline{A_{is}}$也可用平均峰高$\overline{h_i}$、$\overline{h_{is}}$代替。

Jb0441132012　气相色谱分析中常用的定量方法有哪些？（5分）

考核知识点：色谱分析基础知识

难易度：中

标准答案：

色谱分析常用的定量分析方法有归一化法、外标法、内标法。实践中，油中溶解气体分析的定量方法采用外标法。

外标法指：选取包含样品组分在内的已知浓度（C_s）气体作为标准物，注入色谱仪，测量该已知浓度外标物的峰高（h_s）或峰面积（A_s）；然后再取相同进样量的被测样品，在同样条件下进行色谱试验，获得各组分的峰高（h_i）或峰面积（A_i）；被测样品通过和已知浓度外标物进行峰高（h_s）或峰面积（A_s）比较（在一定的浓度范围内，组分浓度与相应的峰面积成线性关系），得出被测样品的浓度（C_i）。

Jb0442132013　SF_6电气设备放电缺陷的分解产物有哪些特征？（5分）

考核知识点：SF_6检测技术

难易度：中

标准答案：

SF_6电气设备由于内部绝缘缺陷导致导电金属对地放电，以及气体中的导电颗粒杂质引起对地放电时，释放能量较大，表现为电晕、火花或电弧放电，分解产生大量的SO_2、SOF_2、H_2S、HF、金属氟化物等。

在电弧作用下，SF_6气体的稳定分解产物主要是SOF_2。在火花放电中，SOF_2也是主要分解物，但SO_2F_2/SOF_2比值有所增加，还可检测到S_2F_{10}和S_2OF_{10}，分解产物含量顺序为$SOF_2>SOF_4>SiF_4>SO_2$；在电晕放电中，主要分解物仍是SOF_2，但SO_2F_2/SOF_2比火花放电中的比值高。

Jb0441132014　过热故障与放电故障比较哪种故障危害性大？为什么？（5分）

考核知识点：充油电气设备故障诊断

难易度：中

标准答案：

（1）放电性故障危害性大。

（2）这是因为过热故障一般都有一个从低温过热到高温过热以致产生放电的发展过程，这个过程所需要的时间较长，因而容易及时监测并得到妥善处理，不至于造成设备的严重损坏，危及安全生产。而放电性故障因放电能量大，易造成绝缘的极大损伤或金属材料的变形、熔融，且在短时间内造成大量介质的分解，而造成重大的设备的损坏与爆炸事故，具有不易及时监测的突发性，因此危害性就更大。

Jb0441132015　色谱分析为什么能够发现充油电气设备内部潜伏性故障？（6分）

考核知识点：色谱分析基础知识

难易度：中

标准答案：

（1）正常情况下，充油电气设备内的绝缘油和固体有机绝缘材料，在热和电的作用下，会逐渐老化和分解，产生少量的各种低分子烃类及一氧化碳、二氧化碳等气体，这些气体大部分溶解在油中。

（2）当存在潜伏性过热或放电故障时，会加快这些气体的产生速度。随着故障发展，产生的气体形成的气泡在油中经过对流、扩散，不断地溶解在油中。当产气速率大于溶解速率时，会有一部分气体进入气体继电器。

（3）故障气体的组成和含量与故障的类型和故障的严重程度有密切关系。因此，通过分析溶解于油中（或气体继电器内）的气体，就能尽早发现设备内部存在的潜伏性故障，并随时掌握故障的发展情况。

Jb0441133016　某台 220kV 隔膜式主变压器，设备油重 45t，投运前后绝缘油色谱检测数据见表 Jb0441133016－1。请结合色谱分析数据对设备进行故障诊断。（8 分）

表 Jb0441133016－1　　单位：μL/L

分析日期	H_2	CO	CO_2	CH_4	C_2H_4	C_2H_6	C_2H_2	总烃
1 月 2 日（投运前）	8.9	10.2	132.5	0.5	0.7	0.2	0	1.4
1 月 6 日（投运 4 天）	68.5	11.7	182.9	52.2	54.6	10.3	0.9	118.0
1 月 12 日（投运 10 天）	460.7	402.6	2626.1	743.0	700.8	149.9	1.0	1594.7

（1）改良三比值法编码规则见表 Jb0441133016－2。

表 Jb0441133016－2

气体比值范围	比值范围的编码		
	C_2H_2/C_2H_4	CH_4/H_2	C_2H_4/C_2H_6
<0.1	0	1	0
≥0.1～<1	1	0	0
≥1～<3	1	2	1
≥3	2	2	2

（2）产气速率公式为

$$\gamma=(C_2-C_1)m/(\Delta t\rho)$$

$$\gamma=(C_2-C_1)\times 100\%/(\Delta tC_1)$$

考核知识点：充油电气设备故障诊断

难易度：难

标准答案：

（1）有无故障判断。根据提供色谱数据判断，油中总烃、H_2 超注意值，有故障存在；且 CO 和 CO_2 也快速增长，故障涉及固体绝缘。

（2）故障类型判断。

1）根据改良“三比值”法计算，$C_2H_2/C_2H_4=1.0/700.8=0.001$，$CH_4/H_2=743.0/460.7=1.6$，$C_2H_4/C_2H_6=700.8/149.9=4.7$。编码为 022，属于 700℃以上高温局部过热。

2）根据特征气体法，CH_4、C_2H_4、CO、CO_2 为主要气体，H_2、C_2H_6 为次要气体，C_2H_2 几乎没有，判断故障为 700～800℃油和纸高温过热。

（3）故障严重程度判断。根据绝对产气速率公式 $\gamma=(C_2-C_1)m/(\Delta t\rho)$ 计算氢气绝对产气速率为3381mL/d，总烃绝对产气速率为12 724mL/d。远超出标准绝对产气速率注意值，有严重故障，且故障发展速度很快。

（4）结论和建议。该设备内部存在高于700℃的严重局部过热故障，并涉及纤维材料热裂解，应尽快停运检修。开展各项高压试验，结合高压试验结果、色谱分析结果、设备生产及安装情况综合推断故障部位。

Jb0441131017　色谱分析中进样操作有哪些注意事项？（3分）

考核知识点：色谱分析基础知识

难易度：易

标准答案：

（1）进样量。进样量应保持峰高或峰面积与进样量呈线性关系，因此进样量不能太大，否则会造成“超载现象”。

（2）进样时间。进样时间过长，会降低柱效率，进样时间越短越好，注射器进样要做到“三快”（进针快、推针快、取针快）。

（3）进样装置。设计应合理，死体积小，注意其气密性，防止漏出样品气。

Jb0442131018　如何在气体继电器上取气样？（3分）

考核知识点：色谱分析基础知识

难易度：易

标准答案：

在气体继电器的放气嘴上套上一段乳胶管，乳胶管另一头接一个小型金属三通阀与注射器连接。各连接处密封良好，转动三通阀，用气体继电器内的气体冲洗管路及注射器，转动三通阀排空注射器，再转动三通阀，取样。取样后关闭放气嘴，转动三通阀的方向，使之封住注射器口，取下三通阀及乳胶管，立即用胶帽封住注射器。

Jb0442132019　系统误差产生的原因有哪些？如何减小、消除系统误差？（4分）

考核知识点：化学分析基础知识

难易度：中

标准答案：

系统误差是分析过程中的固定因素引起的，如：

（1）方法缺陷。消除措施：采用标准方法校验原方法，确定方法误差并加以消除。

（2）仪器未校准。消除措施：校准仪器使用校正值。

（3）试剂不纯，或试剂失水、吸水、吸附二氧化碳等。消除措施：做空白试验、对照试验，采用纯度高的试剂。

（4）操作者个人恒定误差。消除措施：严格训练，提高试验人员操作技术水平。

Jb0441131020　气相色谱法的分离原理是什么？（4分）

考核知识点：色谱分析基础知识

难易度：易

标准答案：

气相色谱法的分离原理是利用样品中各组分在流动相和固定相中吸附力或溶解度不同，即分配系数不同。当两相做相对运动时，样品各组分在两相间进行反复多次的分配，不同分配系数的组分在色谱柱中的运动速度就不同，滞留时间就不同，分配系数小的速度较快，反之则速度较慢，当样品流经一定的柱长后，样品的各组分就得到了分离。

Jb0441133021　一台容量为 40MVA 的变压器，电压比为 110/10.5kV，高压侧配有 M 型有载分接开关，运行中发现油色谱超标，用“三比值”法分析编码为 022，且 CO、CO_2 增长不大。试分析故障可能存在的部位，安排哪些试验手段来排除或确定故障部位？（7 分）

考核知识点：充油电气设备故障诊断

难易度：难

标准答案：

（1）根据 CO、CO_2 增长不大及“三比值”022 编码，缺陷为 700℃以上的高温故障，可初步判断为裸金属过热，可能出现故障的部位有：M 型有载分接开关选择器的部分接触不良，10kV 导杆式套管与 10kV 引出线连接接触不良及漏磁等；也可能出现故障范围为铁芯多点接地。

（2）在运行过程中测量铁芯及外引接地线中的环流，若环流大大超标则铁芯多点接地；停电后测量铁芯绝缘电阻，若铁芯绝缘电阻很小或为零，则铁芯多点接地。测量高压侧运行挡位的直流电阻，若直流电阻超标则分接开关选择部分可能接触不良；测量低压侧直流电阻，若直流电阻超标则为 10kV 引出线软连接与套管导电杆接触不良。若上述情况都正常，则可能是铁芯片间短路及漏磁引起过热等情况，需要进一步吊芯检查。

Jb0441133022　某变电站 35kV 电压互感器，产品型号为 JDXF7-35W2，变比为 $\frac{35\,000}{\sqrt{3}}\bigg/\frac{100}{\sqrt{3}}\bigg/\frac{100}{\sqrt{3}}\bigg/\frac{100}{3}$，所充绝缘油为 25 号变压器油。投运前电气试验正常，绝缘油色谱分析数据正常，常规试验各项指标合格，设备于 2007 年 9 月 8 日投运，投运后 30 天取样做色谱分析数据正常。2010 年 10 月 24 日对该设备做定期油色谱分析发现 H_2 含量为 394.34μL/L，C_2H_2 含量为 116.59μL/L，总烃含量为 429.58μL/L，超过注意值。多次色谱分析试验数据见表 Jb0441133022。试分析判断该设备存在何种故障并提出相应的处理措施。（6 分）

考核知识点：充油电气设备故障诊断

难易度：难

表 Jb0441133022

取样时间	取样原因	组分含量（μL/L）							
		H_2	CO	CO_2	CH_4	C_2H_4	C_2H_6	C_2H_2	总烃
2007-08-22	投运前	48.75	221.97	634.79	4.19	1.86	1.35	0	7.40
2007-10-08	投运 30 天	62.15	342.25	509.60	3.86	1.32	0.88	0	6.06
2010-10-21	定检	353.14	550.63	1042.31	89.89	184.34	11.35	101.76	387.34
2010-10-22	复测	394.34	594.36	1081.26	99.11	201.82	12.06	116.59	429.58

标准答案：

（1）根据特征气体分析。特征气体主要是 H_2、C_2H_2 和 C_2H_4，且含量均严重超过注意值，根据不同故障类型的产气特征初步判断设备可能存在较为严重的放电故障。

（2）用国际电工委员会推荐的“三比值”法来分析判断。

C_2H_2/C_2H_4=116.59/201.82≈0.58 ≥0.1～<1，编码为 1。

CH_4/H_2=99.11/394.34≈0.25　　≥0.1～<1，编码为 0。

C_2H_4/C_2H_6=201.82/12.06≈16.73　≥3，编码为 2。

由以上计算可得“三比值”编码组合为 102。根据“三比值”法应用原则中的故障类型判断方法判断，该电压互感器可能存在电弧放电故障。

根据特征气体法和“三比值”法综合分析判断，该设备内部存在较为严重的放电故障，建议立即停电检查。

Jb0441132023　何谓变压器油的析气性？它是如何产生的？（5 分）

考核知识点：绝缘油试验基础知识

难易度：中

标准答案：

变压器油的析气性又称气稳定性，是指油在高电场作用下，烃分子发生物理、化学变化时，吸收气体或放出气体的特性（称产气速率）。通常吸收气体以负号表示，放出气体以正号表示。一般认为超高压用油是吸气性的较好。

油的析气现象的产生，是因为溶解于油中的气泡，在高电场强度作用下，发生游离而形成高能量的电子或离子。这些高能量质子对油分子发生剧烈碰击，使油分子的 C–H 和部分 C–C 链断裂，产生活泼氢及活性烃基基团，通过活泼氢对烃分子的作用，就发生吸气和放气现象。

Jb0441132024　画出变压器油中溶解气体组分含量测定气相色谱法中推荐的一次进样系统图并指明各部分名称。(5 分）

考核知识点：色谱分析基础知识

难易度：中

标准答案：

一次进样系统如图 Jb0441132024 所示。

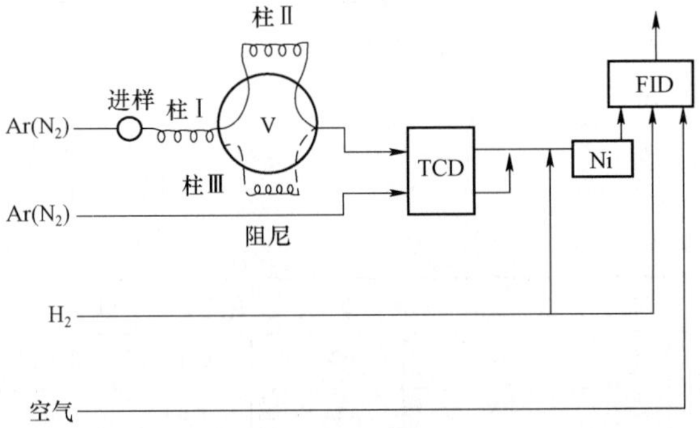

图 Jb0441132024

TCD—热导检测器；FID—氢焰检测器

Jb0441132025　什么是抗氧化添加剂？有什么特点？影响因素有哪些？（7 分）

考核知识点：绝缘油试验基础知识

难易度：中

标准答案：

能改善油品抗氧化安定性的少量物质，称为油品抗氧化添加剂，简称抗氧化剂。

其基本特点如下：

（1）氧化能力强、油溶性好，挥发性小。
（2）与油品组分起反应，长期使用不变质，不损害油品的优良性质和使用性能，不溶于水。
（3）不腐蚀金属及设备中的有关材料，在用油设备的工作温度下不分解、不蒸发、不易吸潮等。
（4）感受性好，能适用于各种油品。
影响因素有：
（1）日光的影响。
（2）电场影响。
（3）放射性物质的影响。

Jb0441131026 测定油品水溶性酸碱的注意事项有哪些？（5分）
考核知识点：绝缘油试验基础知识
难易度：易
标准答案：
（1）试样必须充分摇匀，并立即取样。
（2）所用溶剂、蒸馏水、乙醇都必须为中性。
（3）所用仪器都必须保持清洁，无水溶性酸碱等物质残存或污染。
（4）加入的指示剂不能超过规定的滴数。
（5）pH 缓冲溶液应配制准确，且放置时间不宜过久。

Jb0441132027 充油设备油中溶解气体的主要来源有哪些方面？（6分）
考核知识点：色谱分析基础知识
难易度：中
标准答案：
（1）空气的溶解。油中总含气量与设备的密封方式、油的脱气程度等因素有关。
（2）正常运行下产生的气体。其中，碳的氧化物（CO、CO_2）成分最多，其次是氢和烃类气体。
（3）故障运行下产生的气体。当变压器等电气设备内部存在潜伏性故障时，就会加快上述气体的产生速度，随着故障的持续发展，分解出的气体形成的气泡在油中经对流、扩散，不断溶解在油中，使油中故障气体不断积累含量升高，甚至达到饱和状态，并析出气泡进入气体继电器中。
（4）其他原因引入的气体。绝缘油在精炼过程或油处理过程产生的气体；设备在制造中干燥、浸渍产生的气体；金属材料吸藏的气体；新变压器在运输时充入的气体；油箱或辅助设备上进行电焊油分解产生气体等，有可能与油接触溶解于油中。

Jb0441132028 充油电气设备放电故障有哪些类型？容易发生在什么部位？（4分）
考核知识点：充油电气设备故障诊断
难易度：中
标准答案：
（1）高能量放电又称电弧放电，在变压器、套管、互感器内都会发生。
（2）低能量放电一般是火花放电，是一种间歇性的放电故障，在变压器、互感器、套管中均有发生。
（3）局部放电是指液体和固体绝缘材料内部形成桥路的一种放电现象，一般可分为气隙形成的局部放电与油中气泡形成的局部放电（简称气泡放电）。这种故障在电流互感器和电容套管中的故障比例较大。

Jb0441133029 设备内部故障类型不同，油中所产生的气体有何特征？（8分）

考核知识点：充油电气设备故障诊断

难易度：难

标准答案：

设备内部故障一般可分为两类：过热性和放电性故障。

（1）过热故障产生气体的特征。

1）裸金属过热。烃类各组分相应增多，其中 CH_4 和 C_2H_4 是特征气体，二者占总烃的 80%，故障点温度低时 CH_4 所占比例大，随温度升高，C_2H_4 比例增加，同时 H_2 组分也增加。当严重过热时（800℃），有少量 C_2H_2，其含量不超过总烃的 6%。

2）涉及固体绝缘时，除产生上述低分子烃类气体外，还产生 CO、CO_2。

（2）放电故障产生气体的特征。

1）高能量放电（电弧放电）。总烃含量高，特征气体主要是 C_2H_2 和 H_2，其次是 C_2H_4 和 CH_4，涉及固体绝缘，CO 也相应较高。

2）低能量放电（火花放电）。总烃含量不高，特征气体主要是 C_2H_2 和 H_2，其次是 C_2H_4 和 CH_4，涉及固体绝缘，CO 也相应较高。

3）局部放电。H_2 最多（占氢烃总量的 85%以上），其次是 CH_4（占总烃的 70%以上）。当放电能量高时也会有少量 C_2H_2。

Jb0441132030 油品氧化及其氧化产物对设备生产运行有何危害？（5分）

考核知识点：绝缘油试验基础知识

难易度：中

标准答案：

油品氧化及其氧化产物，对设备生产运行的危害是多方面的，其主要表现有：

（1）油品氧化后，其氧化产物会影响油质的电气性能。

（2）油品氧化后的酸性产物会腐蚀设备的金属部件，缩短设备的运行寿命，使设备不能正常的安全、经济运行。

（3）油泥、沉淀物等氧化产物会影响散热，堵塞油道，影响油的对流，造成局部过热，烧坏或腐蚀（有的油泥沉淀物呈酸性）固体纤维绝缘材料，引起设备事故。

（4）油品氧化后其氧化产物会影响油质的理化性能。

（5）油品的氧化产物，除了会对设备造成各种危害外，还会加速油品自身的氧化。

Jb0441112031 某变压器，油量 40t，油中溶解气体分析结果见表 Jb0441112031，请运用“三比值”法，判断可能存在何种故障。（油的密度为 0.895g/cm^3）（6分）

表 Jb0441112031

分析日期	油中溶解气体组分浓度（μL/L）							
	H_2	CO	CO_2	CH_4	C_2H_4	C_2H_6	C_2H_2	总烃
9月7日	93	1539	2598	58	27	43	0	138
9月11日	1430	2000	8967	6632	6514	779	7	13 932

考核知识点：充油电气设备故障诊断

难易度：中

标准答案：

$C_2H_2/C_2H_4=7/6514=0.001<0.1$

$CH_4/H_2=6632/1430=4.64>3$

$C_2H_4/C_2H_6=6514/779=8.36>3$

故“三比值”编码为 022。

判断此故障属于高于 700℃的高温过热性故障。

Jb0441131032　化验室安全用电应注意哪些事项？（7 分）

考核知识点：安全防护知识

难易度：易

标准答案：

（1）仪器使用前，应仔细检查导线、接头、地线是否良好。

（2）湿手不准去接触电灯开关以及其他电气设备。

（3）不准在潮湿的地方使用电器，仪器的导线不准放在潮湿的地上或与热体接触。

（4）实验室电源应配有漏电保护器，不准私自乱接或改动电源配置。

（5）仪器使用后，立即切断电源。

（6）不准带电更换仪器保险。

（7）对烘箱、高温炉、电炉等长时间使用时，操作人员不得离开。

Jb0441132033　原子吸收光谱仪的主要组成及作用是什么？（4 分）

考核知识点：绝缘油试验基础知识

难易度：中

标准答案：

（1）光源：发射待测元素的光谱。

（2）原子化器：产生待分析试样的原子蒸汽。

（3）分光系统：分出共振线波长。

（4）检测系统：测量辐射光波的吸收程度。

Jb0441132034　影响油品黏度的主要因素有哪些？（4 分）

考核知识点：绝缘油试验基础知识

难易度：中

标准答案：

（1）与基础油的馏分有关。

（2）与油品的化学组成有关。

（3）与温度的关系较大。

（4）作用于液体的压力及运动速度等也对黏度有一定影响。

Jb0441131035　引起容量计量的误差的因素有哪些？（4 分）

考核知识点：化学分析基础知识

难易度：易

标准答案：

（1）玻璃量器的洁净程度。

（2）液面的调定和观察。

（3）液体流出时间掌握不当。

（4）操作时的液体的温度及环境温度的影响。

Jb0441131036　光声光谱法的检测技术有什么作用？（3分）

考核知识点：化学分析基础知识

难易度：易

标准答案：

通过选取适当的波长并结合检测压力波的速度，不仅可验证各种气体的存在，并可进一步确定其浓度，甚至对某些混合物或化合物也可做出定性、定量分析。

Jb0441132037　当怀疑设备存在固体绝缘缺陷时，有哪些判断方法？（5分）

考核知识点：充油电气设备故障诊断

难易度：中

标准答案：

当怀疑设备固体绝缘材料老化时，一般 $CO/CO_2>7$。当怀疑故障涉及固体绝缘材料时（高于200℃），可能 $CO_2/CO<3$，必要时，应从最后一次的测试结果减去上一次的测试数据，重新计算比值，以确定故障是否涉及固体绝缘。当怀疑纸或纸板过度老化时，应适当地测试油中糠醛含量，或在可能的情况下测试纸样的聚合度。

Jb0441131038　哪些情况的变压器宜进行油中糠醛含量测定，以确定固体绝缘的老化程度？（5分）

考核知识点：充油电气设备故障诊断

难易度：易

标准答案：

（1）投运10年以上的变压器。

（2）温升过高的变压器。

（3）长期过载的变压器。

第五节　技术管理与培训

Jb0661133001　带电检测实施原则是什么？（10分）

考核知识点：带电检测实施原则

难易度：难

标准答案：

（1）带电局部放电检测判定。带电局部放电检测中缺陷的判定应排除干扰，综合考虑信号的幅值、大小、波形等因素，确定是否具备局部放电特征。

（2）缺陷定位。电力设备互相关联，在某设备上检测到缺陷时，应当对相邻设备进行检测，正确定位缺陷。同时，采用多种检测技术进行联合分析定位。

（3）与设备状态评价相结合。状态检测是开展设备状态评价的基础，为消隐除患、更新改造提供必要的依据。同时，状态评价为较差的设备、家族缺陷设备等是下一周期状态检测的重点对象，以便最大可能控制设备故障停电风险、减少事故损失。

（4）与电网运行方式结合。同一电网在不同运行方式下存在不同的关键风险点，阶段性的带电检测工作应围绕电网运行方式来展开，对关键设备适度加强测试能有效防范停电、电网事故。

（5）与停电检测结合。带电检测是对常规停电检测的弥补，同时也是对停电检测的指导。但是带电检测也不能解决全部问题，必要时，部分常规项目还是需要停电检测。所以应以带电检测为主，辅以停电检测。

（6）横向与纵向比较。同样运行条件、同型号的电力设备之间进行横向比较，同一设备历次检测进行纵向比较，是发现潜在问题的有效方法。

Jb0661132002　带电检测的危险点控制有哪些？（5分）

考核知识点： 安全防护知识

难易度： 中

标准答案：

（1）工作人员工作中正常活动范围与带电设备保持足够的安全距离。

（2）进入密闭的GIS室时防止SF_6气体中毒。

（3）防止感应电伤人。

（4）防止人身触电。

（5）防止误操作。

（6）防止损坏设备。

（7）防止误碰误动现场运行设备。

Jb0661132003　依据《国家电网公司变电检测管理规定》，停电试验异常处理流程是什么？（5分）

考核知识点：《国家电网公司变电检测管理规定》

难易度： 中

标准答案：

（1）排除试验方法、试验仪器以及环境干扰问题。

（2）在1个工作日内将异常情况按照分级管控要求报送上级运检部和相应状态评价中心，必要时报国家电网有限公司运检部。

（3）将试验发现的异常录入生产管理系统，纳入缺陷管理流程。

（4）省公司运检部针对上报的异常数据组织省评价中心、运维单位及时进行分析和诊断，提出决策意见。

（5）一类变电站试验发现重大异常时，省公司运检部应立即向国家电网有限公司运检部汇报，由国家电网有限公司运检部组织系统内外专家团队等进行分析诊断，提出决策意见。

Jb0661132004　依据《国家电网公司变电检测管理规定》，带电检测异常处理流程是什么？（7分）

考核知识点：《国家电网公司变电检测管理规定》

难易度： 中

标准答案：

（1）排除检测方法、检测仪器以及环境干扰问题。

（2）进行多项带电检测技术印证。

（3）在1个工作日内将异常情况按照分级管控要求报送上级运检部和相应状态评价中心，必要时报国家电网有限公司运检部。

（4）将检测发现的异常录入生产管理系统，纳入缺陷管理流程。

（5）省公司运检部针对上报的异常数据组织省评价中心、运维单位及时进行分析和诊断，对于有可能造成设备故障的异常情况，应尽快安排复测。

（6）一类变电站检测出现重大异常时，省公司运检部应立即向国家电网有限公司运检部汇报，由国家电网有限公司运检部组织系统内外专家团队等进行分析诊断，提出决策意见。

（7）运维单位根据处理意见安排跟踪检测或停电检修试验。

Jb0661132005 设备哪些情况下需提前或尽快安排停电试验？（6分）

考核知识点：缺陷处理

难易度：中

标准答案：

（1）巡检中发现有异常，此异常可能是重大质量隐患所致。

（2）带电检测显示设备状态不良。

（3）以往的例行试验有朝着注意值或警示值方向发展的明显趋势，或者接近注意值或警示值。

（4）存在重大家族缺陷。

（5）经受了较为严重不良工况，不进行试验无法确定其是否对设备状态有实质性损害。

（6）判定设备继续运行有风险，则不论是否到期，都应列入最近的年度试验计划，情况严重时，应尽快退出运行，进行试验。

第二部分
带电检测工技能操作

技能操作各技能等级要求说明

带电检测工技能操作题将各类检测流程全部列出，根据不同技能等级制订不同要求，考生根据自己考核的等级掌握相应内容。具体规定如下：

一、初级工

（1）掌握检测原理。

（2）掌握检测环境要求、人员要求、安全要求、仪器要求等检测条件及检测准备工作。

（3）在操作题目测试流程中要求掌握至测试前检查及准备工作。

二、中级工

（1）掌握检测原理。

（2）掌握检测环境要求、人员要求、安全要求、仪器要求等检测条件及检测准备工作。

（3）掌握仪器仪表使用、维护方法，以及检测步骤。

（4）在操作题目测试流程中要求掌握至测试结果记录。

三、高级工

（1）掌握检测原理。

（2）掌握检测环境要求、人员要求、安全要求、仪器要求等检测条件及检测准备工作。

（3）掌握仪器仪表使用、维护方法，以及检测步骤。

（4）掌握原始数据保存、记录，以及检测数据分析方法。

（5）检测报告的编制、录入、审核。

（6）在操作题目测试流程中要求掌握全部检测流程。

四、技师

（1）掌握检测原理。

（2）掌握检测环境要求、人员要求、安全要求、仪器要求等检测条件及检测准备工作。

（3）掌握仪器仪表使用、维护方法，以及检测步骤。

（4）掌握原始数据保存、记录，以及检测数据分析方法。

（5）检测报告的编制、录入、审核。

（6）设备异常分析报告的编写。

（7）在操作题目测试流程中除要求掌握全部检测流程，还需完成异常分析报告的编写。

五、高级技师

（1）掌握检测原理。

（2）掌握检测环境要求、人员要求、安全要求、仪器要求等检测条件及检测准备工作。

（3）掌握仪器仪表使用、维护方法，以及检测步骤。

（4）掌握原始数据保存、记录，以及检测数据分析方法。

（5）检测报告的编制、录入、审核。

（6）设备异常分析报告、典型案例的编写。

（7）在操作题目测试流程中除要求掌握全部检测流程，还需完成异常分析报告和典型案例的编写。

第一章　电　　流

Jc000143001　母线电容电流测试。（100 分）

考核知识点：系统电容电流测试知识

难易度：难

技能等级评价专业技能考核操作工作任务书

一、任务名称

母线电容电流测试。

二、适用工种

带电检测工初级工、中级工、高级工、技师、高级技师。

三、具体任务

根据《国家电网公司变电检测通用管理规定　第 67 分册　母线电容电流检测细则》要求，进行母线电容电流测试。

四、工作规范及要求

请按以下要求完成母线电容电流测试：

（1）人员配置分工合理（方案中不得出现真实单位名称及个人姓名）。

（2）试验仪器及历史试验数据。

（3）试验项目完整及试验过程无违章。

（4）关键工序工艺质量标准清楚。

（5）安全、技术措施齐全。

（6）考核时间结束终止考试。

五、考核及时间要求

考核时间共 60 分钟，每超时 1 分钟扣 1 分，到 65 分钟终止考核。

技能等级评价专业技能考核操作评分标准

<table>
<tr><td>工种</td><td colspan="5">带电检测工</td><td>评价等级</td><td>初级工、中级工、高级工、技师、高级技师</td></tr>
<tr><td>项目模块</td><td colspan="5">电流类带电检测—容性设备相对介损和电容量检测—母线电容电流测试</td><td>编号</td><td>Jc000143001</td></tr>
<tr><td>单位</td><td colspan="2"></td><td>准考证号</td><td colspan="2"></td><td>姓名</td><td></td></tr>
<tr><td>考试时限</td><td colspan="2">60 分钟</td><td>题型</td><td colspan="2">单项操作</td><td>题分</td><td>100 分</td></tr>
<tr><td>成绩</td><td></td><td>考评员</td><td></td><td>考评组长</td><td></td><td>日期</td><td></td></tr>
<tr><td>试题正文</td><td colspan="7">母线电容电流测试</td></tr>
<tr><td>需要说明的问题和要求</td><td colspan="7">（1）要求单人操作，考生着装规范，穿工作服、绝缘鞋，戴安全帽。
（2）安全文明生产，工器具、材料、设备摆放齐整，现场操作熟练、连贯、有序，正确规范地使用工器具及安全用具。
（3）工器具、测试仪、相关配件由考场提供。
（4）考核项目涉及检查项目以填写检修记录为主</td></tr>
</table>

续表

序号	项目名称	质量要求	满分	扣分标准	扣分原因	得分
1	准备工作及仪器设定					
1.1	准备工作	人员精神面貌良好，着装符合电气作业规定，并进行危险点分析	3	未正确佩戴安全帽扣2分； 未按要求着装扣1分		
			5	未进行危险点分析扣5分； 分析不全面扣1分		
		试验仪器仪表应合格齐全、有检验合格证且在检验合格周期内，所有仪器仪表应摆放整齐	3	未对仪器及测试线进行检查扣2分； 未对仪器仪表有效期进行检查扣1分		
			2	未记录现场环境温、湿度各扣1分		
			2	试验仪器仪表未摆放整齐扣2分		
1.2	设备母线系统运行情况	检查母线电压是否正常，有无单相接地情况	5	未检查母线电压扣3分； 未检查母线有无单相接地情况扣2分		
		记录母线运行方式及母线系统所接负荷运行情况	5	未记录母线分列或并列运行方式扣2分； 未记录母线系统所接负荷运行情况扣3分		
1.3	安全措施	办理工作票，交代安全注意事项，分工明确，并做好记录	5	安全措施交代不清楚扣2分； 未签字确认扣3分		
		正确使用安全工器具	5	未检查安全工器具扣5分		
2	测试					
2.1	测试前检查及准备工作	核查母线电压互感器高压侧中性点是否安装高阻消谐器，如有，申请调度部门将母线电压互感器退出运行	7	工作前未核查母线电压互感器中性点是否安装高阻消谐器扣5分； 母线电压互感器中性点有消谐器而未申请停运扣2分		
		退出电压互感器，将高阻消谐器短接，将母线电压互感器恢复运行	7	未检查消谐器短接线通断扣2分； 消谐器短接线安装不牢固、长度过长或过短扣5分； 危及人身和设备安全的情况下考评员可直接终止考生考试		
		核查被测系统是否有运行中的消弧线圈，如有，申请调度部门将消弧线圈退出运行	7	工作前未核查母线系统是否有运行中的消弧线圈扣5分； 母线系统有运行中的消弧线圈而未申请停运扣2分		
		试验人员测量电压互感器开口三角两端的电压，如果电压高于5V，应查明原因；检查被测系统中是否存在零序故障和设备高阻接地故障，如果存在，应在消除故障后进行电容电流测试	10	测试人员未按照要求测试开口三角两端电压，或者测量结果高于5V而未查明原因者扣5分； 在开口三角形两端电压高于5V情况下进行测试工作扣5分		
2.2	仪器布置与操作	开口三角电压低于5V可以开始进行测试工作，将电容电流测试仪电流输出端接于电压互感器开口三角两端，打开测量仪器，选择适当的量程进行测试	5	仪器未准确接地扣2分； 测试中未站在绝缘垫上扣3分； 仪器安放位置不当有可能导致人员安全受到威胁的，考评员应立即终止考生操作		
2.3	测试结果记录	读取数据并做好记录，重复测试3次，如果测试数据相差小于1%，取3相平均值，作为电容电流测试结果	14	测试数据记录不规范扣3分； 未按照要求开展3次重复测试者扣5分； 多次测试结果间互差超过1%而未查明原因者扣3分； 测试报告中未对3次重复测试结果进行平均计算者扣3分		
3	检测结束					
3.1	清理现场	测试结束后，退出电压互感器，拆除消谐器上的短接线，然后将母线电压互感器恢复运行	3	未拆除消谐器上的短接线扣3分		
		仪器仪表、工器具整理保存	2	未将仪器仪表、工器具整理保存扣2分		

续表

序号	项目名称	质量要求	满分	扣分标准	扣分原因	得分
3.2	检测报告完整性及正确性	内容完整、分析全面、字迹清晰	10	母线运行方式未记录扣 2 分； 母线所接负荷未记录扣 2 分； 内容不完整扣 2 分； 检测结论不正确或不下结论扣 2 分； 检测报告不签字扣 2 分		
合计			100			

Jc000143002 避雷器泄漏电流检测。(100 分)

考核知识点：避雷器泄漏电流检测知识

难易度：难

技能等级评价专业技能考核操作工作任务书

一、任务名称

避雷器泄漏电流检测。

二、适用工种

带电检测工初级工、中级工、高级工、技师、高级技师。

三、具体任务

（1）工作状态为模拟金属氧化物避雷器带电。

（2）工作任务：

1）作业前的检查。

2）金属氧化物避雷器泄漏电流检测。

四、工作规范及要求

（1）要求 1 人操作，由监考人员监护，考生着装规范，穿工作服、绝缘鞋，戴安全帽。

（2）安全文明生产，仪器、仪表、工器具、材料、摆放齐整，现场操作熟练、连贯、有序，正确规范地使用工器具及安全用具。不发生危及人身和设备安全的行为，否则可取消本次考核成绩。

（3）金属氧化物避雷器泄漏电流带电检测采用总泄漏电流法，电压取样方式采用二次电压法。

（4）熟悉金属氧化物避雷器泄漏电流检测的过程，熟悉金属氧化物避雷器泄漏电流检测的原理。

（5）熟悉金属氧化物避雷器泄漏电流检测的技术要求，会进行数据分析判断。

五、考核及时间要求

（1）考核时间为 120 分钟。

（2）开工前，考生检查着装，清点工器具、设备是否齐全。

（3）许可开工后记录考核时间。

（4）现场清理完毕后，汇报工作终结，记录考核结束时间。

技能等级评价专业技能考核操作评分标准

<table>
<tr><td>工种</td><td colspan="4">带电检测工</td><td>评价等级</td><td>初级工、中级工、高级工、技师、高级技师</td></tr>
<tr><td>项目模块</td><td colspan="3">电流类带电检测—避雷器泄漏电流检测—避雷器泄漏电流检测</td><td>编号</td><td colspan="2">Jc000143002</td></tr>
<tr><td>单位</td><td colspan="2"></td><td>准考证号</td><td></td><td>姓名</td><td></td></tr>
<tr><td>考试时限</td><td>60 分钟</td><td>题型</td><td colspan="2">单项操作</td><td>题分</td><td>100 分</td></tr>
</table>

续表

成绩		考评员		考评组长		日期	
试题正文	避雷器泄漏电流检测						
需要说明的问题和要求	（1）要求单人操作，考生着装规范，穿工作服、绝缘鞋，戴安全帽。 （2）安全文明生产，工器具、材料、设备摆放齐整，现场操作熟练、连贯、有序，正确规范地使用工器具及安全用具。 （3）工器具、测试仪、相关配件由考场提供。 （4）考核项目涉及检查项目以填写检修记录为主						

序号	项目名称	质量要求	满分	扣分标准	扣分原因	得分
1	工作前准备及文明生产					
1.1	安全着装	穿着符合《国家电网公司电力安全工作规程（变电部分）》（简称《安规》）要求，穿棉质工作服、绝缘鞋，戴安全帽	5	未穿工作服、未戴安全帽、未穿绝缘鞋，出现上述任意一项扣5分		
1.2	安全措施	工作票内容正确、清楚、规范、齐全，履行工作票许可手续，确认签字手续，符合《安规》要求	5	工作任务与实际不符扣2分； 清楚表明危险点，少一项扣1分； 工作票所填内容合格正确，错一项扣2分； 有危及人身、设备安全的行为可取消考核成绩		
1.3	准备工作	检查仪器仪表及测试线，校验是否在有效期内；检查仪器电量是否充足；检查温湿度计是否在有效期内	5	未检查仪器及测试线扣2分； 未检查校验有效期扣1分； 未检查仪器电量扣1分； 记录仪器数据不全，少一项扣1分		
		试品外观检查	5	未进行外观检查扣5分，缺一项扣2分（包括泄漏电流表、瓷外套等），扣完为止		
2	现场检测					
2.1	开工	试验负责人明确工作任务及分工，交代安全措施，告知工作成员并履行签字确认	3	工作任务与实际不符扣1分； 工作票所填内容合格正确，错一项扣1分，扣完为止		
		进行危险点分析、安全注意事项交代，并告知工作成员	3	清楚表明危险点，少一项扣1分，扣完为止		
		抄写试品铭牌数据	2	未抄写试品铭牌数据扣2分		
		温湿度计放置	2	温湿度计摆放不正确扣2分		
2.2	测量	将检测仪器可靠接地，接地时先接接地端再接导电端	5	未按照相应顺序，扣5分		
		测取全电流，信号线先接仪器端，再接金属氧化物避雷器引下线，并观察泄漏电流表指针是否归零	5	未按照相应顺序接线扣3分； 未观察泄漏电流表指针归零情况扣2分		
		取参考电压信号，隔离器通道分别与三相A、B、C电源对应；接取电源时避免电压互感器二次端子短路	20	接线前未检查电压线保险扣5分； 未用万用表测量电压信号扣5分； 接线错误扣5分； 接取二次电源时发生二次端子短路，扣5分		
		电压互感器二次电压取得后，测量时应设专人监护端子箱	7	未设专人监护电压互感器端子箱扣7分		
		设置试验参数、电压选取方式、电压互感器变比等参数	7	未设置试验参数、电压选取方式、电压互感器变比等参数扣7分		
		测试并记录数据，记录全电流、阻性电流基波峰值、运行电压数据	5	试验数据记录不全的扣5分，缺少一项扣2分，扣完为止		

续表

序号	项目名称	质量要求	满分	扣分标准	扣分原因	得分
2.2	测量	测试完毕，先将仪器关闭再拆除测试接线	7	测试完毕，先将仪器关闭再拆除测试接线，未按照相应顺序扣 7 分		
		拆除接线时，先拆信号端，再拆仪器端，最后拆除仪器接地线	4	未按照相应顺序拆除接线扣 4 分		
3	试验结束					
3.1	清理现场	下达清理现场指令	2	负责人未下达清理现场指令扣 2 分		
		仪器仪表按钮、绝缘杆等恢复原位。现场摆放整齐	3	仪器仪表按钮、绝缘杆等未恢复原位扣 3 分		
3.2	检测报告完整性及正确性	内容完整、分析全面、字迹清晰	1	内容不完整扣 1 分		
			2	检测结论不正确或不下结论扣 2 分		
			2	检测报告不签字扣 2 分		
合计			100			

Jc000143003　电缆外护层接地电流检测。（100 分）

考核知识点：电缆外护层接地电流检测知识

难易度：难

技能等级评价专业技能考核操作工作任务书

一、任务名称

电缆外护层接地电流检测。

二、适用工种

带电检测工初级工、中级工、高级工、技师、高级技师。

三、具体任务

根据《国家电网公司变电检测通用管理规定　第 9 分册　电缆外护层接地电流检测细则》要求，进行电力电缆外护层接地电流检测。

四、工作规范及要求

请按以下要求完成电力电缆外护层接地电流检测：

（1）人员配置分工合理（方案中不得出现真实单位名称及个人姓名）。

（2）试验仪器及历史试验数据。

（3）试验项目完整及试验过程无违章。

（4）关键工序工艺质量标准清楚。

（5）安全、技术措施齐全。

（6）考核时间结束终止考试。

五、考核及时间要求

考核时间共 60 分钟，每超时 2 分钟扣 1 分，到 65 分钟终止考核。

技能等级评价专业技能考核操作评分标准

工种	带电检测工			评价等级	初级工、中级工、高级工、技师、高级技师
项目模块	电流类带电检测—接地电流检测分析技术—电缆外护层接地电流检测		编号	Jc000143003	
单位		准考证号		姓名	
考试时限	60 分钟	题型	单项操作	题分	100 分
成绩		考评员	考评组长		日期
试题正文	电缆外护层接地电流检测				
需要说明的问题和要求	（1）要求单人操作，考生着装规范，穿工作服、绝缘鞋，戴安全帽。 （2）安全文明生产，工器具、材料、设备摆放齐整，现场操作熟练、连贯、有序，正确规范地使用工器具及安全用具。 （3）工器具、测试仪、相关配件由考场提供。 （4）考核项目涉及检查项目以填写检修记录为主				

序号	项目名称	质量要求	满分	扣分标准	扣分原因	得分
1	准备工作及仪器设定					
1.1	准备工作	人员精神面貌良好，着装符合电气作业规定要求，并进行危险点分析	3	未正确佩戴安全帽、未按要求着装扣 3 分		
			5	未进行危险点分析扣 3 分； 分析不全面扣 2 分		
		试验仪器仪表应齐全，有检验合格证且在检验合格周期内，所有仪器仪表应摆放整齐	3	未对仪器仪表有效期检查扣 3 分		
			2	没有记录环境温、湿度各扣 1 分		
			2	试验仪器仪表未摆放整齐扣 2 分		
1.2	设备检查及抄写铭牌	检查电缆外护层是否接地	5	未检查电缆外护层是否接地扣 5 分		
		抄写设备铭牌中的主要信息	5	准确抄写设备铭牌，未抄写或漏信息的扣 5 分		
1.3	安全措施	办理工作票，交代安全注意事项，分工明确，并做好记录	5	安全措施交代不清楚或未确认签字扣 5 分		
		正确使用安全工器具	5	未检查安全工器具扣 5 分		
2	测试					
2.1	试验准备	试验中工作人员戴绝缘手套，站在绝缘垫上	5	测试前未检查绝缘垫、绝缘手套扣 5 分		
		测试中注意钳形电流表钳口位置不得碰触电缆外护层	5	钳口铁芯部分碰触电缆外护层扣 5 分		
		测试中注意与设备带电部位保持足够的安全距离（10kV 大于 0.70m，35kV 大于 1.00m，110kV 大于 1.50m）	10	未保持足够的安全距离，考评员应终止考生操作		
		钳形电流表选择正确量程，量程从大至小调节	10	钳形电流表量程选择错误扣 10 分		
2.2	数据读取与记录	待测试数据稳定后再读取记录	5	未待数据稳定就读取扣 5 分		
		记录电缆负荷电流，结合电缆线路的负荷情况，依据下列试验标准比较测试结果是否满足测试标准要求：橡塑绝缘电力电缆外护层接地电流＜100A，且接地电流与负荷比值＜20%（注意值）	10	未记录电缆负荷电流扣 3 分； 试验结果判断不准确扣 5 分		

续表

序号	项目名称	质量要求	满分	扣分标准	扣分原因	得分
2.2	数据读取与记录	对于接地电流异常的电缆线路进行跟踪分析，对于问题严重设备应在一周内进行复测	5	针对接地电流异常的电缆线路，未交代进行复测扣5分		
3	检测结束					
3.1	清理现场	测试结束后将钳形电流表正常关闭	2	未将钳形电流表正常关闭扣2分		
		绝缘手套、绝缘垫整理保存	3	未将绝缘手套、绝缘垫整理保存扣3分		
3.2	检测报告完整性及正确性	内容完整、分析全面、字迹清晰	10	内容不完整每处扣2分，扣完为止； 检测结论不正确或不下结论扣2分； 检测报告不签字扣2分		
合计			100			

Jc000143004 电容型设备相对介质损耗因数及电容量比值测量。(100分)

考核知识点：电容型设备相对介质损耗因数及电容量比值测量知识

难易度：难

技能等级评价专业技能考核操作工作任务书

一、任务名称

电容型设备相对介质损耗因数及电容量比值测量。

二、适用工种

带电检测工初级工、中级工、高级工、技师、高级技师。

三、具体任务

（1）工作状态为模拟电容式电压互感器及线路带电。

（2）工作任务：

1）作业前的检查。

2）电容式电压互感器相对介质损耗因数及电容量比值测量。

四、工作规范及要求

（1）要求1人操作，由监考人员监护，考生着装规范，穿工作服、绝缘鞋，戴安全帽。

（2）安全文明生产，仪器、仪表、工器具、材料、摆放齐整，现场操作熟练、连贯、有序，正确规范地使用工器具及安全用具。不发生危及人身和设备安全的行为，否则可取消本次考核成绩。

（3）熟悉电容型设备相对介质损耗因数及电容量比值测量的过程和原理。

（4）熟悉电容型设备相对介质损耗因数及电容量比值测量的技术要求，会进行数据分析判断。

五、考核及时间要求

（1）考核时间为60分钟。

（2）开工前，考生检查着装，清点工器具、设备是否齐全。

（3）许可开工后记录考核时间。

（4）现场清理完毕后，汇报工作终结，记录考核结束时间。

技能等级评价专业技能考核操作评分标准

工种	带电检测工			评价等级	初级工、中级工、高级工、技师、高级技师
项目模块	电流类带电检测—容性设备相对介损和电容量检测—电容型设备相对介质损耗因数及电容量比值测量		编号	Jc000143004	
单位		准考证号		姓名	
考试时限	60 分钟	题型	单项操作	题分	100 分
成绩		考评员		考评组长		日期	
试题正文	电容型设备相对介质损耗因数及电容量比值测量				
需要说明的问题和要求	(1) 要求 1 人操作，由监考人员监护，考生着装规范，穿工作服、绝缘鞋，戴安全帽。 (2) 安全文明生产，工器具、材料、设备摆放齐整，现场操作熟练、连贯、有序，正确规范地使用工器具及安全用具。 (3) 现场提供检修所需的工器具、仪器、材料及安全防护用具。 (4) 考核项目涉及检查项目以填写检修记录为主				

序号	项目名称	质量要求	满分	扣分标准	扣分原因	得分
1	工作前准备及文明生产					
1.1	安全着装	穿着符合《安规》要求，穿棉质工作服、绝缘鞋，戴安全帽	5	未穿工作服、未戴安全帽、未穿绝缘鞋，出现上述任意一项扣 5 分		
1.2	安全措施	工作票内容正确、清楚、规范、齐全，履行工作票许可手续，确认签字手续，符合《安规》要求	5	工作任务与实际不符扣 2 分； 清楚表明危险点，少一项扣 1 分； 工作票所填内容合格正确，错一项扣 2 分； 有危及人身、设备安全的行为可取消考核成绩		
1.3	准备工作	检查仪器仪表及测试线，校验是否在有效期内；检查仪器电量是否充足；检查温湿度计是否在有效期内	5	未检查仪器及测试线扣 2 分； 未检查校验有效期 1 分； 未检查仪器电量扣 1 分； 记录仪器数据不全，少一项扣 1 分		
		电流取样单元外观检查	5	未进行外观检查扣 5 分，缺一项扣 2 分，扣完为止		
2	现场检测					
2.1	开工	试验负责人明确工作任务及分工，交代安全措施，告知工作成员并履行签字确认	5	工作任务与实际不符扣 1 分； 工作票所填内容合格正确，错一项扣 1 分，扣完为止		
		进行危险点分析、安全注意事项交代，并告知工作成员	3	清楚表明危险点，少一项扣 1 分，扣完为止		
		抄写试品铭牌数据	2	未抄写试品铭牌数据扣 2 分		
		温湿度计放置	2	温湿度计摆放不正确扣 2 分		
2.2	测试接线	将检测仪器可靠接地，接地时先接接地端，再接仪器端	5	未按照相应顺序接地扣 5 分		
		若为传统接线盒式取样单元，打开取样装置时，两人进行，一人操作，一人监护。若为传感器式取样单元，无需此步	5	若为传统接线盒式取样单元，此时禁止打开接地连接片，若打开，取消考生资格； 未进行专人监护，扣 2 分		
		进行测试接线。将带电检测测试专用线分别于仪器 Ix、In 两个输入端相连，专用线的另一端分别与被测设备、参考设备接地电流取样信号处相连	10	接线前检查测试线导通良好，未检查扣 2 分； 接线正确后工作负责人复查，未复查扣 2 分； 复查正确后打开取样单元的接地连接片，顺序错误扣 6 分		

续表

序号	项目名称	质量要求	满分	扣分标准	扣分原因	得分
2.3	测试过程	确认接线正确后，试验人员撤离到绝缘垫上，相关人员远离被试品	4	未使用绝缘垫扣2分； 未进行监护扣2分		
		设置仪器参数，开始测试。重复3次测试，数据稳定并记录	12	仪器设置错误，每处扣2分； 数据记录错误或遗漏扣5分		
		试验数据记录人员应与带电检测数据初值核对试验数据	8	未进行数据横向、纵向比较扣5分； 数据分析不合理扣3分		
		记录环境温度和空气相对湿度	3	未记录环境温度和空气相对湿度扣3分		
		电容型设备试验结束后，正确恢复取样单元接口，恢复时，一人恢复，一人检查，先恢复取样单元的接地连接片再拆除试验接线。关闭电源开关，拆除测量电缆，拆除地线，测量结束	6	未恢复接地连接片扣2分； 接地连接片恢复后工作负责人检查，未检查扣2分； 未关闭电源即拆除测试电缆扣1分； 先拆接地线，后拆测试电缆，扣1分		
3	试验结束					
3.1	清理现场	下达清理现场指令	2	负责人未下达清理现场指令扣2分		
		仪器仪表按钮、绝缘杆等恢复原位。现场摆放整齐	3	仪器仪表按钮、绝缘杆等未恢复原位扣3分		
3.2	检测报告完整性及正确性	内容完整、分析全面、字迹清晰	10	内容不完整扣2分； 检测结论不正确，或不下结论扣4分； 检测报告不签字扣4分		
合计			100			

Jc000141005 用钳形电流表测量变压器铁芯接地电流。（100分）

考核知识点：变压器铁芯接地电流测量知识

难易度：易

技能等级评价专业技能考核操作工作任务书

一、任务名称

用钳形电流表测量变压器铁芯接地电流。

二、适用工种

带电检测工初级工、中级工、高级工。

三、具体任务

（1）工作状态为模拟主变压器带电。

（2）工作任务：

1）作业前的检查。

2）使用钳形电流表测量变压器铁芯接地电流（0～200mA）。

四、工作规范及要求

（1）要求1人操作，由监考人员监护，考生着装规范，穿工作服、绝缘鞋，戴安全帽。

（2）安全文明生产，仪器、仪表、工器具、材料、摆放齐整，现场操作熟练、连贯、有序，正确规范地使用工器具及安全用具。不发生危及人身和设备安全的行为，否则可取消本次考核成绩。

（3）熟悉使用钳形电流表的基本过程。

五、考核及时间要求

（1）考核时间为60分钟。

（2）开工前，考生检查着装，清点工器具、设备是否齐全。

（3）许可开工后记录考核时间。

（4）现场清理完毕后，汇报工作终结，记录考核结束时间。

技能等级评价专业技能考核操作评分标准

工种	带电检测工					评价等级	初级工、中级工、高级工
项目模块	电流类带电检测—接地电流检测分析技术—用钳形电流表测量变压器铁芯接地电流				编号	Jc000141005	
单位			准考证号			姓名	
考试时限	60分钟		题型	单项操作		题分	100分
成绩		考评员		考评组长		日期	
试题正文	用钳形电流表测量变压器铁芯接地电流						
需要说明的问题和要求	（1）要求单人操作，考生着装规范，穿工作服、绝缘鞋，戴安全帽。 （2）安全文明生产，工器具、材料、设备摆放齐整，现场操作熟练、连贯、有序，正确规范地使用工器具及安全用具。 （3）工器具、测试仪、相关配件由考场提供。 （4）考核项目涉及检查项目以填写检修记录为主						

序号	项目名称	质量要求	满分	扣分标准	扣分原因	得分
1	工作前准备及文明生产					
1.1	安全着装	穿着符合《安规》要求，穿棉质工作服、绝缘鞋，戴安全帽	10	未穿工作服、未戴安全帽、未穿绝缘鞋，出现上述任意一项扣10分		
1.2	工作票确认签字	履行工作票确认签字手续，符合《安规》要求	5	未履行工作票确认签字手续扣5分； 有危及人身、设备安全的行为可取消考核成绩		
1.3	准备工作	检查钳形电流表是否充足，绝缘性能是否良好，外壳应无破损	5	未检查钳形电流表电量、绝缘性能、外壳扣5分		
2	现场检测					
2.1	开工准备	根据被测电流的种类、电压等级正确选择钳形电流表	10	未正确选择钳形电流表扣10分		
2.2	测量	开机，将开机键调至ON	10	开机挡位调节错误扣10分		
		根据需要将量程开关拨至ACA（交流）的合适量程	10	未正确调节交流挡位扣5分； 未正确选择量程扣5分		
		按紧扳手，使钳口张开，将被测导线放入钳口中，然后松开扳手并使钳口闭合紧密，测量电流	20	测试中未戴绝缘手套扣10分； 被测钳口闭合不紧密扣10分		
		待数据稳定后记录测量数据，复位仪表挡位、量程	15	未待数据稳定扣2分； 未记录测量数据扣5分； 仪表挡位未复位扣4分； 量程未复位扣4分		
3	检测结束					
3.1	清理现场	测试结束后将钳形电流表正常关闭	2	未将钳形电流表正常关闭扣2分		
		绝缘手套整理保存	3	未将绝缘手套整理保存扣3分		
3.2	工作终结	内容完整、分析全面、字迹清晰	10	内容不完整每处扣2分，扣完为止； 检测结论不正确或不下结论扣2分； 检测报告不签字扣2分		
合计			100			

第二章　光　　学

Jc000141001　断路器 SF_6 气体红外成像检漏及分析。（100 分）

考核知识点： 红外成像检漏知识

难易度： 易

技能等级评价专业技能考核操作工作任务书

一、任务名称

断路器 SF_6 气体红外成像检漏及分析。

二、适用工种

带电检测工初级工、中级工、高级工。

三、具体任务

（1）工作状态为模拟 110kV 断路器带电及线路带电。

（2）工作任务：

1）作业前的检查。

2）110kV 断路器 SF_6 气体红外成像检漏及分析。

四、工作规范及要求

（1）要求 1 人操作，由监考人员监护，考生着装规范，穿工作服、绝缘鞋，戴安全帽。

（2）安全文明生产，仪器、仪表、工器具、材料摆放齐整，现场操作熟练、连贯、有序，正确规范地使用工器具及安全用具。不发生危及人身和设备安全的行为，否则可取消本次考核成绩。

（3）熟悉 110kV 断路器 SF_6 气体红外成像检漏的原理及过程。

（4）熟悉 110kV 断路器 SF_6 气体红外成像检漏的技术要求，能够分析判断谱图，若存在异常情况，应出具检测报告。

五、考核及时间要求

（1）考核时间为 60 分钟。

（2）开工前，考生检查着装，清点工器具、设备是否齐全。

（3）许可开工后记录考核时间。

（4）现场清理完毕后，汇报工作终结，记录考核结束时间。

技能等级评价专业技能考核操作评分标准

<table>
<tr><td>工种</td><td colspan="5">带电检测工</td><td>评价等级</td><td>初级工、中级工、高级工</td></tr>
<tr><td>项目模块</td><td colspan="4">光学检测—红外成像检测—断路器 SF_6 气体红外成像检漏及分析</td><td>编号</td><td colspan="2">Jc000141001</td></tr>
<tr><td>单位</td><td colspan="2"></td><td>准考证号</td><td colspan="2"></td><td>姓名</td><td></td></tr>
<tr><td>考试时限</td><td colspan="2">60 分钟</td><td>题型</td><td colspan="2">单项操作</td><td>题分</td><td>100 分</td></tr>
<tr><td>成绩</td><td></td><td>考评员</td><td></td><td>考评组长</td><td></td><td>日期</td><td></td></tr>
<tr><td>试题正文</td><td colspan="7">断路器 SF_6 气体红外成像检漏及分析</td></tr>
</table>

续表

需要说明的问题和要求	（1）要求1人操作，由监考人员监护，考生着装规范，穿工作服、绝缘鞋，戴安全帽。 （2）安全文明生产，工器具、材料、设备摆放齐整，现场操作熟练、连贯、有序，正确规范地使用工器具及安全用具。 （3）现场提供检测所需的工器具、仪器、材料及安全防护用具。 （4）考核项目涉及检查项目以填写检测报告为主

序号	项目名称	质量要求	满分	扣分标准	扣分原因	得分
1	工作前准备及文明生产					
1.1	安全着装	穿着符合《安规》要求，穿全棉长袖工作服、绝缘鞋，戴安全帽	3	未穿工作服、未戴安全帽、未穿绝缘鞋，出现上述任意一项扣3分		
1.2	开工准备	工作票内容填写正确、清楚、规范、齐全	3	工作任务与实际不符扣2分； 工作票所填内容错一项扣1分		
		正确履行工作票许可手续。试验负责人明确工作任务及分工，进行危险点分析，交代安全措施、安全注意事项，履行签字确认手续	5	未交代工作任务或工作任务不完整扣1分； 未对班组成员明确分工扣1分； 未进行危险点分析或分析不全面扣2分； 未交代安全措施和安全注意事项扣1分		
1.3	检测准备	检查红外成像检漏仪外观，确认在有效期内，打开电源开关，检查仪器电量，记录仪器铭牌参数	3	未检查仪器合格证扣1分； 未检查仪器电量扣1分； 未记录仪器参数扣1分		
		待测断路器外观检查及铭牌参数记录	3	未进行外观检查扣2分，检查不全面扣1分； 未记录铭牌参数扣1分		
		正确摆放温度计、湿度计、风速计，记录温度、湿度及风速	3	未正确摆放并记录其中任意一项扣1分		
2	检测步骤	开机，将开机键调至相应挡位，仪器开机时间约10min	3	仪器开机挡位调节错误扣3分		
		进行均匀化校准，校准时，仪器镜头盖必须盖好，均匀化校准后可实现背景噪声的一致，提高灵敏度	3	未进行均匀化校准扣3分		
		打开镜头盖，调节图像焦距，调节明亮度和对比度，达到红外图像画面清晰的状态	8	未调节焦距和仪器的明亮度和对比度扣3分； 仪器未达到红外图像画面清晰的状态扣5分		
		根据断路器情况，确定检测部位（应包括密度继电器、密度继电器校验阀、气体管路、断路器本体密封面等关键部位）。至少选择三个不同方位对断路器进行检漏，以保证检漏的全面性	15	未对断路器关键部位进行检漏，遗漏1处扣3分； 未进行多方位全面检漏扣5分		
		改变图像色板颜色，调节红外视频颜色（白热/黑热/铁红），通过变换不同的色板模式更有利于发现气体泄漏	5	未转换图像色盘颜色扣5分		
		检测过程注意不要损伤镜头，不使用仪器时应盖上镜头盖，保护好镜头	5	检测过程损伤镜头扣3分； 不使用仪器时未盖镜头盖扣2分		
		如果发现泄漏量微小的漏点，应采用高灵敏度模式检漏	5	泄漏量微小时，未采用高灵敏度模式扣5分		
		发现泄漏现象，记录泄漏部位的视频和图片，并进行定量检漏	10	未保存泄漏视频及图片扣5分； 申请定量检漏可向评委口述，未进行此步骤扣5分		
		仪器使用完毕，要关闭电源，取出电池，盖好镜头盖，把仪器放在便携箱保存	6	仪器使用完毕，未关闭电源扣2分； 未取出电池扣2分； 未盖好镜头盖扣2分		
3	检测结束					
3.1	恢复现场	检漏工作结束后，恢复现场	5	未进行现场恢复扣5分		

续表

序号	项目名称	质量要求	满分	扣分标准	扣分原因	得分
3.2	检测报告填写	若存在异常情况，应填写检测报告。能够正确判断泄漏部位、分析泄漏原因，并给出合理的处理建议	10	每少填写一项扣 2 分，扣完为止； 未正确分析判断泄漏部位和泄漏原因扣 5 分； 未给出合理的处理建议扣 5 分		
3.3	工作终结	工作结束，向评委汇报工作结束	5	未向评委汇报工作结束扣 2 分； 每超时 1 分钟扣 1 分，扣完为止		
合计			100			

Jc000141002 组合电器 SF_6 气体红外成像检漏及分析。(100 分)

考核知识点：红外成像检漏知识

难易度：易

技能等级评价专业技能考核操作工作任务书

一、任务名称

组合电器 SF_6 气体红外成像检漏及分析。

二、适用工种

带电检测工初级工、中级工、高级工。

三、具体任务

（1）工作状态为模拟 110kV 组合电器带电运行。

（2）工作任务：

1） 作业前的检查。

2） 110kV 组合电器 SF_6 气体红外成像检漏及分析。

四、工作规范及要求

（1）要求 1 人操作，由监考人员监护，考生着装规范，穿工作服、绝缘鞋，戴安全帽。

（2）安全文明生产，仪器、仪表、工器具、材料摆放齐整，现场操作熟练、连贯、有序，正确规范地使用工器具及安全用具。不发生危及人身和设备安全的行为，否则可取消本次考核成绩。

（3）熟悉 110kV 组合电器 SF_6 气体红外成像检漏的原理及过程。

（4）熟悉 110kV 组合电器 SF_6 气体红外成像检漏的技术要求，能够分析判断谱图，若存在异常情况，应出具检测报告。

五、考核及时间要求

（1）考核时间为 60 分钟。

（2）开工前，考生检查着装，清点工器具、设备是否齐全。

（3）许可开工后记录考核时间。

（4）现场清理完毕后，汇报工作终结，记录考核结束时间。

技能等级评价专业技能考核操作评分标准

<table>
<tr><td>工种</td><td colspan="5">带电检测工</td><td>评价等级</td><td>初级工、中级工、高级工</td></tr>
<tr><td>项目模块</td><td colspan="4">光学检测—红外成像检测—组合电器 SF_6 气体红外成像检漏及分析</td><td colspan="2">编号</td><td>Jc000141002</td></tr>
<tr><td>单位</td><td colspan="2"></td><td>准考证号</td><td colspan="2"></td><td>姓名</td><td></td></tr>
<tr><td>考试时限</td><td>60 分钟</td><td>题型</td><td colspan="3">单项操作</td><td>题分</td><td>100 分</td></tr>
</table>

续表

成绩		考评员		考评组长		日期	
试题正文	组合电器 SF_6 气体红外成像检漏及分析						
需要说明的问题和要求	（1）要求1人操作，由监考人员监护，考生着装规范，穿工作服、绝缘鞋，戴安全帽。 （2）安全文明生产，工器具、材料、设备摆放齐整，现场操作熟练、连贯、有序，正确规范地使用工器具及安全用具。 （3）现场提供检测所需的工器具、仪器、材料及安全防护用具。 （4）考核项目涉及检查项目以填写检测报告为主						

序号	项目名称	质量要求	满分	扣分标准	扣分原因	得分
1	工作前准备及文明生产					
1.1	安全着装	穿着符合《安规》要求，穿全棉长袖工作服、绝缘鞋，戴安全帽	3	未穿工作服、未戴安全帽、未穿绝缘鞋，出现上述任意一项扣3分		
1.2	开工准备	工作票内容填写正确、清楚、规范、齐全	3	工作任务与实际不符扣2分； 工作票所填内容错一项扣1分		
		正确履行工作票许可手续。试验负责人明确工作任务及分工，进行危险点分析，交代安全措施、安全注意事项，履行签字确认手续	5	未交代工作任务或工作任务不完整扣1分； 未对班组成员明确分工扣1分； 未进行危险点分析或分析不全面扣2分； 未交代安全措施和安全注意事项扣1分		
1.3	检测准备	检查红外成像检漏仪外观，确认在有效期内，打开电源开关，检查仪器电量，记录仪器铭牌参数	3	未检查仪器合格证扣1分； 未检查仪器电量扣1分； 未记录仪器参数扣1分		
		待测组合电器外观检查及铭牌参数记录	3	未进行外观检查扣2分，检查不全面扣1分； 未记录铭牌参数扣1分		
		正确摆放温度计、湿度计、风速计，记录温度、湿度及风速	3	未正确摆放并记录其中任意一项扣1分		
2	检测步骤	开机，将开机键调至相应挡位，仪器开机时间约10分钟	3	仪器开机挡位调节错误扣3分		
		进行均匀化校准，校准时，仪器镜头盖必须盖好，均匀化校准后可实现背景噪声的一致，提高灵敏度	3	未进行均匀化校准扣3分		
		打开镜头盖，调节图像焦距，调节明亮度和对比度，达到红外图像画面清晰的状态	8	未调节焦距和仪器的明亮度和对比度扣3分； 仪器未达到红外图像画面清晰的状态扣5分		
		根据组合电器情况，确定检测部位（应包括密度继电器、密度继电器校验阀、气体管路、法兰密封面、伸缩节、焊缝等关键部位）。至少选择三个不同方位对断路器进行检漏，以保证检漏的全面性	15	未对组合电器关键部位进行检漏，遗漏一处扣3分； 未进行多方位全面检漏扣5分		
		改变图像色板颜色，调节红外视频颜色（白热/黑热/铁红），通过变换不同的色板模式更有利于发现气体泄漏	5	未转换图像色盘颜色扣5分		
		检测过程注意不要损伤镜头，不使用仪器时应盖上镜头盖，保护好镜头	5	检测过程损伤镜头扣3分； 不使用仪器时未盖镜头盖扣2分		
		如果发现泄漏量微小的漏点，应采用高灵敏度模式检漏	5	泄漏量微小时，未采用高灵敏度模式扣5分		
		发现泄漏现象，记录泄漏部位的视频和图片，并进行定量检漏	10	未保存泄漏视频及图片扣5分； 申请定量检漏可向评委口述，未进行此步骤扣5分		
		仪器使用完毕，要关闭电源，取出电池，盖好镜头盖，把仪器放在便携箱保存	6	仪器使用完毕，未关闭电源扣2分； 未取出电池扣2分； 未盖好镜头盖扣2分		

续表

序号	项目名称	质量要求	满分	扣分标准	扣分原因	得分
3	检测结束					
3.1	恢复现场	检漏工作结束后，恢复现场	5	未进行现场恢复扣5分		
3.2	检测报告填写	若存在异常情况，应填写检测报告。能够正确判断泄漏部位、分析泄漏原因，并给出合理的处理建议	10	每少填写一项扣2分，扣完为止； 未正确分析判断泄漏部位和泄漏原因扣5分； 未给出合理的处理建议扣5分		
3.3	工作终结	工作结束，向评委汇报工作结束	5	未向评委汇报工作结束扣2分； 每超时1分钟扣1分，扣完为止		
合计			100			

Jc000141003　站用变压器红外测温。（100分）

考核知识点：红外测温知识

难易度：易

技能等级评价专业技能考核操作工作任务书

一、任务名称

站用变压器红外测温。

二、适用工种

带电检测工初级工、中级工、高级工。

三、具体任务

（1）工作状态为站用变压器带电运行，工作内容为站用变压器红外测温。

（2）工作任务：

1）对站用变压器进行红外测温。

2）在规定时间内完成站用变压器红外测温。

四、工作规范及要求

（1）仪器使用正确、规范，并有安全措施。

（2）按要求进行站用变压器红外测温。

五、考核及时间要求

（1）操作时间为60分钟，时间到停止考核，包括检测时间和报告整理时间。

（2）按照技能操作记录单的操作要求进行操作，正确记录操作结果。

技能等级评价专业技能考核操作评分标准

工种	带电检测工					评价等级	初级工、中级工、高级工
项目模块	光学检测—红外热像检测—站用变压器红外测温				编号	Jc000141003	
单位			准考证号			姓名	
考试时限	60分钟	题型		单项操作		题分	100分
成绩		考评员		考评组长		日期	
试题正文	站用变压器红外测温						
需要说明的问题和要求	（1）要求1人操作，由监考人员监护，考生着装规范，穿工作服、绝缘鞋，戴安全帽。 （2）操作中应注意安全，按照标准化作业书的技术安全说明做好安全措施。 （3）工器具、测试仪、相关配件由考场提供						

续表

序号	项目名称	质量要求	满分	扣分标准	扣分原因	得分
1	准备工作及仪器设定					
1.1	准备工作	人员精神面貌良好，着装符合电气作业规定要求，并进行危险点分析	3	未正确佩戴安全帽、未按要求着装、未要历史数据，出现任一项扣3分		
			2	未进行危险点分析扣2分		
1.2	仪器仪表检查	试验仪器仪表应齐全，有检验合格证且在检验合格周期内，所有仪器仪表应摆放整齐	2	未对仪器仪表有效期检查扣2分		
			2	未记录环境温、湿度各扣2分		
			1	试验仪器仪表未摆放整齐扣1分		
1.3	仪器设定	试验仪器应根据现场设备情况正确设置仪器相关参数	2	设置仪器补偿参数环境温度，设置不正确扣2分		
			2	设置仪器补偿参数相对湿度，设置不正确扣2分		
			3	设置仪器辐射系数，设置不正确扣3分		
			3	设置仪器补偿参数目标距离，设置不当扣3分		
2	现场测试	正确使用仪器	3	未能正确使用测试仪器扣3分		
			2	未记录风速扣2分		
		能够根据设备情况正确设置辐射率，测温过程中每个设备测试点应符合要求，测试人员应安全检测	5	入场开始进行一般检测，需移动停顿3个点以上，未见扣2～5分		
			5	进行精确检测，要满足精确检测要求（动作观察），未见扣2～5分		
			8	一般检测辐射率设置0.9，精确检测辐射率设置电瓷0.92，金属片0.9，涂漆金属非亮漆0.95（看最终相关测试报告记录），不符合要求每项扣2分		
			12	主要测试站用变压器高压侧桩头、低压侧桩头、本体，未测试每项扣4分		
			6	行走拍摄每移动一次扣3分，扣完为止（不安全）		
		试验后正确回收试仪器，并报告考核员测试结束	3	测试结束后仪器回收不规范、仪器设备未放回原处，扣3分		
			3	未报告考核员现场实测结束扣3分		
			3	未报告测试结论扣3分		
3	试验报告	完整出具试验报告，设备参数记录准确详细	5	记录不全或未记录被测设备名称、仪器型号、仪器编号、检测单位编号、试验日期的，各扣1分		
			5	被测试设备的相别、发热具体位置描述、温度、湿度、负荷电流缺项，各扣1分		
			5	未给出处理建议扣3分； 规程引用不正确扣2分		
			5	缺陷定义不正确扣3分； 未给出结论扣2分		

续表

序号	项目名称	质量要求	满分	扣分标准	扣分原因	得分
4	其他	检测过程中应符合《安规》要求，测试及报告时间应在规定的时间内完成	2	试验中出现不安全、一般性违章、试验仪器仪表损坏扣2分		
			3	未填写设备双重名称、现场记录潦草、未签名各扣1分		
			5	现场测试和试验报告应在规定的时间内完成，未完成的试验，每拖延1分钟扣1分，5分钟必须终止		
合计			100			

Jc000142004　变压器红外测温。(100分)

考核知识点：红外测温知识

难易度：中

技能等级评价专业技能考核操作工作任务书

一、任务名称

变压器红外测温。

二、适用工种

带电检测工中级工、高级工、技师。

三、具体任务

（1）工作状态为变压器带电运行，工作内容为变压器红外测温。

（2）工作任务：

1）对变压器进行红外测温。

2）在规定时间内完成变压器红外测温。

四、工作规范及要求

（1）仪器使用正确、规范，并有安全措施。

（2）按要求进行变压器红外测温。

五、考核及时间要求

（1）时间为60分钟，时间到停止考核，包括检测时间和报告整理时间。

（2）按照技能操作记录单的操作要求进行操作，正确记录操作结果。

技能等级评价专业技能考核操作评分标准

工种	带电检测工					评价等级	中级工、高级工、技师
项目模块	光学检测—红外热像检测—变压器红外测温				编号	Jc000142004	
单位			准考证号			姓名	
考试时限	60分钟		题型	单项操作		题分	100分
成绩		考评员		考评组长		日期	
试题正文	变压器红外测温						
需要说明的问题和要求	（1）要求1人操作，由监考人员监护，考生着装规范，穿工作服、绝缘鞋，戴安全帽。 （2）操作中应注意安全，按照标准化作业书的技术安全说明做好安全措施。 （3）工器具、测试仪、相关配件由考场提供						

续表

序号	项目名称	质量要求	满分	扣分标准	扣分原因	得分
1	准备工作及仪器设定					
1.1	准备工作	人员精神面貌良好，着装符合电气作业规定要求，并进行危险点分析	3	未正确佩戴安全帽、未按要求着装、未要历史数据，出现任一项扣3分		
			2	未进行危险点分析扣2分		
1.2	仪器仪表检查	试验仪器仪表应齐全，有检验合格证且在检验合格周期内，所有仪器仪表应摆放整齐	2	未对仪器仪表有效期检查扣2分		
			2	未记录环境温、湿度各扣2分		
			1	试验仪器仪表未摆放整齐扣1分		
1.3	仪器设定	试验仪器应根据现场设备情况正确设置仪器相关参数	2	设置仪器补偿参数环境温度，设置不正确扣2分		
			2	设置仪器补偿参数相对湿度，设置不正确扣2分		
			3	设置仪器辐射系数，设置不正确扣3分		
			3	设置仪器补偿参数目标距离，设置不当扣3分		
2	现场测试	正确使用仪器	3	未能正确使用测试仪器扣3分		
			2	未记录风速扣2分		
		能够根据设备情况正确设置辐射率，测温过程中每个设备测试点应符合要求，测试人员应安全检测	5	入场开始进行一般检测，需移动停顿3个点以上，未见扣2～5分		
			5	进行精确检测，要满足精确检测要求（动作观察），未见扣2～5分		
			8	一般检测辐射率设置0.9，精确检测辐射率设置电瓷0.92，金属片0.9，涂漆金属非亮漆0.95（看最终相关测试报告记录），不符合要求每项扣2分		
		能够根据设备情况正确设置辐射率，测温过程中每个设备测试点应符合要求，测试人员应安全检测	12	主要测试变压器高压侧桩头、中压侧桩头、低压侧桩头、储油柜、散热片、本体，未测试每项扣2分		
			6	行走拍摄每移动一次扣3分，扣完为止（不安全）		
		试验后正确回收试仪器，并报告考核员测试结束	3	测试结束后仪器回收不规范、仪器设备未放回原处，扣3分		
			3	未报告考核员现场实测结束扣3分		
			3	未报告测试结论扣3分		
3	试验报告	完整出具试验报告，设备参数记录准确详细	5	记录不全或未记录被测设备名称、仪器型号、仪器编号、检测单位编号、试验日期的，各扣1分		
			5	被测试设备的相别、发热具体位置描述、温度、湿度、负荷电流缺项，各扣1分		
			5	未给出处理建议扣3分； 规程引用不正确扣2分		
			5	缺陷定义不正确扣3分； 未给出结论扣2分		

续表

序号	项目名称	质量要求	满分	扣分标准	扣分原因	得分
4	其他	检测过程中应符合《安规》要求，测试及报告时间应在规定的时间内完成	2	试验中出现不安全、一般性违章、试验仪器仪表损坏扣2分		
			3	未填写设备双重名称、现场记录潦草、未签名各扣1分		
			5	现场测试和试验报告应在规定的时间内完成，未完成的试验，每拖延1分钟扣1分，5分钟必须终止		
合计			100			

Jc000141005　断路器红外测温。（100分）

考核知识点：红外测温知识

难易度：易

技能等级评价专业技能考核操作工作任务书

一、任务名称

断路器红外测温。

二、适用工种

带电检测工初级工、中级工。

三、具体任务

（1）工作状态为断路器带电运行，工作内容为断路器红外测温。

（2）工作任务：

1）对断路器进行红外测温。

2）在规定时间内完成断路器红外测温。

四、工作规范及要求

（1）仪器使用正确、规范，并有安全措施。

（2）按要求进行断路器红外测温。

五、考核及时间要求

（1）操作时间为60分钟，时间到停止考核，包括检测时间和报告整理时间。

（2）按照技能操作记录单的操作要求进行操作，正确记录操作结果。

技能等级评价专业技能考核操作评分标准

<table>
<tr><td>工种</td><td colspan="6">带电检测工</td><td>评价等级</td><td>初级工、中级工</td></tr>
<tr><td>项目模块</td><td colspan="5">光学检测—红外热像检测—断路器红外测温</td><td>编号</td><td colspan="2">Jc000141005</td></tr>
<tr><td>单位</td><td colspan="3"></td><td>准考证号</td><td colspan="2"></td><td>姓名</td><td></td></tr>
<tr><td>考试时限</td><td colspan="2">60分钟</td><td>题型</td><td colspan="3">单项操作</td><td>题分</td><td>100分</td></tr>
<tr><td>成绩</td><td></td><td>考评员</td><td></td><td>考评组长</td><td colspan="2"></td><td>日期</td><td></td></tr>
<tr><td>试题正文</td><td colspan="8">断路器红外测温</td></tr>
<tr><td>需要说明的问题和要求</td><td colspan="8">（1）要求1人操作，由监考人员监护，考生着装规范，穿工作服、绝缘鞋，戴安全帽。
（2）操作中应注意安全，按照标准化作业书的技术安全说明做好安全措施。
（3）工器具、测试仪、相关配件由考场提供</td></tr>
</table>

续表

序号	项目名称	质量要求	满分	扣分标准	扣分原因	得分
1	准备工作及仪器设定					
1.1	准备工作	人员精神面貌良好，着装符合电气作业规定要求，并进行危险点分析	3	未正确佩戴安全帽、未按要求着装、未要历史数据，出现任一项扣3分		
			2	未进行危险点分析扣2分		
1.2	仪器仪表检查	试验仪器仪表应齐全，有检验合格证且在检验合格周期内，所有仪器仪表应摆放整齐	2	未对仪器仪表有效期检查扣2分		
			2	未记录环境温、湿度各扣2分		
			1	试验仪器仪表未摆放整齐扣1分		
1.3	仪器设定	试验仪器应根据现场设备情况正确设置仪器相关参数	2	设置仪器补偿参数环境温度，设置不正确扣2分		
			2	设置仪器补偿参数相对湿度，设置不正确扣2分		
			3	设置仪器辐射系数，设置不正确扣3分		
			3	设置仪器补偿参数目标距离，设置不当扣3分		
2	现场测试	正确使用仪器	3	未能正确使用测试仪器扣3分		
			2	未记录风速扣2分		
		能够根据设备情况正确设置辐射率，测温过程中每个设备测试点应符合要求，测试人员应安全检测	5	入场开始进行一般检测，需移动停顿3个点以上，未见扣2～5分		
			5	进行精确检测，要满足精确检测要求（动作观察），未见扣2～5分		
			8	一般检测辐射率设置0.9，精确检测辐射率设置电瓷0.92，金属片0.9，涂漆金属非亮漆0.95（看最终相关测试报告记录），不符合要求每项扣2分		
			12	主要测试断路器上接线板、下接线板、灭弧室，未测试每项扣4分		
			6	行走拍摄每移动一次扣3分，扣完为止（不安全）		
		试验后正确回收试仪器，并报告考核员测试结束	3	测试结束后仪器回收不规范、仪器设备未放回原处，扣3分		
			3	未报告考核员现场实测结束扣3分		
			3	未报告测试结论扣3分		
3	试验报告	完整出具试验报告，设备参数记录准确详细	5	记录不全或未记录被测设备名称、仪器型号、仪器编号、检测单位编号、试验日期的，各扣1分		
			5	被测试设备的相别、发热具体位置描述、温度、湿度、负荷电流缺项，各扣1分		
			5	未给出处理建议扣3分； 规程引用不正确扣2分		
			5	缺陷定义不正确扣3分； 未给出结论扣2分		

续表

序号	项目名称	质量要求	满分	扣分标准	扣分原因	得分
4	其他	检测过程中应符合《安规》要求，测试及报告时间应在规定的时间内完成	2	试验中出现不安全、一般性违章、试验仪器仪表损坏扣2分		
			3	未填写设备双重名称、现场记录潦草、未签名各扣1分		
			5	现场测试和试验报告应在规定的时间内完成，未完成的试验，每拖延1分钟扣1分，5分钟必须终止		
合计			100			

Jc000141006　电流互感器红外测温。(100分)

考核知识点：红外测温知识

难易度：易

技能等级评价专业技能考核操作工作任务书

一、任务名称

电流互感器红外测温。

二、适用工种

带电检测工初级工、中级工。

三、具体任务

（1）工作状态为电流互感器带电运行，工作内容为电流互感器红外测温。

（2）工作任务：

1）对电流互感器进行红外测温。

2）在规定时间内完成电流互感器红外测温。

四、工作规范及要求

（1）仪器使用正确、规范，并有安全措施。

（2）按要求进行电流互感器红外测温。

五、考核及时间要求

（1）操作时间为60分钟，时间到停止考核，包括检测时间和报告整理时间。

（2）按照技能操作记录单的操作要求进行操作，正确记录操作结果。

技能等级评价专业技能考核操作评分标准

<table>
<tr><td>工种</td><td colspan="6">带电检测工</td><td>评价等级</td><td>初级工、中级工</td></tr>
<tr><td>项目模块</td><td colspan="5">光学检测—红外热像检测—电流互感器红外测温</td><td>编号</td><td colspan="2">Jc000141006</td></tr>
<tr><td>单位</td><td colspan="3"></td><td>准考证号</td><td colspan="2"></td><td>姓名</td><td></td></tr>
<tr><td>考试时限</td><td colspan="2">60分钟</td><td>题型</td><td colspan="3">单项操作</td><td>题分</td><td>100分</td></tr>
<tr><td>成绩</td><td></td><td>考评员</td><td></td><td>考评组长</td><td colspan="2"></td><td>日期</td><td></td></tr>
<tr><td>试题正文</td><td colspan="8">电流互感器红外测温</td></tr>
<tr><td>需要说明的问题和要求</td><td colspan="8">（1）要求1人操作，由监考人员监护，考生着装规范，穿工作服、绝缘鞋，戴安全帽。
（2）操作中应注意安全，按照标准化作业书的技术安全说明做好安全措施。
（3）工器具、测试仪、相关配件由考场提供</td></tr>
</table>

续表

序号	项目名称	质量要求	满分	扣分标准	扣分原因	得分
1	准备工作及仪器设定					
1.1	准备工作	人员精神面貌良好，着装符合电气作业规定要求，并进行危险点分析	3	未正确佩戴安全帽、未按要求着装、未要历史数据，出现任一项扣3分		
			2	未进行危险点分析扣2分		
1.2	仪器仪表检查	试验仪器仪表应齐全，有检验合格证且在检验合格周期内，所有仪器仪表应摆放整齐	2	未对仪器仪表有效期检查扣2分		
			2	未记录环境温、湿度各扣2分		
			1	试验仪器仪表未摆放整齐扣1分		
1.3	仪器设定	试验仪器应根据现场设备情况正确设置仪器相关参数	2	设置仪器补偿参数环境温度，设置不正确扣2分		
			2	设置仪器补偿参数相对湿度，设置不正确扣2分		
			3	设置仪器辐射系数，设置不正确扣3分		
			3	设置仪器补偿参数目标距离，设置不当扣3分		
2	现场测试	正确使用仪器	3	未能正确使用测试仪器扣3分		
			2	未记录风速扣2分		
		能够根据设备情况正确设置辐射率，测温过程中每个设备测试点应符合要求，测试人员应安全检测	5	入场开始进行一般检测，需移动停顿3个点以上，未见扣2～5分		
			5	进行精确检测，要满足精确检测要求（动作观察），未见扣2～5分		
			8	一般检测辐射率设置0.9，精确检测辐射率设置电瓷0.92，金属片0.9，涂漆金属非亮漆0.95（看最终相关测试报告记录），不符合要求每项扣2分		
			12	主要测试电流互感器接线板、二次接线盒、本体，未测试每项扣4分		
			6	行走拍摄每移动一次扣3分，扣完为止（不安全）		
		试验后正确回收试仪器，并报告考核员测试结束	3	测试结束后仪器回收不规范、仪器设备未放回原处，扣3分		
			3	未报告考核员现场实测结束扣3分		
			3	未报告测试结论扣3分		
3	试验报告	完整出具试验报告，设备参数记录准确详细	5	记录不全或未记录被测设备名称、仪器型号、仪器编号、检测单位编号、试验日期的，各扣1分		
			5	被测试设备的相别、发热具体位置描述、温度、湿度、负荷电流缺项，各扣1分		
			5	未给出处理建议扣3分； 规程引用不正确扣2分；		
			5	缺陷定义不正确扣3分； 未给出结论扣2分		

续表

序号	项目名称	质量要求	满分	扣分标准	扣分原因	得分
4	其他	检测过程中应符合《安规》要求，测试及报告时间应在规定的时间内完成	2	试验中出现不安全、一般性违章、试验仪器仪表损坏扣2分		
			3	未填写设备双重名称、现场记录潦草、未签名各扣1分		
			5	现场测试和试验报告应在规定的时间内完成，未完成的试验，每拖延1分钟扣1分，5分钟必须终止		
合计			100			

Jc000141007　隔离开关红外测温。（100分）

考核知识点：红外测温知识

难易度：易

技能等级评价专业技能考核操作工作任务书

一、任务名称

隔离开关红外测温。

二、适用工种

带电检测工初级工、中级工。

三、具体任务

（1）工作状态为隔离开关带电运行，工作内容为隔离开关红外测温。

（2）工作任务：

1）对隔离开关进行红外测温。

2）在规定时间内完成隔离开关红外测温。

四、工作规范及要求

（1）仪器使用正确、规范，并有安全措施。

（2）要求进行隔离开关红外测温。

五、考核及时间要求

（1）操作时间为60分钟，时间到停止考核，包括检测时间和报告整理时间。

（2）按照技能操作记录单的操作要求进行操作，正确记录操作结果。

技能等级评价专业技能考核操作评分标准

工种	带电检测工					评价等级	初级工、中级工
项目模块	光学检测—红外热像检测—隔离开关红外测温				编号	Jc000141007	
单位			准考证号			姓名	
考试时限	60分钟		题型	单项操作		题分	100分
成绩		考评员		考评组长		日期	
试题正文	隔离开关红外测温						
需要说明的问题和要求	（1）要求1人操作，由监考人员监护，考生着装规范，穿工作服、绝缘鞋，戴安全帽。 （2）操作中应注意安全，按照标准化作业书的技术安全说明做好安全措施。 （3）工器具、测试仪、相关配件由考场提供						

续表

序号	项目名称	质量要求	满分	扣分标准	扣分原因	得分
1	准备工作及仪器设定					
1.1	准备工作	人员精神面貌良好，着装符合电气作业规定要求，并进行危险点分析	3	未正确佩戴安全帽、未按要求着装、未要历史数据，出现任一项扣3分		
			2	未进行危险点分析扣2分		
1.2	仪器仪表检查	试验仪器仪表应齐全，有检验合格证且在检验合格周期内，所有仪器仪表应摆放整齐	2	未对仪器仪表有效期检查扣2分		
			2	未记录环境温、湿度各扣2分		
			1	试验仪器仪表未摆放整齐扣1分		
1.3	仪器设定	试验仪器应根据现场设备情况正确设置仪器相关参数	2	设置仪器补偿参数环境温度，设置不正确扣2分		
			2	设置仪器补偿参数相对湿度，设置不正确扣2分		
			3	设置仪器辐射系数，设置不正确扣3分		
			3	设置仪器补偿参数目标距离，设置不当扣3分		
2	现场测试	正确使用仪器	3	未能正确使用测试仪器扣3分		
			2	未记录风速扣2分		
		能够根据设备情况正确设置辐射率，测温过程中每个设备测试点应符合要求，测试人员应安全检测	5	入场开始进行一般检测，需移动停顿3个点以上，未见扣2～5分		
			5	进行精确检测，要满足精确检测要求（动作观察），未见扣2～5分		
			8	一般检测辐射率设置0.9，精确检测辐射率设置电瓷0.92，金属片0.9，涂漆金属非亮漆0.95（看最终相关测试报告记录），不符合要求每项扣2分		
			12	主要测试隔离开关接线板、动静触头接触处、本体，未测试每项扣4分		
			6	行走拍摄每移动一次扣3分，扣完为止（不安全）		
		试验后正确回收试仪器，并报告考核员测试结束	3	测试结束后仪器回收不规范、仪器设备未放回原处，扣3分		
			3	未报告考核员现场实测结束扣3分		
			3	未报告测试结论扣3分		
3	试验报告	完整出具试验报告，设备参数记录准确详细	5	记录不全或未记录被测设备名称、仪器型号、仪器编号、检测单位编号、试验日期的，各扣1分		
			5	被测试设备的相别、发热具体位置描述、温度、湿度缺项，各扣1分		
			5	未给出处理建议扣3分； 规程引用不正确扣2分；		
			5	缺陷定义不正确扣3分； 未给出结论扣2分		

续表

序号	项目名称	质量要求	满分	扣分标准	扣分原因	得分
4	其他	检测过程中应符合《安规》要求，测试及报告时间应在规定的时间内完成	2	试验中出现不安全、一般性违章、试验仪器仪表损坏扣2分		
			3	未填写设备双重名称、现场记录潦草、未签名各扣1分		
			5	现场测试和试验报告应在规定的时间内完成，未完成的试验，每拖延1分钟扣1分，5分钟必须终止		
合计			100			

Jc000143008　避雷器红外测温。（100分）

考核知识点：红外测温知识

难易度：难

技能等级评价专业技能考核操作工作任务书

一、任务名称

避雷器红外测温。

二、适用工种

带电检测工高级工、技师、高级技师。

三、具体任务

（1）工作状态为避雷器带电运行，工作内容为避雷器红外测温。

（2）工作任务：

1）对避雷器进行红外测温。

2）在规定时间内完成避雷器红外测温。

四、工作规范及要求

（1）仪器使用正确、规范，并有安全措施。

（2）按要求进行避雷器红外测温。

五、考核及时间要求

（1）操作时间为60分钟，时间到停止考核，包括检测时间和报告整理时间。

（2）按照技能操作记录单的操作要求进行操作，正确记录操作结果。

技能等级评价专业技能考核操作评分标准

工种	带电检测工					评价等级	高级工、技师、高级技师
项目模块	光学检测—红外热像检测—避雷器红外测温				编号	Jc000143008	
单位			准考证号			姓名	
考试时限	60分钟	题型		单项操作		题分	100分
成绩		考评员		考评组长		日期	
试题正文	避雷器红外测温						
需要说明的问题和要求	（1）要求1人操作，由监考人员监护，考生着装规范，穿工作服、绝缘鞋，戴安全帽。 （2）操作中应注意安全，按照标准化作业书的技术安全说明做好安全措施。 （3）工器具、测试仪、相关配件由考场提供						

续表

序号	项目名称	质量要求	满分	扣分标准	扣分原因	得分
1	准备工作及仪器设定					
1.1	准备工作	人员精神面貌良好，着装符合电气作业规定要求，并进行危险点分析	3	未正确佩戴安全帽、未按要求着装、未要历史数据，出现任一项扣3分		
			2	未进行危险点分析扣2分		
1.2	仪器仪表检查	试验仪器仪表应齐全，有检验合格证且在检验合格周期内，所有仪器仪表应摆放整齐	2	未对仪器仪表有效期检查扣2分		
			2	未记录环境温、湿度各扣2分		
			1	试验仪器仪表未摆放整齐扣1分		
1.3	仪器设定	试验仪器应根据现场设备情况正确设置仪器相关参数	2	设置仪器补偿参数环境温度，设置不正确扣2分		
			2	设置仪器补偿参数相对湿度，设置不正确扣2分		
			3	设置仪器辐射系数，设置不正确扣3分		
			3	设置仪器补偿参数目标距离，设置不当扣3分		
2	现场测试	正确使用仪器	3	未能正确使用测试仪器扣3分		
			2	未记录风速扣2分		
		能够根据设备情况正确设置辐射率，测温过程中每个设备测试点应符合要求，测试人员应安全检测	5	入场开始进行一般检测，需移动停顿3个点以上，未见扣2～5分		
			5	进行精确检测，要满足精确检测要求（动作观察），未见扣2～5分		
			8	一般检测辐射率设置0.9，精确检测辐射率设置电瓷0.92，金属片0.9，涂漆金属非亮漆0.95（看最终相关测试报告记录），不符合要求每项扣2分		
			12	主要测试避雷器接线板、避雷器本体、避雷器基座，未测试每项扣4分		
			6	行走拍摄每移动一次扣3分，扣完为止（不安全）		
		试验后正确回收试仪器，并报告考核员测试结束	3	测试结束后仪器回收不规范、仪器设备未放回原处，扣3分		
			3	未报告考核员现场实测结束扣3分		
			3	未报告测试结论扣3分		
3	试验报告	完整出具试验报告，设备参数记录准确详细	5	记录不全或未记录被测设备名称、仪器型号、仪器编号、检测单位编号、试验日期的，各扣1分		
			5	被测试设备的相别、发热具体位置描述、温度、湿度缺项，各扣1分		
			5	未给出处理建议扣3分； 规程引用不正确扣2分		
			5	缺陷定义不正确扣3分； 未给出结论扣2分		

续表

序号	项目名称	质量要求	满分	扣分标准	扣分原因	得分
4	其他	检测过程中应符合《安规》要求，测试及报告时间应在规定的时间内完成	2	试验中出现不安全、一般性违章、试验仪器仪表损坏扣2分		
			3	未填写设备双重名称、现场记录潦草、未签名各扣1分		
			5	现场测试和试验报告应在规定的时间内完成，未完成的试验，每拖延1分钟扣1分，5分钟必须终止		
合计			100			

Jc000143009 电压互感器红外测温。(100分)

考核知识点：红外测温知识

难易度：难

技能等级评价专业技能考核操作工作任务书

一、任务名称

电压互感器红外测温。

二、适用工种

带电检测工高级工、技师、高级技师。

三、具体任务

（1）工作状态为电压互感器带电运行，工作内容为电压互感器红外测温。

（2）工作任务：

1）对电压互感器进行红外测温。

2）在规定时间内完成电压互感器红外测温。

四、工作规范及要求

（1）仪器使用正确、规范，并有安全措施。

（2）按要求进行电压互感器红外测温。

五、考核及时间要求

（1）操作时间为60分钟，时间到停止考核，包括检测时间和报告整理时间。

（2）按照技能操作记录单的操作要求进行操作，正确记录操作结果。

技能等级评价专业技能考核操作评分标准

工种	带电检测工				评价等级	高级工、技师、高级技师
项目模块	光学检测—红外热像检测—电压互感器红外测温			编号	Jc000143009	
单位		准考证号			姓名	
考试时限	60分钟	题型	单项操作		题分	100分
成绩		考评员		考评组长	日期	
试题正文	电压互感器红外测温					
需要说明的问题和要求	（1）要求1人操作，由监考人员监护，考生着装规范，穿工作服、绝缘鞋，戴安全帽。 （2）操作中应注意安全，按照标准化作业书的技术安全说明做好安全措施。 （3）工器具、测试仪、相关配件由考场提供					

续表

序号	项目名称	质量要求	满分	扣分标准	扣分原因	得分
1	准备工作及仪器设定					
1.1	准备工作	人员精神面貌良好，着装符合电气作业规定要求，并进行危险点分析	3	未正确佩戴安全帽、未按要求着装、未要历史数据，出现任一项扣3分		
			2	未进行危险点分析扣2分		
1.2	仪器仪表检查	试验仪器仪表应齐全，有检验合格证且在检验合格周期内，所有仪器仪表应摆放整齐	2	未对仪器仪表有效期检查扣2分		
			2	未记录环境温、湿度各扣2分		
			1	试验仪器仪表未摆放整齐扣1分		
1.3	仪器设定	试验仪器应根据现场设备情况正确设置仪器相关参数	2	设置仪器补偿参数环境温度，设置不正确扣2分		
			2	设置仪器补偿参数相对湿度，设置不正确扣2分		
			3	设置仪器辐射系数，设置不正确扣3分		
			3	设置仪器补偿参数目标距离，设置不当扣3分		
2	现场测试	正确使用仪器	3	未能正确使用测试仪器扣3分		
			2	未记录风速扣2分		
		能够根据设备情况正确设置辐射率，测温过程中每个设备测试点应符合要求，测试人员应安全检测	5	入场开始进行一般检测，需移动停顿3个点以上，未见扣2～5分		
			5	进行精确检测，要满足精确检测要求（动作观察），未见扣2～5分		
			8	一般检测辐射率设置0.9，精确检测辐射率设置电瓷0.92，金属片0.9，涂漆金属非亮漆0.95（看最终相关测试报告记录），不符合要求每项扣2分		
			12	主要测试电压互感器接线桩头、电压互感器本体、电压互感器二次接线盒，未测试每项扣4分		
			6	行走拍摄每移动一次扣3分，扣完为止（不安全）		
		试验后正确回收试仪器，并报告考核员测试结束	3	测试结束后仪器回收不规范、仪器设备未放回原处，扣3分		
			3	未报告考核员现场实测结束扣3分		
			3	未报告测试结论扣3分		
3	试验报告	完整出具试验报告，设备参数记录准确详细	5	记录不全或未记录被测设备名称、仪器型号、仪器编号、检测单位编号、试验日期的，各扣1分		
			5	被测试设备的相别、发热具体位置描述、温度、湿度缺项，各扣1分		
			5	未给出处理建议扣3分； 规程引用不正确扣2分		
			5	缺陷定义不正确扣3分； 未给出结论扣2分		

续表

序号	项目名称	质量要求	满分	扣分标准	扣分原因	得分
4	其他	检测过程中应符合《安规》要求，测试及报告时间应在规定的时间内完成	2	试验中出现不安全、一般性违章、试验仪器仪表损坏扣 2 分		
			3	未填写设备双重名称、现场记录潦草、未签名各扣 1 分		
			5	现场测试和试验报告应在规定的时间内完成，未完成的试验，每拖延 1 分钟扣 1 分，5 分钟必须终止		
合计			100			

Jc000142010 电容器红外测温。(100 分)

考核知识点：红外测温知识

难易度：中

技能等级评价专业技能考核操作工作任务书

一、任务名称

电容器红外测温。

二、适用工种

带电检测工中级工、高级工、技师。

三、具体任务

（1）工作状态为电容器带电运行，工作内容为电容器红外测温。

（2）工作任务：

1）对电容器进行红外测温。

2）在规定时间内完成电容器红外测温。

四、工作规范及要求

（1）仪器使用正确、规范，并有安全措施。

（2）按要求进行电容器红外测温。

五、考核及时间要求

（1）操作时间为 60 分钟，时间到停止考核，包括检测时间和报告整理时间。

（2）按照技能操作记录单的操作要求进行操作，正确记录操作结果。

技能等级评价专业技能考核操作评分标准

<table>
<tr><td>工种</td><td colspan="5">带电检测工</td><td>评价等级</td><td>中级工、高级工、技师</td></tr>
<tr><td>项目模块</td><td colspan="5">光学检测—红外热像检测—电容器红外测温</td><td>编号</td><td>Jc000142010</td></tr>
<tr><td>单位</td><td colspan="3"></td><td>准考证号</td><td></td><td>姓名</td><td></td></tr>
<tr><td>考试时限</td><td colspan="2">60 分钟</td><td>题型</td><td colspan="2">单项操作</td><td>题分</td><td>100 分</td></tr>
<tr><td>成绩</td><td></td><td>考评员</td><td></td><td>考评组长</td><td></td><td>日期</td><td></td></tr>
<tr><td>试题正文</td><td colspan="7">电容器红外测温</td></tr>
<tr><td>需要说明的问题和要求</td><td colspan="7">（1）要求 1 人操作，由监考人员监护，考生着装规范，穿工作服、绝缘鞋，戴安全帽。
（2）操作中应注意安全，按照标准化作业书的技术安全说明做好安全措施。
（3）工器具、测试仪、相关配件由考场提供</td></tr>
</table>

续表

序号	项目名称	质量要求	满分	扣分标准	扣分原因	得分
1	准备工作及仪器设定					
1.1	准备工作	人员精神面貌良好，着装符合电气作业规定要求，并进行危险点分析	3	未正确佩戴安全帽，未按要求着装，未要历史数据，出现任一项扣3分		
			2	未进行危险点分析扣2分		
1.2	仪器仪表检查	试验仪器仪表应齐全，有检验合格证且在检验合格周期内，所有仪器仪表应摆放整齐	2	未对仪器仪表有效期检查扣2分		
			2	未记录环境温、湿度各扣2分		
			1	试验仪器仪表未摆放整齐扣1分		
1.3	仪器设定	试验仪器应根据现场设备情况正确设置仪器相关参数	2	设置仪器补偿参数环境温度，设置不正确扣2分		
			2	设置仪器补偿参数相对湿度，设置不正确扣2分		
			3	设置仪器辐射系数，设置不正确扣3分		
			3	设置仪器补偿参数目标距离，设置不当扣3分		
2.1	现场测试	正确使用仪器	3	未能正确使用测试仪器扣3分		
			2	未记录风速扣2分		
		能够根据设备情况正确设置辐射率，测温过程中每个设备测试点应符合要求，测试人员应安全检测	5	入场开始进行一般检测，需移动停顿3个点以上，未见扣2～5分		
			5	进行精确检测，要满足精确检测要求（动作观察），未见扣2～5分		
			8	一般检测辐射率设置0.9，精确检测辐射率设置电瓷0.92，金属片0.9，涂漆金属非亮漆0.95（看最终相关测试报告记录），不符合要求每项扣2分		
			12	主要测试电容器接线桩头、电容器本体，未测试每项扣6分		
			6	行走拍摄每移动一次扣3分，扣完为止（不安全）		
		试验后正确回收试仪器，并报告考核员测试结束	3	测试结束后仪器回收不规范、仪器设备未放回原处，扣3分		
			3	未报告考核员现场实测结束扣3分		
			3	未报告测试结论扣3分		
3	试验报告	完整出具试验报告，设备参数记录准确详细	5	记录不全或未记录被测设备名称、仪器型号、仪器编号、检测单位编号、试验日期的，各扣1分		
			5	被测试设备的相别、发热具体位置描述、温度、湿度、负荷电流缺项，各扣1分		
			5	未给出处理建议扣3分； 规程引用不正确扣2分		
			5	缺陷定义不正确扣3分； 未给出结论扣2分		
4	其他	检测过程中应符合《安规》要求，测试及报告时间应在规定的时间内完成	2	试验中出现不安全、一般性违章、试验仪器仪表损坏扣2分		
			3	未填写设备双重名称、现场记录潦草、未签名各扣1分		

续表

序号	项目名称	质量要求	满分	扣分标准	扣分原因	得分
4	其他	检测过程中应符合《安规》要求，测试及报告时间应在规定的时间内完成	5	现场测试和试验报告应在规定的时间内完成，未完成的试验，每拖延1分钟扣1分，5分钟必须终止		
合计			100			

Jc000142011　绝缘子、导线及均压环紫外成像检测。（100分）

考核知识点：紫外成像知识

难易度：中

技能等级评价专业技能考核操作工作任务书

一、任务名称

绝缘子、导线及均压环紫外成像检测。

二、适用工种

带电检测工中级工、高级工、技师。

三、具体任务

（1）工作状态为绝缘子、导线、均压环带电运行，工作内容为进行绝缘子、导线及均压环紫外成像检测。

（2）工作任务：

1）对绝缘子、导线及均压环进行紫外成像检测。

2）在规定时间内完成绝缘子、导线及均压环紫外成像检测。

四、工作规范及要求

（1）仪器使用正确、规范，并有安全措施。

（2）按要求进行绝缘子、导线及均压环紫外成像检测。

五、考核及时间要求

（1）操作时间为60分钟，时间到停止考核，包括检测时间和报告整理时间。

（2）按照技能操作记录单的操作要求进行操作，正确记录操作结果。

技能等级评价专业技能考核操作评分标准

工种	带电检测工				评价等级	中级工、高级工、技师
项目模块	光学检测—紫外成像检测—绝缘子、导线及均压环紫外成像检测			编号	Jc000142011	
单位		准考证号			姓名	
考试时限	60分钟	题型	单项操作		题分	100分
成绩		考评员		考评组长		日期
试题正文	绝缘子、导线及均压环紫外成像检测					
需要说明的问题和要求	（1）要求1人操作，由监考人员监护，考生着装规范，穿工作服、绝缘鞋，戴安全帽。 （2）操作中应注意安全，按照标准化作业书的技术安全说明做好安全措施。 （3）工器具、测试仪、相关配件由考场提供					

序号	项目名称	质量要求	满分	扣分标准	扣分原因	得分
1	准备工作及仪器设定					

续表

序号	项目名称	质量要求	满分	扣分标准	扣分原因	得分
1.1	准备工作	人员精神面貌良好，着装符合电气作业规定要求，并进行危险点分析	3	未正确佩戴安全帽、未按要求着装、未要历史数据，出现任一项扣3分		
			2	未进行危险点分析扣2分		
1.2	仪器仪表检查	试验仪器仪表应齐全，有检验合格证且在检验合格周期内，所有仪器仪表应摆放整齐	2	未对仪器仪表有效期检查扣2分		
			2	未记录环境温、湿度各扣2分		
			1	试验仪器仪表未摆放整齐扣1分		
1.3	仪器设定	试验仪器应根据现场设备情况正确设置仪器相关参数	3	设置仪器增益，设置不正确扣3分		
			3	设置仪器焦距，设置不正确扣3分		
			4	设置图片或视频模式，设置不正确扣4分		
2	现场测试	正确使用仪器	3	未能正确使用测试仪器扣3分		
			2	未记录风速扣2分		
		能够根据设备情况正确设置焦距，检测过程中每个设备测试点应符合要求，测试人员应安全检测	5	入场开始进行一般检测，需移动停顿3个点以上，未见扣2～5分		
			5	进行精确检测，要满足精确检测要求（动作观察），未见扣2～5分		
			8	图像不清晰每项扣2分		
			12	主要测试绝缘子、导线、均压环，未测试每项扣4分		
			6	行走拍摄每移动一次扣3分，扣完为止（不安全）		
		试验后正确回收试仪器，并报告考核员测试结束	3	测试结束后仪器回收不规范、仪器设备未放回原处，扣3分		
			3	未报告考核员现场实测结束扣3分		
			3	未报告测试结论扣3分		
3	试验报告	完整出具试验报告，设备参数记录准确详细	5	记录不全或未记录被测设备名称、仪器型号、仪器编号、检测单位编号、试验日期的，各扣1分		
			5	被测试设备的相别、紫外成像具体位置描述、温度、湿度缺项，各扣1分		
			5	未给出处理建议扣3分； 规程引用不正确扣2分		
			5	缺陷定义不正确扣3分； 未给出结论扣2分		
4	其他	检测过程中应符合《安规》要求，测试及报告时间应在规定的时间内完成	2	试验中出现不安全、一般性违章、试验仪器仪表损坏扣2分		
			3	未填写设备双重名称、现场记录潦草、未签名各扣1分		
			5	现场测试和试验报告应在规定的时间内完成，未完成的试验，每拖延1分钟扣1分，5分钟必须终止		
合计			100			

Jc000141012　电抗器红外测温。(100 分)

考核知识点：红外测温知识

难易度：易

技能等级评价专业技能考核操作工作任务书

一、任务名称

电抗器红外测温。

二、适用工种

带电检测工初级工、中级工、高级工。

三、具体任务

(1) 工作状态为电抗器带电运行，工作内容为电抗器红外测温。

(2) 工作任务：

1) 对电抗器进行红外测温。

2) 在规定时间内完成电抗器红外测温。

四、工作规范及要求

(1) 仪器使用正确、规范，并有安全措施。

(2) 按要求进行电抗器红外测温。

五、考核及时间要求

(1) 操作时间为 60 分钟，时间到停止考核，包括检测时间和报告整理时间。

(2) 按照技能操作记录单的操作要求进行操作，正确记录操作结果。

技能等级评价专业技能考核操作评分标准

工种	带电检测工					评价等级	初级工、中级工、高级工
项目模块	光学检测—红外热像检测—电抗器红外测温				编号	Jc000141012	
单位			准考证号			姓名	
考试时限	60 分钟		题型	单项操作		题分	100 分
成绩		考评员		考评组长		日期	
试题正文	电抗器红外测温						
需要说明的问题和要求	(1) 要求 1 人操作，由监考人员监护，考生着装规范，穿工作服、绝缘鞋，戴安全帽。 (2) 操作中应注意安全，按照标准化作业书的技术安全说明做好安全措施。 (3) 工器具、测试仪、相关配件由考场提供						

序号	项目名称	质量要求	满分	扣分标准	扣分原因	得分
1	准备工作及仪器设定					
1.1	准备工作	人员精神面貌良好，着装符合电气作业规定要求，并进行危险点分析	3	未正确佩戴安全帽、未按要求着装、未要历史数据，出现任一项扣 3 分		
			2	未进行危险点分析扣 2 分		
1.2	仪器仪表检查	试验仪器仪表应齐全，有检验合格证且在检验合格周期内，所有仪器仪表应摆放整齐	2	未对仪器仪表有效期检查扣 2 分		
			2	未记录环境温、湿度各扣 2 分		
			1	试验仪器仪表未摆放整齐扣 1 分		
1.3	仪器设定	试验仪器应根据现场设备情况正确设置仪器相关参数	2	设置仪器补偿参数环境温度，设置不正确扣 2 分		
			2	设置仪器补偿参数相对湿度，设置不正确扣 2 分		

续表

序号	项目名称	质量要求	满分	扣分标准	扣分原因	得分
1.3	仪器设定	试验仪器应根据现场设备情况正确设置仪器相关参数	3	设置仪器辐射系数，设置不正确扣 3 分		
			3	设置仪器补偿参数目标距离，设置不当扣 3 分		
2	现场测试	正确使用仪器	3	未能正确使用测试仪器扣 3 分		
			2	未记录风速扣 2 分		
		能够根据设备情况正确设置辐射率，测温过程中每个设备测试点应符合要求，测试人员应安全检测	5	入场开始进行一般检测，需移动停顿 3 个点以上，未见扣 2～5 分		
			5	进行精确检测，要满足精确检测要求（动作观察），未见扣 2～5 分		
			8	一般检测辐射率设置 0.9，精确检测辐射率设置电瓷 0.92，金属片 0.9，涂漆金属非亮漆 0.95（看最终相关测试报告记录），不符合要求每项扣 2 分		
			12	主要测试电抗器接线板、本体，未测试每项扣 4 分		
			6	行走拍摄每移动一次扣 3 分，扣完为止（不安全）		
		试验后正确回收试仪器，并报告考核员测试结束	3	测试结束后仪器回收不规范、仪器设备未放回原处，扣 3 分		
			3	未报告考核员现场实测结束扣 3 分		
			3	未报告测试结论扣 3 分		
3	试验报告	完整出具试验报告，设备参数记录准确详细	5	记录不全或未记录被测设备名称、仪器型号、仪器编号、检测单位编号、试验日期的，各扣 1 分		
			5	被测试设备的相别、发热具体位置描述、温度、湿度缺项，各扣 1 分		
			5	未给出处理建议扣 3 分； 规程引用不正确扣 2 分		
			5	缺陷定义不正确扣 3 分； 未给出结论扣 2 分		
4	其他	检测过程中应符合《安规》要求，测试及报告时间应在规定的时间内完成	2	试验中出现不安全、一般性违章、试验仪器仪表损坏扣 2 分		
			3	未填写设备双重名称、现场记录潦草、未签名各扣 1 分		
			5	现场测试和试验报告应在规定的时间内完成，未完成的试验，每拖延 1 分钟扣 1 分，5 分钟必须终止		
合计			100			

Jc000143013　直流变压器红外测温。（100 分）

考核知识点：红外测温知识

难易度：难

技能等级评价专业技能考核操作工作任务书

一、任务名称

直流变压器红外测温。

二、适用工种

带电检测工高级工、技师、高级技师。

三、具体任务

（1）工作状态为直流变压器带电运行，工作内容为直流变压器红外测温。

（2）工作任务：

1）对直流变压器进行红外测温。

2）在规定时间内完成直流变压器红外测温。

四、工作规范及要求

（1）仪器使用正确、规范，并有安全措施。

（2）按要求进行直流变压器红外测温。

五、考核及时间要求

（1）操作时间为 60 分钟，时间到停止考核，包括检测时间和报告整理时间。

（2）按照技能操作记录单的操作要求进行操作，正确记录操作结果。

技能等级评价专业技能考核操作评分标准

工种	带电检测工					评价等级	高级工、技师、高级技师
项目模块	光学检测—红外热像检测—直流变压器红外测温				编号	Jc000143013	
单位			准考证号			姓名	
考试时限	60 分钟	题型		单项操作		题分	100 分
成绩		考评员		考评组长		日期	
试题正文	直流变压器红外测温						
需要说明的问题和要求	（1）要求 1 人操作，由监考人员监护，考生着装规范，穿工作服、绝缘鞋，戴安全帽。 （2）操作中应注意安全，按照标准化作业书的技术安全说明做好安全措施。 （3）工器具、测试仪、相关配件由考场提供						

序号	项目名称	质量要求	满分	扣分标准	扣分原因	得分
1	准备工作及仪器设定					
1.1	准备工作	人员精神面貌良好，着装符合电气作业规定要求，并进行危险点分析	3	未正确佩戴安全帽、未按要求着装、未要历史数据，出现任一项扣 3 分		
			2	未进行危险点分析扣 2 分		
1.2	仪器仪表检查	试验仪器仪表应齐全，有检验合格证且在检验合格周期内，所有仪器仪表应摆放整齐	2	未对仪器仪表有效期检查扣 2 分		
			2	未记录环境温、湿度各扣 2 分		
			1	试验仪器仪表未摆放整齐扣 1 分		
1.3	仪器设定	试验仪器应根据现场设备情况正确设置仪器相关参数	2	设置仪器补偿参数环境温度，设置不正确扣 2 分		
			2	设置仪器补偿参数相对湿度，设置不正确扣 2 分		
			3	设置仪器辐射系数，设置不正确扣 3 分		
			3	设置仪器补偿参数目标距离，设置不当扣 3 分		

续表

序号	项目名称	质量要求	满分	扣分标准	扣分原因	得分
2	现场测试	正确使用仪器	3	未能正确使用测试仪器扣3分		
			2	未记录风速扣2分		
		能够根据设备情况正确设置辐射率，测温过程中每个设备测试点应符合要求，测试人员应安全检测	5	入场开始进行一般检测，需移动停顿3个点以上，未见扣2～5分		
			5	进行精确检测，要满足精确检测要求（动作观察），未见扣2～5分		
			8	一般检测辐射率设置0.9，精确检测辐射率设置电瓷0.92，金属片0.9，涂漆金属非亮漆0.95（看最终相关测试报告记录），不符合要求每项扣2分		
			12	主要测试直流变压器本体、接线板、套管、油枕、散热片等部位，未测试每项扣4分		
			6	行走拍摄每移动一次扣3分，扣完为止（不安全）		
		试验后正确回收试仪器，并报告考核员测试结束	3	测试结束后仪器回收不规范、仪器设备未放回原处，扣3分		
			3	未报告考核员现场实测结束扣3分		
			3	未报告测试结论扣3分		
3	试验报告	完整出具试验报告，设备参数记录准确详细	5	记录不全或未记录被测设备名称、仪器型号、仪器编号、检测单位编号、试验日期的，各扣1分		
			5	被测试设备的相别、发热具体位置描述、温度、湿度缺项，各扣1分		
			5	未给出处理建议扣3分； 规程引用不正确扣2分		
			5	缺陷定义不正确扣3分； 未给出结论扣2分		
4	其他	检测过程中应符合《安规》要求，测试及报告时间应在规定的时间内完成	2	试验中出现不安全、一般性违章、试验仪器仪表损坏扣2分		
			3	未填写设备双重名称、现场记录潦草、未签名各扣1分		
			5	现场测试和试验报告应在规定的时间内完成，未完成的试验，每拖延1分钟扣1分，5分钟必须终止		
合计			100			

Jc000141014　直流电抗器红外测温。（100分）

考核知识点：红外测温知识

难易度：易

技能等级评价专业技能考核操作工作任务书

一、任务名称

直流电抗器红外测温。

二、适用工种

带电检测工初级工、中级工、高级工

三、具体任务

（1）工作状态为直流电抗器带电运行，工作内容为直流电抗器红外测温。

（2）工作任务：

1）对直流电抗器进行红外测温。

2）在规定时间内完成直流电抗器红外测温。

四、工作规范及要求

（1）仪器使用正确、规范，并有安全措施。

（2）按要求进行直流电抗器红外测温。

五、考核及时间要求

（1）操作时间为60分钟，时间到停止考核，包括检测时间和报告整理时间。

（2）按照技能操作记录单的操作要求进行操作，正确记录操作结果。

技能等级评价专业技能考核操作评分标准

工种	带电检测工					评价等级	初级工、中级工、高级工
项目模块	光学检测—红外热像检测—直流电抗器红外测温					编号	Jc000141014
单位			准考证号			姓名	
考试时限	60分钟		题型	单项操作		题分	100分
成绩		考评员		考评组长		日期	
试题正文	直流电抗器红外测温						
需要说明的问题和要求	（1）要求1人操作，由监考人员监护，考生着装规范，穿工作服、绝缘鞋，戴安全帽。 （2）操作中应注意安全，按照标准化作业书的技术安全说明做好安全措施。 （3）工器具、测试仪、相关配件由考场提供						

序号	项目名称	质量要求	满分	扣分标准	扣分原因	得分
1	准备工作及仪器设定					
1.1	准备工作	人员精神面貌良好，着装符合电气作业规定要求，并进行危险点分析	3	未正确佩戴安全帽、未按要求着装、未要历史数据，出现任一项扣3分		
			2	未进行危险点分析扣2分		
1.2	仪器仪表检查	试验仪器仪表应齐全，有检验合格证且在检验合格周期内，所有仪器仪表应摆放整齐	2	未对仪器仪表有效期检查扣2分		
			2	未记录环境温、湿度各扣2分		
			1	试验仪器仪表未摆放整齐扣1分		
1.3	仪器设定	试验仪器应根据现场设备情况正确设置仪器相关参数	2	设置仪器补偿参数环境温度，设置不正确扣2分		
			2	设置仪器补偿参数相对湿度，设置不正确扣2分		
			3	设置仪器辐射系数，设置不正确扣3分		
			3	设置仪器补偿参数目标距离，设置不当扣3分		
2	现场测试	正确使用仪器	3	未能正确使用测试仪器扣3分		
			2	未记录风速扣2分		

续表

序号	项目名称	质量要求	满分	扣分标准	扣分原因	得分
2	现场测试	能够根据设备情况正确设置辐射率，测温过程中每个设备测试点应符合要求，测试人员应安全检测	5	入场开始进行一般检测，需移动停顿 3 个点以上，未见扣 2～5 分		
			5	进行精确检测，要满足精确检测要求（动作观察），未见扣 2～5 分		
			8	一般检测辐射率设置 0.9，精确检测辐射率设置电瓷 0.92，金属片 0.9，涂漆金属非亮漆 0.95（看最终相关测试报告记录），不符合要求每项扣 2 分		
			12	主要测试直流电抗器本体、接线板等部位，未测试每项扣 4 分		
			6	行走拍摄每移动一次扣 3 分，扣完为止（不安全）		
		试验后正确回收试仪器，并报告考核员测试结束	3	测试结束后仪器回收不规范、仪器设备未放回原处，扣 3 分		
			3	未报告考核员现场实测结束扣 3 分		
			3	未报告测试结论扣 3 分		
3	试验报告	完整出具试验报告，设备参数记录准确详细	5	记录不全或未记录被测设备名称、仪器型号、仪器编号、检测单位编号、试验日期的，各扣 1 分		
			5	被测试设备的相别、发热具体位置描述、温度、湿度缺项，各扣 1 分		
			5	未给出处理建议扣 3 分； 规程引用不正确扣 2 分		
			5	缺陷定义不正确扣 3 分； 未给出结论扣 2 分		
4	其他	检测过程中应符合《安规》要求，测试及报告时间应在规定的时间内完成	2	试验中出现不安全、一般性违章、试验仪器仪表损坏扣 2 分		
			3	未填写设备双重名称、现场记录潦草、未签名各扣 1 分		
			5	现场测试和试验报告应在规定的时间内完成，未完成的试验，每拖延 1 分钟扣 1 分，5 分钟必须终止		
合计			100			

Jc000142015　交流滤波器红外测温。(100 分)

考核知识点：红外测温知识

难易度：中

技能等级评价专业技能考核操作工作任务书

一、任务名称

交流滤波器红外测温。

二、适用工种

带电检测工中级工、高级工、技师。

三、具体任务

（1）工作状态为交流滤波器带电运行，工作内容为交流滤波器红外测温。

（2）工作任务：

1）对交流滤波器进行红外测温。

2）在规定时间内完成交流滤波器红外测温。

四、工作规范及要求

（1）仪器使用正确、规范，并有安全措施。

（2）按要求进行交流滤波器红外测温。

五、考核及时间要求

（1）操作时间为60分钟，时间到停止考核，包括检测时间和报告整理时间。

（2）按照技能操作记录单的操作要求进行操作，正确记录操作结果。

技能等级评价专业技能考核操作评分标准

工种	带电检测工					评价等级	中级工、高级工、技师
项目模块	光学检测—红外热像检测—交流滤波器红外测温				编号	Jc000142015	
单位				准考证号		姓名	
考试时限	60分钟		题型	单项操作		题分	100分
成绩		考评员		考评组长		日期	
试题正文	交流滤波器红外测温						
需要说明的问题和要求	（1）要求1人操作，由监考人员监护，考生着装规范，穿工作服、绝缘鞋，戴安全帽。 （2）操作中应注意安全，按照标准化作业书的技术安全说明做好安全措施。 （3）工器具、测试仪、相关配件由考场提供						

序号	项目名称	质量要求	满分	扣分标准	扣分原因	得分
1	准备工作及仪器设定					
1.1	准备工作	人员精神面貌良好，着装符合电气作业规定要求，并进行危险点分析	3	未正确佩戴安全帽、未按要求着装、未要历史数据，出现任一项扣3分		
			2	未进行危险点分析扣2分		
1.2	仪器仪表检查	试验仪器仪表应齐全，有检验合格证且在检验合格周期内，所有仪器仪表应摆放整齐	2	未对仪器仪表有效期检查扣2分		
			2	未记录环境温、湿度各扣2分		
			1	试验仪器仪表未摆放整齐扣1分		
1.3	仪器设定	试验仪器应根据现场设备情况正确设置仪器相关参数	2	设置仪器补偿参数环境温度，设置不正确扣2分		
			2	设置仪器补偿参数相对湿度，设置不正确扣2分		
			3	设置仪器辐射系数，设置不正确扣3分		
			3	设置仪器补偿参数目标距离，设置不当扣3分		
2	现场测试	正确使用仪器	3	未能正确使用测试仪器扣3分		
			2	未记录风速扣2分		
		能够根据设备情况正确设置辐射率，测温过程中每个设备测试点应符合要求，测试人员应安全检测	5	入场开始进行一般检测，需移动停顿3个点以上，未见扣2～5分		
			5	进行精确检测，要满足精确检测要求（动作观察），未见扣2～5分		

续表

序号	项目名称	质量要求	满分	扣分标准	扣分原因	得分
2	现场测试	能够根据设备情况正确设置辐射率，测温过程中每个设备测试点应符合要求，测试人员应安全检测	8	一般检测辐射率设置 0.9，精确检测辐射率设置电瓷 0.92，金属片 0.9，涂漆金属非亮漆 0.95（看最终相关测试报告记录），不符合要求每项扣 2 分		
			12	主要测试交流滤波器本体、接线板等部位，未测试每项扣 4 分		
			6	行走拍摄每移动一次扣 3 分，扣完为止（不安全）		
		试验后正确回收试仪器，并报告考核员测试结束	3	测试结束后仪器回收不规范、仪器设备未放回原处，扣 3 分		
			3	未报告考核员现场实测结束扣 3 分		
			3	未报告测试结论扣 3 分		
3	试验报告	完整出具试验报告，设备参数记录准确详细	5	记录不全或未记录被测设备名称、仪器型号、仪器编号、检测单位编号、试验日期的，各扣 1 分		
			5	被测试设备的相别、发热具体位置描述、温度、湿度缺项，各扣 1 分		
			5	未给出处理建议扣 3 分； 规程引用不正确扣 2 分		
			5	缺陷定义不正确扣 3 分； 未给出结论扣 2 分		
4	其他	检测过程中应符合《安规》要求，测试及报告时间应在规定的时间内完成	2	试验中出现不安全、一般性违章、试验仪器仪表损坏扣 2 分		
			3	未填写设备双重名称、现场记录潦草、未签名各扣 1 分		
			5	现场测试和试验报告应在规定的时间内完成，未完成的试验，每拖延 1 分钟扣 1 分，5 分钟必须终止		
合计			100			

Jc000143016　直流滤波器红外测温。(100 分)

考核知识点：红外测温知识

难易度：中

技能等级评价专业技能考核操作工作任务书

一、任务名称

直流滤波器红外测温。

二、适用工种

带电检测工中级工、高级工、技师。

三、具体任务

（1）工作状态为直流滤波器带电运行，工作内容为对直流滤波器进行红外测温。

（2）工作任务：

1）对直流滤波器进行红外测温。

2）在规定时间内完成直流滤波器红外测温。

四、工作规范及要求

（1）仪器使用正确、规范，并有安全措施。

（2）按要求进行直流滤波器红外测温。

五、考核及时间要求

（1）操作时间为60分钟，时间到停止考核，包括检测时间和报告整理时间。

（2）按照技能操作记录单的操作要求进行操作，正确记录操作结果。

技能等级评价专业技能考核操作评分标准

<table>
<tr><td>工种</td><td colspan="5">带电检测工</td><td>评价等级</td><td>中级工、高级工、技师</td></tr>
<tr><td>项目模块</td><td colspan="4">光学检测—红外热像检测—直流滤波器红外测温</td><td>编号</td><td colspan="2">Jc000143016</td></tr>
<tr><td>单位</td><td colspan="2"></td><td>准考证号</td><td colspan="2"></td><td>姓名</td><td></td></tr>
<tr><td>考试时限</td><td colspan="2">60 分钟</td><td>题型</td><td colspan="2">单项操作</td><td>题分</td><td>100 分</td></tr>
<tr><td>成绩</td><td></td><td>考评员</td><td></td><td>考评组长</td><td></td><td>日期</td><td></td></tr>
<tr><td>试题正文</td><td colspan="7">直流滤波器红外测温</td></tr>
<tr><td>需要说明的问题和要求</td><td colspan="7">（1）要求 1 人操作，由监考人员监护，考生着装规范，穿工作服、绝缘鞋，戴安全帽。
（2）操作中应注意安全，按照标准化作业书的技术安全说明做好安全措施。
（3）工器具、测试仪、相关配件由考场提供</td></tr>
</table>

<table>
<tr><th>序号</th><th>项目名称</th><th>质量要求</th><th>满分</th><th>扣分标准</th><th>扣分原因</th><th>得分</th></tr>
<tr><td>1</td><td>准备工作及仪器设定</td><td></td><td></td><td></td><td></td><td></td></tr>
<tr><td rowspan="2">1.1</td><td rowspan="2">准备工作</td><td rowspan="2">人员精神面貌良好，着装符合电气作业规定要求，并进行危险点分析</td><td>3</td><td>未正确佩戴安全帽、未按要求着装、未要历史数据，出现任一项扣 3 分</td><td></td><td></td></tr>
<tr><td>2</td><td>未进行危险点分析扣 2 分</td><td></td><td></td></tr>
<tr><td rowspan="3">1.2</td><td rowspan="3">仪器仪表检查</td><td rowspan="3">试验仪器仪表应齐全，有检验合格证且在检验合格周期内，所有仪器仪表应摆放整齐</td><td>2</td><td>未对仪器仪表有效期检查扣 2 分</td><td></td><td></td></tr>
<tr><td>2</td><td>未记录环境温、湿度各扣 2 分</td><td></td><td></td></tr>
<tr><td>1</td><td>试验仪器仪表未摆放整齐扣 1 分</td><td></td><td></td></tr>
<tr><td rowspan="4">1.3</td><td rowspan="4">仪器设定</td><td rowspan="4">试验仪器应根据现场设备情况正确设置仪器相关参数</td><td>2</td><td>设置仪器补偿参数环境温度，设置不正确扣 2 分</td><td></td><td></td></tr>
<tr><td>2</td><td>设置仪器补偿参数相对湿度，设置不正确扣 2 分</td><td></td><td></td></tr>
<tr><td>3</td><td>设置仪器辐射系数，设置不正确扣 3 分</td><td></td><td></td></tr>
<tr><td>3</td><td>设置仪器补偿参数目标距离，设置不当扣 3 分</td><td></td><td></td></tr>
<tr><td rowspan="5">2</td><td rowspan="5">现场测试</td><td rowspan="2">正确使用仪器</td><td>3</td><td>未能正确使用测试仪器扣 3 分</td><td></td><td></td></tr>
<tr><td>2</td><td>未记录风速扣 2 分</td><td></td><td></td></tr>
<tr><td rowspan="3">能够根据设备情况正确设置辐射率，测温过程中每个设备测试点应符合要求，测试人员应安全检测</td><td>5</td><td>入场开始进行一般检测，需移动停顿 3 个点以上，未见扣 2～5 分</td><td></td><td></td></tr>
<tr><td>5</td><td>进行精确检测，要满足精确检测要求（动作观察），未见扣 2～5 分</td><td></td><td></td></tr>
<tr><td>8</td><td>一般检测辐射率设置 0.9，精确检测辐射率设置电瓷 0.92，金属片 0.9，涂漆金属非亮漆 0.95（看最终相关测试报告记录），不符合要求每项扣 2 分</td><td></td><td></td></tr>
</table>

续表

序号	项目名称	质量要求	满分	扣分标准	扣分原因	得分
2	现场测试	能够根据设备情况正确设置辐射率，测温过程中每个设备测试点应符合要求，测试人员应安全检测	12	主要测试直流滤波器本体、接线板等部位，未测试每项扣4分		
			6	行走拍摄每移动一次扣3分，扣完为止（不安全）		
		试验后正确回收试仪器，并报告考核员测试结束	3	测试结束后仪器回收不规范、仪器设备未放回原处，扣3分		
			3	未报告考核员现场实测结束扣3分		
			3	未报告测试结论扣3分		
3	试验报告	完整出具试验报告，设备参数记录准确详细	5	记录不全或未记录被测设备名称、仪器型号、仪器编号、检测单位编号、试验日期的，各扣1分		
			5	被测试设备的相别、发热具体位置描述、温度、湿度缺项，各扣1分		
			5	未给出处理建议扣3分； 规程引用不正确扣2分		
			5	缺陷定义不正确扣3分； 未给出结论扣2分		
4	其他	检测过程中应符合《安规》要求，测试及报告时间应在规定的时间内完成	2	试验中出现不安全、一般性违章、试验仪器仪表损坏扣2分		
			3	未填写设备双重名称、现场记录潦草、未签名各扣1分		
			5	现场测试和试验报告应在规定的时间内完成，未完成的试验，每拖延1分钟扣1分，5分钟必须终止		
合计			100			

Jc000143017　变压器高压套管紫外成像检测。（100分）

考核知识点：紫外成像知识

难易度：难

技能等级评价专业技能考核操作工作任务书

一、任务名称

变压器高压套管紫外成像检测。

二、适用工种

带电检测工技师、高级技师。

三、具体任务

（1）工作状态为变压器高压套管带电运行，工作内容为进行变压器高压套管紫外成像检测。

（2）工作任务：

1）对变压器高压套管进行紫外成像检测。

2）在规定时间内完成变压器高压套管紫外成像检测。

四、工作规范及要求

（1）仪器使用正确、规范，并有安全措施。

（2）按要求进行变压器高压套管紫外成像检测。

五、考核及时间要求

（1）操作时间为60分钟，时间到停止考核，包括检测时间和报告整理时间。

（2）按照技能操作记录单的操作要求进行操作，正确记录操作结果。

技能等级评价专业技能考核操作评分标准

工种	带电检测工				评价等级	技师、高级技师
项目模块	光学检测—紫外成像检测—变压器高压套管紫外成像检测			编号	Jc000143017	
单位		准考证号			姓名	
考试时限	60分钟	题型	单项操作		题分	100分
成绩		考评员		考评组长	日期	
试题正文	变压器高压套管紫外成像检测					
需要说明的问题和要求	（1）要求1人操作，由监考人员监护，考生着装规范，穿工作服、绝缘鞋，戴安全帽。 （2）操作中应注意安全，按照标准化作业书的技术安全说明做好安全措施。 （3）工器具、测试仪、相关配件由考场提供					

序号	项目名称	质量要求	满分	扣分标准	扣分原因	得分
1	准备工作及仪器设定					
1.1	准备工作	人员精神面貌良好，着装符合电气作业规定要求，并进行危险点分析	3	未正确佩戴安全帽、未按要求着装、未要历史数据，出现任一项扣3分		
			2	未进行危险点分析扣2分		
1.2	仪器仪表检查	试验仪器仪表应齐全，有检验合格证且在检验合格周期内，所有仪器仪表应摆放整齐	2	未对仪器仪表有效期检查扣2分		
			2	未记录环境温、湿度各扣2分		
			1	试验仪器仪表未摆放整齐扣1分		
1.3	仪器设定	试验仪器应根据现场设备情况正确设置仪器相关参数	3	设置仪器增益，设置不正确扣3分		
			3	设置仪器焦距，设置不正确扣3分		
			4	设置图片或视频模式，设置不正确扣4分		
2	现场测试	正确使用仪器	3	未能正确使用测试仪器扣3分		
			2	未记录风速扣2分		
		能够根据设备情况正确设置焦距，检测过程中每个设备测试点应符合要求，测试人员应安全检测	5	入场开始进行一般检测，需移动停顿3个点以上，未见扣2～5分		
			5	进行精确检测，要满足精确检测要求（动作观察），未见扣2～5分		
			8	图像不清晰每项扣2分		
			12	主要进行变压器高压套管紫外放电检测，未进行每项扣4分		
			6	行走拍摄每移动一次扣3分，扣完为止（不安全）		

续表

序号	项目名称	质量要求	满分	扣分标准	扣分原因	得分
2	现场测试	试验后正确回收试仪器，并报告考核员测试结束	3	测试结束后仪器回收不规范、仪器设备未放回原处，扣3分		
			3	未报告考核员现场实测结束扣3分		
			3	未报告测试结论扣3分		
3	试验报告	完整出具试验报告，设备参数记录准确详细	5	记录不全或未记录被测设备名称、仪器型号、仪器编号、检测单位编号、试验日期的，各扣1分		
			5	被测试设备的相别、紫外成像具体位置描述、温度、湿度缺项，各扣1分		
			5	未给出处理建议扣3分； 规程引用不正确扣2分		
			5	缺陷定义不正确扣3分； 未给出结论扣2分		
4	其他	检测过程中应符合《安规》要求，测试及报告时间应在规定的时间内完成	2	试验中出现不安全、一般性违章、试验仪器仪表损坏扣2分		
			3	未填写设备双重名称、现场记录潦草、未签名各扣1分		
			5	现场测试和试验报告应在规定的时间内完成，未完成的试验，每拖延1分钟扣1分，5分钟必须终止		
合计			100			

Jc000142018　110kV 避雷器紫外成像检测。（100 分）

考核知识点：紫外成像知识

难易度：中

技能等级评价专业技能考核操作工作任务书

一、任务名称

110kV 避雷器紫外成像检测。

二、适用工种

带电检测工高级工、技师、高级技师。

三、具体任务

（1）工作状态为绝缘子、导线、均压环带电运行，工作内容为进行 110kV 避雷器紫外成像检测。

（2）工作任务：

1）对 110kV 避雷器进行紫外成像检测。

2）在规定时间内完成 110kV 避雷器紫外成像检测。

四、工作规范及要求

（1）仪器使用正确、规范，并有安全措施。

（2）按要求进行 110kV 避雷器紫外成像检测。

五、考核及时间要求

（1）操作时间为 60 分钟，时间到停止考核，包括检测时间和报告整理时间。

（2）按照技能操作记录单的操作要求进行操作，正确记录操作结果。

技能等级评价专业技能考核操作评分标准

工种	带电检测工					评价等级	高级工、技师、高级技师
项目模块	光学检测—紫外成像检测—110kV 避雷器紫外成像检测				编号	Jc000142018	
单位		准考证号				姓名	
考试时限	60 分钟	题型		单项操作		题分	100 分
成绩		考评员		考评组长		日期	
试题正文	110kV 避雷器紫外成像检测						
需要说明的问题和要求	（1）要求 1 人操作，由监考人员监护，考生着装规范，穿工作服、绝缘鞋，戴安全帽。 （2）操作中应注意安全，按照标准化作业书的技术安全说明做好安全措施。 （3）工器具、测试仪、相关配件由考场提供						

序号	项目名称	质量要求	满分	扣分标准	扣分原因	得分
1	准备工作及仪器设定					
1.1	准备工作	人员精神面貌良好，着装符合电气作业规定要求，并进行危险点分析	3	未正确佩戴安全帽、未按要求着装、未要历史数据，出现任一项扣 3 分		
			2	未进行危险点分析扣 2 分		
1.2	仪器仪表检查	试验仪器仪表应齐全，有检验合格证且在检验合格周期内，所有仪器仪表应摆放整齐	2	未对仪器仪表有效期检查扣 2 分		
			2	未记录环境温、湿度各扣 2 分		
			1	试验仪器仪表未摆放整齐扣 1 分		
1.3	仪器设定	试验仪器应根据现场设备情况正确设置仪器相关参数	3	设置仪器增益，设置不正确扣 3 分		
			3	设置仪器焦距，设置不正确扣 3 分		
			4	设置图片或视频模式，设置不正确扣 4 分		
2	现场测试	正确使用仪器	3	未能正确使用测试仪器扣 3 分		
			2	未记录风速扣 2 分		
		能够根据设备情况正确设置焦距，检测过程中每个设备测试点应符合要求，测试人员应安全检测	5	入场开始进行一般检测，需移动停顿 3 个点以上，未见扣 2～5 分		
			5	进行精确检测，要满足精确检测要求（动作观察），未见扣 2～5 分		
			8	图像不清晰每项扣 2 分		
			12	主要测试 110kV 避雷器高压引线部位与避雷器本体接地部位，未测试每项扣 6 分		
			6	行走拍摄每移动一次扣 3 分，扣完为止（不安全）		
		试验后正确回收试仪器，并报告考核员测试结束	3	测试结束后仪器回收不规范、仪器设备未放回原处，扣 3 分		
			3	未报告考核员现场实测结束扣 3 分		
			3	未报告测试结论扣 3 分		

续表

序号	项目名称	质量要求	满分	扣分标准	扣分原因	得分
3	试验报告	完整出具试验报告，设备参数记录准确详细	5	记录不全或未记录被测设备名称、仪器型号、仪器编号、检测单位编号、试验日期的，各扣1分		
			5	被测试设备的相别、紫外成像具体位置描述、温度、湿度缺项，各扣1分		
			5	未给出处理建议扣3分； 规程引用不正确扣2分		
			5	缺陷定义不正确扣3分； 未给出结论扣2分		
4	其他	检测过程中应符合《安规》要求，测试及报告时间应在规定的时间内完成	2	试验中出现不安全、一般性违章、试验仪器仪表损坏扣2分		
			3	未填写设备双重名称、现场记录潦草、未签名各扣1分		
			5	现场测试和试验报告应在规定的时间内完成，未完成的试验，每拖延1分钟扣1分，5分钟必须终止		
合计			100			

Jc000142019　电缆头分支引线交叉部位紫外成像检测。（100分）

考核知识点： 紫外成像检测知识

难易度： 中

技能等级评价专业技能考核操作工作任务书

一、任务名称

电缆头分支引线交叉部位紫外成像检测。

二、适用工种

带电检测工中级工、高级工、技师。

三、具体任务

（1）工作状态为绝缘子、导线、均压环带电运行，工作内容为进行电缆头分支引线交叉部位紫外成像检测。

（2）工作任务：

1）对电缆头分支引线交叉部位进行紫外成像检测。

2）在规定时间内完成电缆头分支引线交叉部位紫外成像检测。

四、工作规范及要求

（1）仪器使用正确、规范，并有安全措施。

（2）按要求进行电缆头分支引线交叉部位紫外成像检测。

五、考核及时间要求

（1）操作时间为60分钟，时间到停止考核，包括检测时间和报告整理时间。

（2）按照技能操作记录单的操作要求进行操作，正确记录操作结果。

技能等级评价专业技能考核操作评分标准

工种	带电检测工					评价等级	中级工、高级工、技师
项目模块	光学检测—紫外成像检测—电缆头分支引线交叉部位紫外成像检测				编号	Jc000142019	
单位			准考证号			姓名	
考试时限	60 分钟		题型	单项操作		题分	100 分
成绩		考评员		考评组长		日期	
试题正文	电缆头分支引线交叉部位紫外成像检测						
需要说明的问题和要求	（1）要求 1 人操作，由监考人员监护，考生着装规范，穿工作服、绝缘鞋，戴安全帽。 （2）操作中应注意安全，按照标准化作业书的技术安全说明做好安全措施。 （3）工器具、测试仪、相关配件由考场提供						

序号	项目名称	质量要求	满分	扣分标准	扣分原因	得分
1	准备工作及仪器设定					
1.1	准备工作	人员精神面貌良好，着装符合电气作业规定要求，并进行危险点分析	3	未正确佩戴安全帽、未按要求着装、未要历史数据，出现任一项扣 3 分		
			2	未进行危险点分析扣 2 分		
1.2	仪器仪表检查	试验仪器仪表应齐全，有检验合格证且在检验合格周期内，所有仪器仪表应摆放整齐	2	未对仪器仪表有效期检查扣 2 分		
			2	未记录环境温、湿度各扣 2 分		
			1	试验仪器仪表未摆放整齐扣 1 分		
1.3	仪器设定	试验仪器应根据现场设备情况正确设置仪器相关参数	3	设置仪器增益，设置不正确扣 3 分		
			3	设置仪器焦距，设置不正确扣 3 分		
			4	设置图片或视频模式，设置不正确扣 4 分		
2	现场测试	正确使用仪器	3	未能正确使用测试仪器扣 3 分		
			2	未记录风速扣 2 分		
		能够根据设备情况正确设置焦距，检测过程中每个设备测试点应符合要求，测试人员应安全检测	5	入场开始进行一般检测，需移动停顿 3 个点以上，未见扣 2～5 分		
			5	进行精确检测，要满足精确检测要求（动作观察），未见扣 2～5 分		
			8	图像不清晰每项扣 2 分		
			12	主要测试电缆头分支引线交叉部位，未测试每项扣 4 分		
			6	行走拍摄每移动一次扣 3 分，扣完为止（不安全）		
		试验后正确回收试仪器，并报告考核员测试结束	3	测试结束后仪器回收不规范、仪器设备未放回原处，扣 3 分		
			3	未报告考核员现场实测结束扣 3 分		
			3	未报告测试结论扣 3 分		
3	试验报告	完整出具试验报告，设备参数记录准确详细	5	记录不全或未记录被测设备名称、仪器型号、仪器编号、检测单位编号、试验日期的，各扣 1 分		
			5	被测试设备的相别、紫外成像具体位置描述、温度、湿度缺项，各扣 1 分		

续表

序号	项目名称	质量要求	满分	扣分标准	扣分原因	得分
3	试验报告	完整出具试验报告，设备参数记录准确详细	5	未给出处理建议扣 3 分； 规程引用不正确扣 2 分		
			5	缺陷定义不正确扣 3 分； 未给出结论扣 2 分		
4	其他	检测过程中应符合《安规》要求，测试及报告时间应在规定的时间内完成	2	试验中出现不安全、一般性违章、试验仪器仪表损坏扣 2 分		
			3	未填写设备双重名称、现场记录潦草、未签名各扣 1 分		
			5	现场测试和试验报告应在规定的时间内完成，未完成的试验，每拖延 1 分钟扣 1 分，5 分钟必须终止		
合计			100			

Jc000142020　220kV 隔离开关紫外成像检测。（100 分）

考核知识点：紫外成像知识

难易度：中

技能等级评价专业技能考核操作工作任务书

一、任务名称

220kV 隔离开关紫外成像检测。

二、适用工种

带电检测工高级工、技师。

三、具体任务

（1）工作状态为绝缘子、导线、均压环带电运行，工作内容为进行 220kV 隔离开关紫外成像检测。

（2）工作任务：

1）对 220kV 隔离开关进行紫外成像检测。

2）在规定时间内完成 220kV 隔离开关紫外成像检测。

四、工作规范及要求

（1）仪器使用。

（2）按要求进行 220kV 隔离开关紫外成像检测。

五、考核及时间要求

（1）操作时间为 60 分钟，时间到停止考核，包括检测时间和报告整理时间。

（2）按照技能操作记录单的操作要求进行操作，正确记录操作结果。

技能等级评价专业技能考核操作评分标准

工种	带电检测工					评价等级	高级工、技师
项目模块	光学检测—紫外成像检测—220kV 隔离开关紫外成像检测				编号	Jc000142020	
单位				准考证号		姓名	
考试时限	60 分钟		题型	单项操作		题分	100 分
成绩		考评员		考评组长		日期	

续表

试题正文	220kV 隔离开关紫外成像检测					
需要说明的问题和要求	（1）要求 1 人操作，由监考人员监护，考生着装规范，穿工作服、绝缘鞋，戴安全帽。 （2）操作中应注意安全，按照标准化作业书的技术安全说明做好安全措施。 （3）工器具、测试仪、相关配件由考场提供					
序号	项目名称	质量要求	满分	扣分标准	扣分原因	得分
1	准备工作及仪器设定					
1.1	准备工作	人员精神面貌良好，着装符合电气作业规定要求，并进行危险点分析	3	未正确佩戴安全帽、未按要求着装、未要历史数据，出现任一项扣 3 分		
			2	未进行危险点分析扣 2 分		
1.2	仪器仪表检查	试验仪器仪表应齐全，有检验合格证且在检验合格周期内，所有仪器仪表应摆放整齐	2	未对仪器仪表有效期检查扣 2 分		
			2	未记录环境温、湿度各扣 2 分		
			1	试验仪器仪表未摆放整齐扣 1 分		
1.3	仪器设定	试验仪器应根据现场设备情况正确设置仪器相关参数	3	设置仪器增益，设置不正确扣 3 分		
			3	设置仪器焦距，设置不正确扣 3 分		
			4	设置图片或视频模式，设置不正确扣 4 分		
2	现场测试	正确使用仪器	3	未能正确使用测试仪器扣 3 分		
			2	未记录风速扣 2 分		
		能够根据设备情况正确设置焦距，检测过程中每个设备测试点应符合要求，测试人员应安全检测	5	入场开始进行一般检测，需移动停顿 3 个点以上，未见扣 2～5 分		
			5	进行精确检测，要满足精确检测要求（动作观察），未见扣 2～5 分		
			8	图像不清晰每项扣 2 分		
			12	主要测试 220kV 隔离开关刀口位置和转头位置，未测试每项扣 1 分		
			6	行走拍摄每移动一次扣 3 分，扣完为止（不安全）		
		试验后正确回收试仪器，并报告考核员测试结束	3	测试结束后仪器回收不规范、仪器设备未放回原处，扣 3 分		
			3	未报告考核员现场实测结束扣 3 分		
			3	未报告测试结论扣 3 分		
3	试验报告	完整出具试验报告，设备参数记录准确详细	5	记录不全或未记录被测设备名称、仪器型号、仪器编号、检测单位编号、试验日期的，各扣 1 分		
			5	被测试设备的相别、紫外成像具体位置描述、温度、湿度缺项，各扣 1 分		
			5	未给出处理建议扣 3 分； 规程引用不正确扣 2 分		
			5	缺陷定义不正确扣 3 分； 未给出结论扣 2 分		

续表

序号	项目名称	质量要求	满分	扣分标准	扣分原因	得分
4	其他	检测过程中应符合《安规》要求，测试及报告时间应在规定的时间内完成	2	试验中出现不安全、一般性违章、试验仪器仪表损坏扣2分		
			3	未填写设备双重名称、现场记录潦草、未签名各扣1分		
			5	现场测试和试验报告应在规定的时间内完成，未完成的试验，每拖延1分钟扣1分，5分钟必须终止		
合计			100			

第三章　局部放电检测

Jc000142001　GIS 设备特高频局部放电检测。（100 分）

考核知识点：局部放电检测知识

难易度：中

技能等级评价专业技能考核操作工作任务书

一、任务名称

GIS 设备特高频局部放电检测。

二、适用工种

带电检测工初级工、中级工、高级工、技师、高级技师。

三、具体任务

（1）工作状态为 GIS 设备带电运行，工作内容为完成 GIS 设备特高频局部放电检测工作。

（2）工作任务：在规定时间内完成 GIS 设备特高频局部放电检测工作。

四、工作规范及要求

（1）考生着装规范，穿工作服、绝缘鞋，戴安全帽。

（2）安全文明生产，仪器、仪表、工器具、材料、摆放齐整，现场操作熟练、连贯、有序，正确规范地使用工器具及安全用具。不发生危及人身和设备安全的行为，否则可取消本次考核成绩。

（3）熟悉 GIS 设备特高频局部放电检测的过程、原理和要求。

五、考核及时间要求

（1）操作时间为 90 分钟，时间到停止考核，包括检测时间和报告整理时间。

（2）按照技能操作记录单的操作要求进行操作，正确记录操作结果。

技能等级评价专业技能考核操作评分标准

工种	带电检测工				评价等级	初级工、中级工、高级工、技师、高级技师
项目模块	局部放电类带电检测—特高频局部放电检测—GIS 设备特高频局部放电检测			编号	Jc000142001	
单位		准考证号			姓名	
考试时限	90 分钟	题型	单项操作		题分	100 分
成绩		考评员		考评组长	日期	
试题正文	GIS 设备特高频局部放电检测					
需要说明的问题和要求	（1）要求 1 人操作，由监考人员监护，考生着装规范，穿工作服、绝缘鞋，戴安全帽。 （2）操作中应注意安全，按照标准化作业书的技术安全说明做好安全措施。 （3）工器具、测试仪、相关配件由考场提供					

序号	项目名称	质量要求	满分	扣分标准	扣分原因	得分
1	准备工作及仪器设定					

续表

序号	项目名称	质量要求	满分	扣分标准	扣分原因	得分
1.1	准备工作	人员精神面貌良好，着装符合电气作业规定要求，并进行危险点分析	3	未正确佩戴安全帽、未按要求着装扣1分； 未进行危险点分析扣1分； 分析不全面扣1分		
		试验仪器仪表应齐全，有检验合格证且在检验合格周期内，所有仪器仪表应摆放整齐	2	未对仪器仪表有效期检查扣1分； 试验仪器仪表未摆放整齐扣1分		
1.2	设备检查及抄写铭牌	进行试品外观检查	4	未进行外观检查扣4分，缺一项扣1分（包括瓷套外观等）		
		抄写设备铭牌中的主要信息	3	准确抄写设备铭牌，未抄写或漏信息的扣3分		
		确认设备外壳可靠接地	2	未检查设备接地扣2分		
1.3	安全措施	办理工作票、交代安全注意事项，分工明确，并做好记录	3	安全措施交代不清楚或未确认签字扣3分		
		正确使用安全工器具	3	未检查安全工器具扣3分		
2	现场测试	温湿度计放置	3	未放置温湿度计扣2分； 未记录环境温、湿度各扣0.5分		
		仪器软件开机并设置检测工作模式合理、正确	5	仪器未自检扣3分； 检测工作模式设置不合理扣2分		
		仪器软件设置数据存储模式合理、正确	5	检测仪器数据存储模式设置不合理扣5分（可在出报告时一并考核）		
		接线及试验过程符合作业指导书和仪器说明书要求	30	传感器操作人员未戴手套扣2分； 传感器操作人员操作不规范扣2分； 试验前未测试背景信号并记录扣5分； 试验过程未进行呼唱（检测开始、更换检测位置、检测结果、检测信号有无异常）扣2分； 传感器固定在盆式绝缘子非金属封闭处，传感器应与盆式绝缘子紧密接触并在测量过程保持相对静止，并避开紧固盆式绝缘子螺栓，传感器布置不合理扣3分； 根据被测GIS设备结构，每漏测一测点扣2分，扣完为止； 每测点测试时间低于30s扣2分； 仪器操作不正确扣3分； 仪器操作人员判断信号异常及数据存储不正确、不及时扣3分； 检测结果谱图未存储扣2分		
		试验内容完整，正确、全面观测、分析特高频局部放电的相位谱图、脉冲信号谱图	5	缺一项试验扣2分		
		登高作业时的安全措施	2	登高作业超过1.5m时戴安全带，正确使用安全带，每违反一项扣2分		
3	检测结束					
3.1	清理现场	初步分析判断试验结果是否正常，工作完毕，下达清理现场指令	1	负责人未下达清理现场指令扣1分		
		检测仪器按钮等恢复原位	1	仪器仪表按钮、绝缘杆等未恢复原位扣1分		

续表

序号	项目名称	质量要求	满分	扣分标准	扣分原因	得分
3.2	工作结束	工作结束，办理终结手续，并签字确认	5	未履行工作结束手续（签字确认）扣5分		
3.3	超时	试验时间不超过90分钟	3	每超时1分钟扣1分，5分钟内必须终止		
4	检测报告	内容完整、分析全面、局部放电检测结论正确，字迹清晰	20	检测数据、天气状况，每缺一项扣1分，扣完为止； 结论不正确或不下结论扣2分； 检测报告不签字扣1分		
合计			100			

Jc000142002　GIS 设备超声波局部放电检测。（100 分）

考核知识点： 局部放电检测知识

难易度： 中

技能等级评价专业技能考核操作工作任务书

一、任务名称

GIS 设备超声波局部放电检测。

二、适用工种

带电检测工初级工、中级工、高级工、技师、高级技师。

三、具体任务

（1）工作状态为 GIS 设备带电运行，工作内容为进行 GIS 设备超声波局部放电检测。

（2）工作任务：

1）对 GIS 设备进行超声波局部放电检测。

2）在规定时间内完成 GIS 设备超声波局部放电检测。

3）填写试验报告。

四、工作规范及要求

（1）仪器使用正确、规范，并有安全措施。

（2）按要求进行 GIS 设备超声波局部放电检测。

（3）填写试验报告。

五、考核及时间要求

（1）操作时间为 90 分钟，时间到停止考核，包括检测时间和报告整理时间。

（2）按照技能操作记录单的操作要求进行操作，正确记录操作结果。

技能等级评价专业技能考核操作评分标准

工种	带电检测工					评价等级	初级工、中级工、高级工、技师、高级技师
项目模块	局部放电类带电检测—超声波局部放电检测—GIS 设备超声波局部放电检测				编号	Jc000142002	
单位			准考证号			姓名	
考试时限	90 分钟	题型		单项操作		题分	100 分
成绩		考评员		考评组长		日期	

续表

试题正文	GIS 设备超声波局部放电检测
需要说明的问题和要求	（1）要求 1 人操作，由监考人员监护，考生着装规范，穿工作服、绝缘鞋，戴安全帽。 （2）操作中应注意安全，按照标准化作业书的技术安全说明做好安全措施。 （3）工器具、测试仪、相关配件由考场提供

序号	项目名称	质量要求	满分	扣分标准	扣分原因	得分
1	准备工作及仪器设定					
1.1	准备工作	人员精神面貌良好，着装符合电气作业规定要求，并进行危险点分析	5	未正确佩戴安全帽、未按要求着装扣 3 分； 未进行危险点分析扣 1 分； 分析不全面扣 1 分		
		试验仪器仪表应齐全，有检验合格证且在检验合格周期内，所有仪器仪表应摆放整齐	5	未对仪器仪表有效期检查扣 1 分； 试验仪器仪表未摆放整齐扣 1 分		
1.2	设备检查及抄写铭牌	进行试品外观检查	3	未进行外观检查扣 3 分，缺一项扣 1 分（包括瓷套外观等）		
		抄写设备铭牌中的主要信息	2	准确抄写设备铭牌，未抄写或漏信息的扣 2 分		
		确认设备外壳可靠接地	4	未检查设备接地扣 4 分		
1.3	安全措施	办理工作票，交代安全注意事项，分工明确，并做好记录	3	安全措施交代不清楚或未确认签字扣 3 分		
		正确使用安全工器具	3	未检查安全工器具扣 3 分		
2	现场测试	温湿度计摆放	3	未放置温湿度计扣 2 分； 未记录环境温、湿度各扣 0.5 分		
		测试前对超声波探头进行检查；仪器检查确认工作正常	5	未对超声波探头进行检查扣 3 分； 未对仪器进行检查扣 2 分		
		接线及试验过程符合作业指导书和仪器说明书要求	3	传感器操作人员未正确涂抹耦合剂扣 2 分； 传感器操作人员未戴手套扣 1 分		
		检测前需进行背景测试	4	未进行背景测试扣 4 分		
		在断路器断口处、隔离开关、接地开关、电流互感器、电压互感器、避雷器、导体连接部分均应设置测试点	20	发现一处测点遗漏扣 2 分； 测试时传感器掉落一次扣 2 分		
		测试时间不小于 15s 并及时存储测试数据	5	测试时间不够的，发现一处扣 1 分； 检测结果谱图未存储扣 1 分		
		测试结束后，将设备上耦合剂清理干净	5	测试完未清理耦合剂的，发现一处扣 1 分		
		登高作业时的安全措施	5	登高作业超过 1.5m 时戴安全带，正确使用安全带，每违反一项扣 2 分		
3	检测结束					
3.1	清理现场	初步分析判断试验结果是否正常，工作完毕，下达清理现场指令	1	未清理现场或清理不干净扣 1 分		
		检测仪器恢复原位	2	仪器仪表、绝缘杆等未恢复原位扣 2 分		
3.2	工作终结	工作结束，办理终结手续，并签字确认	2	未履行工作结束手续（签字确认）扣 2 分		

续表

序号	项目名称	质量要求	满分	扣分标准	扣分原因	得分
3.3	超时	试验时间不超过 90 分钟	5	每超时 1 分钟扣 1 分，5 分钟内必须终止		
4	检测报告	内容完整、分析全面、局部放电检测结论正确，字迹清晰	15	检测数据、天气状况，每缺一项扣 1 分，扣完为止； 结论不正确或不下结论扣 2 分； 检测报告不签字扣 1 分		
合计			100			

Jc000142003　开关柜暂态地电压局部放电检测。（100 分）

考核知识点：局部放电检测知识

难易度：中

技能等级评价专业技能考核操作工作任务书

一、任务名称

开关柜暂态地电压局部放电检测。

二、适用工种

带电检测工初级工、中级工、高级工、技师、高级技师。

三、具体任务

（1）工作状态为模拟开关柜带电。

（2）工作任务：

1）作业前的检查。

2）开关柜暂态地电压局部放电检测。

3）出具检测报告，在出现异常信号时出具异常分析报告。

4）根据《国家电网公司变电检测通用管理规定　第 5 分册　暂态地电压局部放电检测细则》要求，针对开关柜暂态地电压局部放电检测工作，编写一份开关柜暂态地电压局部放电检测试验方案。

四、工作规范及要求

（1）要求 1 人操作，由监考人员监护，考生着装规范，穿工作服、绝缘鞋，戴安全帽。

（2）安全文明生产，仪器、仪表、工器具、材料、摆放齐整，现场操作熟练、连贯、有序，正确规范地使用工器具及安全用具。不发生危及人身和设备安全的行为，否则可取消本次考核成绩。

（3）熟悉开关柜暂态地电压局部放电检测的过程和原理。

（4）熟悉开关柜暂态地电压局部放电检测的技术要求，会进行数据分析判断。

（5）请按以下要求完成开关柜暂态地电压局部放电检测试验方案，方案编写在教室内完成：

1）人员配置分工合理（方案中不得出现真实单位名称及个人姓名）。

2）试验仪器及历史试验数据。

3）试验项目完整及试验过程无违章。

4）关键工序工艺质量标准清楚。

5）安全、技术措施齐全。

6）考核时间结束终止考试。

五、考核及时间要求

（1）考核时间为 60 分钟。

（2）开工前，考生检查着装，清点工器具、设备是否齐全。

（3）许可开工后记录考核时间。

（4）现场清理完毕后，汇报工作终结，记录考核结束时间。

技能等级评价专业技能考核操作评分标准

工种	带电检测工			评价等级	初级工、中级工、高级工、技师、高级技师
项目模块	局部放电类带电检测—暂态地电压局部放电检测—开关柜暂态地电压局部放电检测		编号	Jc000142003	
单位		准考证号		姓名	
考试时限	60 分钟	题型	单项操作	题分	100 分
成绩		考评员		考评组长		日期	
试题正文	开关柜暂态地电压局部放电检测				
需要说明的问题和要求	（1）要求 1 人操作，由监考人员监护，考生着装规范，穿工作服、绝缘鞋，戴安全帽。 （2）安全文明生产，工器具、材料、设备摆放齐整，现场操作熟练、连贯、有序，正确规范地使用工器具及安全用具。 （3）现场提供检修所需的工器具、仪器、材料及安全防护用具。 （4）考核项目涉及检查项目以填写检修记录为主。 （5）考生集中于教室在 60 分钟内完成方案编写。 （6）方案中施工班组、作业人员不指定，由考生自行填写，但不得出现真实单位名称和个人姓名。 （7）方案中所用试验仪器、材料由考生根据需要进行安排				

序号	项目名称	质量要求	满分	扣分标准	扣分原因	得分
1	工作前准备及文明生产					
1.1	安全着装	穿着符合《安规》要求，穿棉质工作服、绝缘鞋，戴安全帽	5	未穿工作服，未戴安全帽、未穿绝缘鞋，出现上述任意一项扣 5 分		
1.2	工作票填写	工作票内容正确、清楚、规范、齐全，履行工作票许可手续，确认签字手续，符合《安规》要求	5	工作任务与实际不符扣 1 分； 未清楚表明危险点扣 1 分； 工作票所填内容合格正确，错一项扣 1 分； 有危及人身、设备安全的行为可取消考核成绩		
1.3	准备工作	检查仪器仪表合格证是否在有效期内；检查仪器电量是否充足；检查温湿度计是否在有效期内	5	未检查仪器合格证扣 1 分； 未检查仪器电量扣 1 分； 记录仪器数据不全，少一项扣 1 分，扣完为止		
		试品外观检查（包括观察窗、开关位置、带点指示器等）	5	未进行外观检查扣 1 分，缺一项扣 2 分，扣完为止		
2	现场检测					
2.1	开工准备	试验负责人明确工作任务及分工，交代安全措施，告知工作成员并履行签字确认	5	试验负责人未交代工作任务或工作任务不完整扣 1 分； 试验负责人未对班组成员明确分工扣 1 分； 试验负责人未交代安全措施扣 1 分； 班组成员未签字确认扣 2 分（若填写工作票项已扣，则不再重扣）		
		试验负责人进行危险点分析、安全注意事项交代，并告知工作成员	3	未进行危险点分析扣 1 分； 分析不全面扣 1 分（至少应包括注意带点距离）； 未针对危险点提出安全注意事项或安全注意事项不全面扣 1 分		
		抄写试品铭牌数据	1	未抄写铭牌数据扣 1 分		
		温湿度计放置	1	温湿度计摆放不正确扣 1 分		

续表

序号	项目名称	质量要求	满分	扣分标准	扣分原因	得分
2.2	测量	仪器自检	3	未进行仪器自检扣3分		
		测量开关室内大气背景噪声，记录数据	6	未进行空气背景测量扣3分； 未进行空气背景记录扣3分		
		测量开关室内金属物件背景噪声，记录数据	6	未进行金属背景测量扣3分； 未进行金属背景记录扣3分		
		测试开关柜局部放电电压幅值，记录数据	20	未将检测传感器与开关柜面板紧密接触进行测量扣4分； 分别测试开关柜正面中间级下部，背面及侧面的上、中、下部位，每缺一项扣1分，扣完为止； 未规范记录测试结果扣1分		
		测试过程中仪器操作正确，仪器读数稳定	5	仪器操作不正确扣3分； 仪器读数不稳定就进行记录扣2分		
3	检测结束					
3.1	清理现场	下达清理现场指令，初步分析判断试验结果是否正常	2	负责人下达清理现场指令，未收拾仪器扣1分； 负责人未对试验结果进行初步判断扣1分		
3.2	工作终结	工作结束，向评委汇报工作结束	3	未向评委汇报工作结束扣3分		
3.3	超时扣分	试验时间不超过60分钟	5	每超时1分钟扣2分		
4	检测报告	内容完整、分析全面、结论正确，字迹清晰	20	试验数据、天气状况，每缺一项扣1分，扣完为止； 结论不正确或不下结论扣5分； 试验报告不签字扣2分		
合计			100			

Jc000142004　开关柜超声波局部放电检测。（100分）

考核知识点：局部放电检测知识

难易度：中

技能等级评价专业技能考核操作工作任务书

一、任务名称

开关柜超声波局部放电检测。

二、适用工种

带电检测工初级工、中级工、高级工、技师、高级技师。

三、具体任务

（1）工作状态为模拟开关柜带电。

（2）工作任务：

1）作业前的检查。

2）开关柜超声波局部放电检测。

3）出具检测报告，在出现异常信号时出具异常分析报告；

4）根据《国家电网公司变电检测通用管理规定　第4分册　超声波局部放电检测细则》要求，针对开关柜超声波局部放电检测工作，编写一份开关柜超声波局部放电检测试验方案。

四、工作规范及要求

（1）要求1人操作，由监考人员监护，考生着装规范，穿工作服、绝缘鞋，戴安全帽。

（2）安全文明生产，仪器、仪表、工器具、材料、摆放齐整，现场操作熟练、连贯、有序，正确规范地使用工器具及安全用具。不发生危及人身和设备安全的行为，否则可取消本次考核成绩。

（3）熟悉开关柜超声波局部放电检测的过程和原理。

（4）熟悉开关柜超声波局部放电检测的技术要求，会进行数据分析判断。

（5）请按以下要求完成开关柜超声波局部放电检测试验方案，方案编写在教室内完成：

1）人员配置分工合理（方案中不得出现真实单位名称及个人姓名）。

2）试验仪器及历史试验数据。

3）试验项目完整及试验过程无违章。

4）关键工序工艺质量标准清楚。

5）安全、技术措施齐全。

6）考核时间结束终止考试。

五、考核及时间要求

（1）考核时间为60分钟。

（2）开工前，考生检查着装，清点工器具、设备是否齐全。

（3）许可开工后记录考核时间。

（4）现场清理完毕后，汇报工作终结，记录考核结束时间。

技能等级评价专业技能考核操作评分标准

<table>
<tr><td>工种</td><td colspan="5">带电检测工</td><td>评价等级</td><td>初级工、中级工、高级工、技师、高级技师</td></tr>
<tr><td>项目模块</td><td colspan="4">局部放电类带电检测—超声波局部放电检测—开关柜超声波局部放电检测</td><td>编号</td><td colspan="2">Jc000142004</td></tr>
<tr><td>单位</td><td colspan="2"></td><td>准考证号</td><td colspan="2"></td><td>姓名</td><td></td></tr>
<tr><td>考试时限</td><td colspan="2">60 分钟</td><td>题型</td><td colspan="2">单项操作</td><td>题分</td><td>100 分</td></tr>
<tr><td>成绩</td><td></td><td>考评员</td><td></td><td>考评组长</td><td></td><td>日期</td><td></td></tr>
<tr><td>试题正文</td><td colspan="7">开关柜超声波局部放电检测</td></tr>
<tr><td>需要说明的问题和要求</td><td colspan="7">（1）要求1人操作，由监考人员监护，考生着装规范，穿工作服、绝缘鞋，戴安全帽。
（2）安全文明生产，工器具、材料、设备摆放齐整，现场操作熟练、连贯、有序，正确规范地使用工器具及安全用具。
（3）现场提供检修所需的工器具、仪器、材料及安全防护用具。
（4）考核项目涉及检查项目以填写检修记录为主。
（5）考生集中于教室在60分钟内完成方案编写。
（6）方案中施工班组、作业人员不指定，由考生自行填写，但不得出现真实单位名称和个人姓名。
（7）方案中所用试验仪器、材料由考生根据需要进行安排</td></tr>
</table>

序号	项目名称	质量要求	满分	扣分标准	扣分原因	得分
1	工作前准备及文明生产					
1.1	安全着装	穿着符合《安规》要求，穿棉质工作服、绝缘鞋，戴安全帽	5	未穿工作服，未戴安全帽、未穿绝缘鞋，出现上述任意一项扣5分		
1.2	工作票填写	工作票内容正确、清楚、规范、齐全，履行工作票许可手续，确认签字手续，符合《安规》要求	5	工作任务与实际不符扣1分； 未清楚表明危险点扣1分； 工作票所填内容合格正确，错一项扣1分； 有危及人身、设备安全的行为可取消考核成绩		

续表

序号	项目名称	质量要求	满分	扣分标准	扣分原因	得分
1.3	准备工作	检查仪器仪表合格证是否在有效期内；检查仪器电量是否充足；检查温湿度计是否在有效期内	5	未检查仪器合格证扣 1 分； 未检查仪器电量扣 1 分； 记录仪器数据不全，少一项扣 1 分，扣完为止		
		试品外观检查（包括观察窗、开关位置、带点指示器等）	5	未进行外观检查扣 1 分，缺一项扣 2 分，扣完为止		
2	现场检测					
2.1	开工准备	试验负责人明确工作任务及分工，交代安全措施，告知工作成员并履行签字确认	5	试验负责人未交代工作任务或工作任务不完整扣 1 分； 试验负责人未对班组成员明确分工扣 1 分； 试验负责人未交代安全措施扣 1 分； 班组成员未签字确认扣 2 分（若填写工作票项已扣，则不再重扣）		
		试验负责人进行危险点分析、安全注意事项交代，并告知工作成员	3	未进行危险点分析扣 1 分； 分析不全面扣 1 分（至少应包括注意带点距离）； 未针对危险点提出安全注意事项或安全注意事项不全面扣 1 分		
		抄写试品铭牌数据	1	未抄写铭牌数据扣 1 分		
		温湿度计放置	1	温湿度计摆放不正确扣 1 分		
2.2	测量	仪器自检	3	未进行仪器自检扣 3 分		
		测量开关室内大气背景噪声，记录数据	6	未进行空气背景测量扣 3 分； 未进行空气背景记录扣 3 分		
		测量开关室内金属物件背景噪声，记录数据	6	未进行金属背景测量扣 3 分； 未进行金属背景记录扣 3 分		
		测试开关柜局部放电电压幅值，记录数据	20	未将检测传感器与开关柜面板紧密接触进行测量扣 4 分； 分别测试开关柜正面中间级下部，背面及侧面的上、中、下部位，每缺一项扣 1 分，扣完为止； 未规范记录测试结果扣 1 分		
		测试过程中仪器操作正确，仪器读数稳定	5	仪器操作不正确扣 3 分； 仪器读数不稳定就进行记录扣 2 分		
3	检测结束					
3.1	清理现场	下达清理现场指令，初步分析判断试验结果是否正常	2	负责人下达清理现场指令，未收拾仪器扣 1 分； 负责人未对试验结果进行初步判断扣 1 分		
3.2	工作终结	工作结束，向评委汇报工作结束	3	未向评委汇报工作结束扣 3 分		
3.3	超时扣分	试验时间不超过 60 分钟	5	每超时 1 分钟扣 2 分		
4	检测报告	内容完整、分析全面、结论正确，字迹清晰	20	试验数据、天气状况，每缺一项扣 1 分，扣完为止； 结论不正确或不下结论扣 5 分； 试验报告不签字扣 2 分		
合计			100			

Jc000143005　GIS 设备特高频局部放电位置定位。（100 分）

考核知识点： 局部放电检测知识

难易度： 难

技能等级评价专业技能考核操作工作任务书

一、任务名称

GIS 设备特高频局部放电位置定位。

二、适用工种

带电检测工高级工、技师、高级技师。

三、具体任务

（1）工作状态为 GIS 设备带电运行，工作内容为完成 GIS 设备特高频局部放电位置的定位工作。

（2）工作任务：在规定时间内完成 GIS 设备特高频局部放电位置的定位工作。

四、工作规范及要求

（1）考生着装规范，穿工作服、绝缘鞋，戴安全帽。

（2）安全文明生产，仪器、仪表、工器具、材料、摆放齐整，现场操作熟练、连贯、有序，正确规范地使用工器具及安全用具。不发生危及人身和设备安全的行为，否则可取消本次考核成绩。

（3）熟悉 GIS 设备特高频局部放电位置定位的过程、原理和要求。

五、考核及时间要求

（1）操作时间为 90 分钟，时间到停止考核，包括检测时间和报告整理时间。

（2）按照技能操作记录单的操作要求进行操作，正确记录操作结果。

技能等级评价专业技能考核操作评分标准

工种	带电检测工			评价等级	高级工、技师、高级技师
项目模块	局部放电类带电检测—特高频局部放电检测—GIS 设备特高频局部放电位置定位		编号	Jc000143005	
单位		准考证号		姓名	
考试时限	90 分钟	题型	单项操作	题分	100 分
成绩		考评员		考评组长		日期	
试题正文	GIS 设备特高频局部放电位置定位				
需要说明的问题和要求	（1）要求 1 人操作，由监考人员监护，考生着装规范，穿工作服、绝缘鞋，戴安全帽。 （2）操作中应注意安全，按照标准化作业书的技术安全说明做好安全措施。 （3）工器具、测试仪、相关配件由考场提供				

序号	项目名称	质量要求	满分	扣分标准	扣分原因	得分
1	准备工作及仪器设定					
1.1	准备工作	人员精神面貌良好，着装符合电气作业规定要求，并进行危险点分析	3	未正确佩戴安全帽、未按要求着装扣 1 分； 未进行危险点分析扣 1 分； 分析不全面扣 1 分		
		试验仪器仪表应齐全，有检验合格证且在检验合格周期内，所有仪器仪表应摆放整齐	2	未对仪器仪表有效期检查扣 1 分； 试验仪器仪表未摆放整齐扣 1 分		
1.2	设备检查及抄写铭牌	进行试品外观检查	4	未进行外观检查扣 4 分，缺一项扣 1 分（包括瓷套外观等）		
		抄写设备铭牌中的主要信息	3	准确抄写设备铭牌，未抄写或漏信息的扣 3 分		
		确认设备外壳可靠接地	2	未检查设备接地扣 2 分		
1.3	安全措施	办理工作票，交代安全注意事项，分工明确，并做好记录	3	安全措施交代不清楚或未确认签字扣 3 分		
		正确使用安全工器具	3	未检查安全工器具扣 3 分		

续表

序号	项目名称	质量要求	满分	扣分标准	扣分原因	得分
2	现场测试	温湿度计放置	3	未放置温湿度计扣2分； 没有记录环境温、湿度各扣0.5分		
		仪器软件开机并设置检测工作模式合理、正确	5	仪器未自检扣3分； 检测工作模式设置不合理扣2分		
		仪器软件设置数据存储模式合理、正确	5	检测仪器数据存储模式设置不合理扣5分（可在出报告时一并考核）		
		接线及试验过程符合作业指导书和仪器说明书要求	30	传感器操作人员未佩戴手套扣2分； 传感器操作人员操作不规范扣2分； 试验前未测试背景信号并记录扣5分； 试验过程未进行呼唱（检测开始、更换检测位置、检测结果、检测信号有无异常）扣2分； 传感器固定在盆式绝缘子非金属封闭处，传感器应与盆式绝缘子紧密接触并在测量过程保持相对静止，并避开紧固盆式绝缘子螺栓，或采用GIS内置的传感器，传感器布置不合理扣3分； 定位过程中传感器掉落扣3分； 根据被测GIS设备结构，每漏测一测点扣2分，扣完为止； 未正确测量波形时差扣2分； 仪器操作不正确扣3分； 仪器操作人员判断信号异常及数据存储不正确、不及时扣3分； 检测结果定位波形图未存储、未记录扣2分		
		试验内容完整，正确、全面观测、分析特高频的时差波形谱图	5	缺一项试验扣2分		
		登高作业时的安全措施	2	登高作业超过1.5m时戴安全带，正确使用安全带，每违反一项扣2分		
3	检测结束					
3.1	清理现场	初步分析判断试验结果是否正常，工作完毕，下达清理现场指令	1	负责人未下达清理现场指令扣1分		
		检测仪器按钮等恢复原位	1	仪器仪表按钮、绝缘杆等未恢复原位扣1分		
3.2	工作结束	工作结束，办理终结手续，并签字确认	5	未履行工作结束手续（签字确认）扣5分		
3.3	超时	试验时间不超过90分钟	3	每超时1分钟扣1分，5分钟内必须终止		
4	检测报告	内容完整、分析全面、局部放电检测结论正确，字迹清晰	20	检测数据、天气状况，每缺一项扣1分，扣完为止； 结论不正确或不下结论扣2分； 检测报告不签字扣1分		
合计			100			

第四章　油　　气

Jc000143001　**绝缘油气相色谱分析脱气过程。（100分）**

考核知识点：绝缘油色谱分析知识

难易度：难

技能等级评价专业技能考核操作工作任务书

一、任务名称

绝缘油气相色谱分析脱气过程。

二、适用工种

带电检测工初级工、中级工、高级工、技师、高级技师。

三、具体任务

（1）工作内容为绝缘油气相色谱分析脱气。

（2）工作任务：

1）进行绝缘油气相色谱分析脱气、转移平衡气。

2）在规定时间内完成绝缘油气相色谱分析脱气。

四、工作规范及要求

（1）仪器使用正确、规范，并有安全措施。

（2）按要求进行绝缘油气相色谱分析脱气过程。

五、考核及时间要求

（1）操作时间为60分钟，时间到停止考核，包括操作时间和脱气时间（开机预热时间不算在内）。

（2）按照技能操作记录单的操作要求进行操作，正确记录操作结果。

技能等级评价专业技能考核操作评分标准

<table>
<tr><td>工种</td><td colspan="5">带电检测工</td><td>评价等级</td><td>初级工、中级工、高级工、技师、高级技师</td></tr>
<tr><td>项目模块</td><td colspan="4">油（气）检测—油中溶解气体分析—绝缘油气相色谱分析脱气过程</td><td>编号</td><td colspan="2">Jc000143001</td></tr>
<tr><td>单位</td><td colspan="2"></td><td>准考证号</td><td colspan="2"></td><td>姓名</td><td></td></tr>
<tr><td>考试时限</td><td colspan="2">60分钟</td><td>题型</td><td colspan="2">单项操作</td><td>题分</td><td>100分</td></tr>
<tr><td>成绩</td><td></td><td>考评员</td><td></td><td>考评组长</td><td></td><td>日期</td><td></td></tr>
<tr><td>试题正文</td><td colspan="7">绝缘油气相色谱分析脱气过程</td></tr>
<tr><td>需要说明的问题和要求</td><td colspan="7">（1）要求1人操作，由监考人员监护，考生着装规范。
（2）操作中应注意安全，符合试验操作细则要求。
（3）工器具、测试仪、相关配件由考场提供</td></tr>
</table>

序号	项目名称	质量要求	满分	扣分标准	扣分原因	得分
1	准备工作及仪器设定					
1.1	准备工作	人员精神面貌良好，着装符合试验室规定要求	2	未按要求着装扣2分		

续表

序号	项目名称	质量要求	满分	扣分标准	扣分原因	得分
1.2	准备工作	试验仪器仪表及试验用品应齐全，有检验合格证且在检验合格周期内，所有试验用品应摆放整齐	10	未对仪器仪表有效期检查扣4分； 没有记录环境温、湿度各扣2分； 试验用品未摆放整齐扣2分		
1.3	记录样品信息	进行试品外观检查	2	未进行外观检查扣2分		
		记录样品相关信息并做好试验用品编号	4	未记录样品相关信息扣2分； 未做好试验用品编号扣2分		
1.4	安全措施	确认仪器外壳可靠接地	2	未检查仪器接地情况扣2分		
2	测试过程					
2.1	脱气	将100mL注射器试样准确调至40mL，操作过程中不得产生气泡	8	操作不准确或产生气泡扣3～8分		
		用平衡载气冲洗取气注射器1～2次，再准确量取定量平衡载气注入40mL样品中（试油注射器应倾斜30°～60°）	15	未冲洗注射器扣2分； 未准确量取定量平衡载气扣4分； 试油注射器未倾斜30°～60°扣5分； 注入平衡载气时应缓慢，否则扣4分		
		试样注射器牢固放置于振荡盘上，注射器头部须高于尾部5°且出口在下部	10	试样注射器固定不牢固扣5分； 注射器放置不符合要求扣5分		
		将振荡仪电源打开，按说明书正确设置仪器试验参数并启动。升温至50℃并恒温振荡20分钟，静置10分钟	5	未正确设置或检查温度、振荡时间及静置时间扣1～5分		
		储气注射器的准备：必须用试油清洗1～2次，操作符合要求，防止空气进入注射器	12	未用试油清洗1～2次扣5分； 操作不规范扣3～7分		
		脱气完毕后应立即将注射器中的平衡气体通过双头针头转移至取气注射器内，过程中要采用微正压法转移，即微压样品注射器的芯塞，使气体通过双头针头进入取气注射器	15	未正确使用双头针头扣5分； 未采用微正压法扣10分		
		气样放置2分钟，准确读取脱气量并记录	3	未放置2分钟扣1分； 未准确读取气量扣2分		
		脱气完毕，关闭脱气装置电源	2	未关闭装置电源扣2分		
3	检测结束					
3.1	清理现场	工作完毕，清理现场	3	试验结束后未清理现场扣3分		
		工作结束后应告知考评员	2	试验结束后未告知考评员扣2分		
3.2	超时	试验时间不超过60分钟	5	每超时1分钟扣1分，5分钟内必须终止		
合计			100			

Jc000142002 绝缘油气相色谱分析仪器标定过程。（100分）

考核知识点：绝缘油色谱分析知识

难易度：中

技能等级评价专业技能考核操作工作任务书

一、任务名称

绝缘油气相色谱分析仪器标定过程。

二、适用工种

带电检测工初级工、中级工、高级工、技师。

三、具体任务

（1）工作内容为绝缘油气相色谱分析仪器标定。

（2）工作任务：进行绝缘油气相色谱分析仪器标定。

四、工作规范及要求

（1）仪器使用正确、规范，并有安全措施。

（2）按要求进行绝缘油气相色谱分析仪器标定。

五、考核及时间要求

（1）操作时间为40分钟，时间到停止考核（开机预热时间不算在内）。

（2）按照技能操作记录单的操作要求进行操作，正确记录操作结果。

技能等级评价专业技能考核操作评分标准

<table>
<tr><td>工种</td><td colspan="5">带电检测工</td><td>评价等级</td><td>初级工、中级工、高级工、技师</td></tr>
<tr><td>项目模块</td><td colspan="5">油（气）检测—油中溶解气体分析—绝缘油气相色谱分析仪器标定过程</td><td>编号</td><td>Jc000142002</td></tr>
<tr><td>单位</td><td colspan="2"></td><td colspan="2">准考证号</td><td></td><td>姓名</td><td></td></tr>
<tr><td>考试时限</td><td colspan="2">40 分钟</td><td>题型</td><td colspan="2">单项操作</td><td>题分</td><td>100 分</td></tr>
<tr><td>成绩</td><td></td><td>考评员</td><td></td><td>考评组长</td><td></td><td>日期</td><td></td></tr>
<tr><td>试题正文</td><td colspan="7">绝缘油气相色谱分析仪器标定过程</td></tr>
<tr><td>需要说明的问题和要求</td><td colspan="7">（1）要求1人操作，由监考人员监护，考生着装规范。
（2）操作中应注意安全，符合试验操作细则要求。
（3）工器具、测试仪、相关配件由考场提供</td></tr>
</table>

序号	项目名称	质量要求	满分	扣分标准	扣分原因	得分
1	准备工作及仪器设定					
1.1	准备工作	人员精神面貌良好，着装符合试验作业规定要求	2	未按要求着装扣2分		
		试验仪器仪表及试验用品应合格、齐备，有检验合格证且在检验合格周期内，所有仪器及试验用品应摆放整齐（可口述）	10	未对仪器仪表有效期检查扣2分； 未进行注射器气密性检查扣2分； 没有记录环境温、湿度及大气压力各扣1分； 试验用品未摆放整齐扣1～3分		
1.2	仪器及标准气体检查	仪器检查（检查进样垫），记录仪器型号	3	未进行检查、记录扣1～3分		
		标准气体检查	8	未检查标准气体有效期、密封垫扣2～5分； 未核对工作站标准气体组分浓度扣3分		
1.3	安全措施	确认仪器外壳可靠接地	2	未检查仪器接地情况扣2分		
2	测试过程					
2.1	标样测定	打开气源，检查压力表两侧压力值，检查气密性（可口述）	5	未进行检查扣2～5分		

续表

序号	项目名称	质量要求	满分	扣分标准	扣分原因	得分
2.1	标样测定	主机进入自检状态，观察仪器的稳定情况（可口述）	10	未检查仪器各部分温度是否达到设定值扣2～10分		
		检查进样注射器	5	未检查注射器是否卡涩扣3分； 未检查注射器进样量设置扣2分		
		待仪器基线稳定后，将标气瓶上下摇动几下，使其内部混合均匀	5	未将标气瓶上下摇动扣2～5分		
		排空标气瓶减压阀内残气，打开阀门，使减压阀内充满标气后关闭总阀门	5	未排残气扣3分； 未关闭总阀门扣2分		
		用标准气体冲洗进样注射器1～2次后进行标定	10	进样过程操作不规范或进样未做到“三快、三防”扣2～10分		
		两次标定的重复性应在其平均值的±2%以内（以乙烯为代表）	15	重复性达不到要求扣5～15分		
3	检测结束					
3.1	清理现场	标样结束后，清理现场	3	试验结束后未清理现场扣3分		
		关闭主机电源及气源	10	应先关机后关气，未按照要求关机扣5～10分		
		工作结束后应告知考评员	2	试验结束后未告知考评员扣2分		
3.2	超时	试验时间不超过40分钟	5	每超时1分钟扣1分，5分钟内必须终止		
合计			100			

Jc000143003 绝缘油气相色谱分析。（100分）

考核知识点： 绝缘油色谱分析知识

难易度： 难

技能等级评价专业技能考核操作工作任务书

一、任务名称

绝缘油气相色谱分析。

二、适用工种

带电检测工高级工、技师、高级技师。

三、具体任务

（1）工作内容为绝缘油气相色谱分析。

（2）工作任务：

1）进行绝缘油气相色谱分析。

2）在规定时间内完成绝缘油气相色谱分析。

3）填写试验报告。

四、工作规范及要求

（1）仪器使用正确、规范，并有安全措施。

（2）按要求进行绝缘油气相色谱分析。

（3）填写试验报告。

五、考核及时间要求

（1）操作时间为 90 分钟，时间到停止考核，包括检测时间和报告整理时间（开机预热时间不算在内）。

（2）按照技能操作记录单的操作要求进行操作，正确记录操作结果。

技能等级评价专业技能考核操作评分标准

工种	带电检测工				评价等级	高级工、技师、高级技师
项目模块	油（气）检测—油中溶解气体分析—绝缘油气相色谱分析			编号	Jc000143003	
单位		准考证号			姓名	
考试时限	90 分钟	题型	单项操作		题分	100 分
成绩		考评员		考评组长	日期	
试题正文	绝缘油气相色谱分析					
需要说明的问题和要求	（1）要求 1 人操作，由监考人员监护，考生着装规范。 （2）操作中应注意安全，符合试验操作细则要求。 （3）工器具、测试仪、相关配件由考场提供					

序号	项目名称	质量要求	满分	扣分标准	扣分原因	得分
1	准备工作及仪器设定					
1.1	准备工作	人员精神面貌良好，着装符合试验作业规定要求	1	未按要求着装扣 1 分		
		试验仪器仪表及试验用品应合格、齐备，有检验合格证且在检验合格周期内，所有仪器及试验用品应摆放整齐（可口述）	6	未对仪器仪表有效期检查扣 1 分； 未进行注射器气密性检查扣 1 分； 未检查注射器是否卡涩扣 1 分； 未检查注射器进样量设置扣 1 分； 试验用品未摆放整齐扣 1～2 分		
1.2	记录样品信息	进行试品外观检查	1	未进行外观检查扣 1 分		
		记录样品相关信息并做好试验用品编号	2	未记录样品相关信息扣 1 分； 未做好试验用品编号扣 1 分		
1.3	标准气体检查	标准气体检查	4	未检查标准气体有效期、密封垫扣 1～2 分； 未核对工作站标准气体组分浓度扣 2 分		
1.4	安全措施	确认仪器外壳可靠接地	1	未检查仪器接地情况扣 1 分		
2	测试过程					
2.1	开机	检查仪器进样垫，打开气源，检查压力表两侧压力值（可口述）	3	未进行检查扣 1～3 分		
		主机进入自检状态，观察仪器的稳定情况（可口述）	2	未检查仪器各部分温度是否达到设定值扣 2 分		
2.2	脱气	将 100mL 注射器试样准确调至 40mL	2	操作不准确或产生气泡扣 1～2 分		
		用平衡载气冲洗取气注射器 1～2 次，再准确量取定量平衡载气注入 40mL 样品中	8	未冲洗注射器扣 1 分； 未准确量取定量平衡载气扣 2 分； 试油注射器未倾斜 30°～60°扣 3 分； 注入平衡载气时应缓慢，否则扣 2 分		
		试样注射器牢固放置于振荡盘上进行样品脱气处理注射器头部须高于尾部 5°且出口在下部。仪器升温至 50℃并恒温振荡 20 分钟，静置 10 分钟	5	试样注射器固定不牢固扣 2 分； 注射器放置不符合要求扣 3 分		

续表

序号	项目名称	质量要求	满分	扣分标准	扣分原因	得分
2.3	标定	待仪器基线稳定后，用标准气体冲洗进样注射器1～2次后进行标定	10	进样过程操作不规范或进样未做到"三快、三防"扣2～10分		
		两次标定的重复性应在其平均值的±2%以内（以乙烯为代表）	10	重复性达不到要求扣3～10分		
2.4	样品测试	储气注射器的准备	3	未用试油清洗1～2次扣1分； 操作不规范扣1～2分		
		转移平衡气体	5	未正确使用双头针头扣2分； 未采用微正压法扣3分		
		气样放置2分钟，准确读取脱气量并记录	3	未放置2分钟扣1分； 未准确读取气量扣2分		
		样品信息录入	2	未正确输入样品名称、环境温度、大气压、脱气量扣2～8分		
		用载气及样品气冲洗进样注射器后进样	8	未冲洗进样注射器扣1～2分； 进样过程操作不规范或进样未做到"三快、三防"扣2～8分		
		检查出峰情况	4	未观察出峰是否正常扣4分		
3	检测报告					
3.1	检测报告完整性及正确性	内容完整、分析全面、结论正确，字迹清晰	10	应记录检测数据、温度、湿度、仪器型号、被测试样信息，未记录扣1～3分； 试验结论不正确或不下结论扣2～5分； 检测报告不签字扣2分		
4	检测结束					
4.1	清理现场	工作完毕，清理现场	1	试验结束后未清理现场扣1分		
		关闭主机电源及气源	3	应先关机后关气，未按照要求关机扣3分		
		工作结束后应告知考评员	1	试验结束后未告知考评员扣1分		
4.2	超时	试验时间不超过90分钟	5	每超时1分钟扣1分，5分钟内必须终止		
合计			100			

Jc000143004　SF_6气体湿度、纯度检测。（100分）

考核知识点：SF_6气体检测知识

难易度：难

技能等级评价专业技能考核操作工作任务书

一、任务名称

SF_6气体湿度、纯度检测。

二、适用工种

带电检测工初级工、中级工、高级工、技师、高级技师。

三、具体任务

（1）工作内容为对SF_6充气设备进行SF_6气体湿度、纯度检测。

（2）工作任务：模拟现场工作，实施安全措施，完成现场SF_6充气设备的SF_6气体湿度、纯度带电检测工作。

四、工作规范及要求

（1）仪器、工器具使用正确、规范，并做好安全措施。

（2）按要求进行组合电器 SF_6 气体湿度、纯度检测工作。

五、考核及时间要求

（1）操作时间为 60 分钟，时间到停止考核。

（2）按照技能操作记录单的操作要求进行操作，正确记录操作结果，检测记录项目包括环境温度、环境相对湿度、设备实际气体压力等。

六、使用仪器

厦门嘉华 6000D－4 SF_6 气体综合分析测试仪。

技能等级评价专业技能考核操作评分标准

工种	带电检测工					评价等级	初级工、中级工、高级工、技师、高级技师
项目模块	油（气）检测—SF_6 气体检测—SF_6 气体湿度、纯度检测				编号	Jc000143004	
单位			准考证号			姓名	
考试时限	60 分钟		题型	单项操作		题分	100 分
成绩		考评员		考评组长		日期	
试题正文	SF_6 气体湿度、纯度检测						
需要说明的问题和要求	（1）要求 1 人操作，由监考人员监护，考生着装规范，穿工作服、绝缘鞋，戴安全帽。 （2）安全文明生产，工器具、材料、设备摆放齐整，现场操作熟练、连贯、有序，正确规范地使用工器具及安全用具。 （3）现场提供检修所需的工器具、仪器、材料及安全防护用具。 （4）考核项目涉及检查项目以填写检修记录为主						

序号	项目名称	质量要求	满分	扣分标准	扣分原因	得分
1	工作前准备及文明生产					
1.1	着装准备	人员精神面貌良好，着装符合电气作业规定要求	3	未穿工作服、未戴安全帽、未穿绝缘鞋，出现上述任意一项扣 3 分		
1.2	相关安全措施的准备	进入室内工作前先检测含氧量达到 18%以上，SF_6 气体浓度小于 1000μL/L，方可进入室内工作	2	未进行检测扣 2 分		
		履行工作票确认签字手续，符合《安规》要求	2	未履行工作票确认签字手续扣 2 分		
1.3	仪器仪表准备	准备试验用的仪器、仪表、工具，检查所用仪器、仪表、工具应良好并在合格周期内	2	未检查所用仪器、仪表、工具在合格周期内的扣 1 分； 每缺少一件仪器或仪表影响检测的扣 1 分		
			1	仪器、仪表摆放不整齐，现场显得杂乱无章，扣 1 分		
			1	未检查气源压力扣 1 分		
		检查仪器外观，打开电源开关，检查仪器电量，记录仪器的铭牌参数	2	未检查仪器外观及仪器电量扣 1 分； 准确抄写仪器铭牌，未抄写或漏信息的扣 1 分		
		开启 SF_6 气体回收装置电源，将尾气管接入回收装置，打开回收装置阀门。保证回收管路连接良好、密封性良好，避免 SF_6 气体泄漏	2	未设置 SF_6 气体回收装置的扣 1 分； 已设置回收装置，但回收管路连接不良，未有效回收 SF_6 气体的，扣 1 分		

续表

序号	项目名称	质量要求	满分	扣分标准	扣分原因	得分
1.4	安全文明生产	温湿度计离地面1m高，防止阳光直射，仪器、仪表摆放整齐，并保持作业现场安静、清洁	3	温湿度计摆放位置不正确扣1分； 未检查温湿度计状况扣1分； 未准确记录当前温湿度扣1分		
		连接试验仪器，试验仪器可靠接地	2	仪器未可靠接地扣2分		
2	现场检测					
2.1	开机预热	仪器开机预热5分钟，首次开机使用不允许跳过预热，预热完成后进行管路吹扫	4	仪器开机未预热，直接跳过扣2分； 未吹扫扣2分		
2.2	检测过程	根据模拟设备 SF_6 气体接口，选择配套的转接头，连接运行 SF_6 气体进气管路	5	转接头不匹配的扣5分		
		检测前观察 SF_6 设备压力，合格后方可进行测试。测试前检漏，如有泄漏，立即关闭气源，查找、处理漏点，消缺后再进行下一步试验	10	未观察 SF_6 压力扣4分； 未记录气室压力扣2分； 未进行检漏的扣2分； 有漏点未及时处理扣2分		
		SF_6 排气管、管路不可缠绕，不可踩踏管路	6	管路缠绕扣3分； 管路踩踏扣3分		
		SF_6 气体接头注意防尘，不可直接放在地上	3	接头直接放在地上扣3分		
		观察仪器纯度、湿度通道的气体流量，测量 SF_6 纯度和湿度，记录测量原始数据	10	未观察仪器纯度、湿度通道的气体流量扣2分； 若气体流量达不到测试要求，未及时查明原因扣3分； 未记录原始数据扣5分		
		断开设备与仪器连接的设备侧接头，再断开仪器侧管路，观察仪器流量示值缓慢减低至零	6	拆除管路顺序错误扣5分； 未观察流量变化扣1分		
		检查模拟设备 SF_6 气体连接口止回阀恢复状态，用便携式 SF_6 气体检漏仪对 SF_6 气体接口止回阀进行检漏，确认无泄漏后旋上保护盖帽	6	未检查设备 SF_6 气体连接口止回阀是否恢复扣3分； 未对 SF_6 气体接口止回阀进行检漏的扣3分		
3	检测结束					
3.1	关闭、吹扫仪器	关闭仪器开关，观察仪器是否进行吹扫，吹扫完毕后确认仪器是否关闭	4	未关闭仪器开关扣1分； 未对仪器进行吹扫扣2分； 未确认仪器是否关闭扣1分		
3.2	拆除回收管路及接地线	拧紧回收装置旋钮，拆除回收装置，拆除仪器接地线	3	未拧紧回收装置旋钮扣1分； 未拆除回收装置扣1分； 未拆除仪器接地线或者接地线拆除错误扣1分		
3.3	整理仪器	整理仪器，把仪器放回原位	3	未整理仪器扣1分； 仪器整理杂乱无章扣1分； 未把仪器放回原位扣1分		
4	超时					
4.1	超时扣分	试验时间不超过60分钟	5	每超时1分钟扣2分		
5	数据分析					

续表

序号	项目名称	质量要求	满分	扣分标准	扣分原因	得分
5.1	试验报告填写及初步结论	填写试验报告参数	3	未填写试验报告参数扣3分		
		填写测试数据及初步结论	10	未填写测试数据的扣5分； 未填写初步结论的扣5分		
		规范书写和签名	2	书写潦草扣2分； 没有签名扣2分		
合计			100			

Jc000142005　SF_6气体分解产物检测。（100分）

考核知识点：SF_6气体检测知识

难易度：中

技能等级评价专业技能考核操作工作任务书

一、任务名称

SF_6气体分解产物检测。

二、适用工种

带电检测工初级工、中级工、高级工、技师、高级技师。

三、具体任务

（1）工作内容对为SF_6充气设备进行SF_6气体分解产物检测。

（2）工作任务：模拟现场工作，实施安全措施，完成现场SF_6充气设备的SF_6气体分解产物带电检测任务。

四、工作规范及要求

（1）仪器、工器具使用正确、规范，并做好安全措施。

（2）按要求进行SF_6充气设备的SF_6气体分解产物检测。

五、考核及时间要求

（1）操作时间为60分钟，时间到停止考核，包括检测准备时间。

（2）按照技能操作记录单的操作要求进行操作，正确记录操作结果，检测记录项目包括SF_6气体分解产物实测值、环境温度、环境相对湿度、设备实际气体压力等。

六、使用仪器

厦门嘉华6000D－4 SF_6气体综合分析测试仪。

技能等级评价专业技能考核操作评分标准

工种	带电检测工					评价等级	初级工、中级工、高级工、技师、高级技师
项目模块	油（气）检测—SF_6气体检测—SF_6气体分解产物检测				编号	Jc000142005	
单位			准考证号			姓名	
考试时限	60分钟		题型	单项操作		题分	100分
成绩		考评员		考评组长		日期	
试题正文	SF_6气体分解产物检测						

续表

需要说明的问题和要求	（1）要求1人操作，由监考人员监护，考生着装规范，穿工作服、绝缘鞋，戴安全帽。 （2）安全文明生产，工器具、材料、设备摆放齐整，现场操作熟练、连贯、有序，正确规范地使用工器具及安全用具。 （3）现场提供检修所需的工器具、仪器、材料及安全防护用具。 （4）考核项目涉及检查项目以填写检修记录为主

序号	项目名称	质量要求	满分	扣分标准	扣分原因	得分
1	工作前准备及文明生产					
1.1	着装准备	人员精神面貌良好，着装符合电气作业规定	3	未穿工作服、未戴安全帽、未穿绝缘鞋，出现上述任意一项扣3分		
1.2	相关安全措施的准备	进入室内工作前先检测含氧量达到18%以上，SF_6气体浓度小于1000μL/L，方可进入室内工作	2	未进行检测扣2分		
		履行工作票确认签字手续，符合《安规》要求	2	未履行工作票确认签字手续扣2分		
1.3	仪器仪表准备	准备试验用的仪器、仪表、工具，检查所用仪器、仪表、工具应良好并在合格周期内	2	未检查所用仪器、仪表、工具在合格周期内的扣1分； 每缺少一件仪器或仪表影响检测的扣1分		
			1	仪器、仪表摆放不整齐，现场显得杂乱无章，扣1分		
			1	未检查气源压力扣1分		
		检查仪器外观，打开电源开关，检查仪器电量，记录仪器的铭牌参数	2	未检查仪器外观及仪器电量扣1分； 准确抄写仪器铭牌，未抄写或漏信息的扣1分		
		开启SF_6气体回收装置电源，将尾气管接入回收装置，打开回收装置阀门。保证回收管路连接良好、密封性良好，避免SF_6气体泄漏	2	未设置SF_6气体回收装置的扣1分； 已设置回收装置，但回收管路连接不良，未有效回收SF_6气体的，扣1分		
1.4	安全文明生产	温湿度计离地面1m高，防止阳光直射，仪器、仪表摆放整齐，并保持作业现场安静、清洁	3	温湿度计摆放位置不正确扣1分； 未检查温湿度计状况扣1分； 未准确记录当前温湿度扣1分		
		连接试验仪器，实验仪器可靠接地	2	仪器未可靠接地扣2分		
2	现场检测					
2.1	开机预热	仪器开机预热5分钟，首次开机使用不允许跳过预热，预热完成后进行管路吹扫	4	仪器开机未预热，直接跳过扣2分； 未吹扫扣2分		
2.2	检测过程	根据模拟设备SF_6气体接口，选择配套的转接头，连接运行SF_6气体进气管路	5	转接头不匹配的扣5分		
		检测前观察SF_6设备压力，合格后方可进行测试。测试前检漏。如有泄漏，立即关闭气源，查找、处理漏点，消缺后再进行下一步试验	10	未观察SF_6压力扣4分； 未记录气室压力扣2分； 未进行检漏的扣2分； 有漏点未及时处理扣2分		
		SF_6排气管、管路不可缠绕，不可踩踏管路	6	管路缠绕扣3分； 管路踩踏扣3分		
		SF_6气体接头注意防尘，不可直接放在地上	3	接头直接放在地上扣3分		

续表

序号	项目名称	质量要求	满分	扣分标准	扣分原因	得分
2.2	检测过程	观察仪器分解产物通道的气体流量，测量 SF_6 气体分解产物，重复检测两次记录，测量原始数据。若发现 H_2S 和 SO_2 等气体成分，立即用高纯 SF_6 气体冲洗仪器	10	未观察仪器分解产物通道的气体流量，扣2分； 若气体流量达不到测试要求，未及时查明原因扣3分； 未记录原始数据扣5分		
		断开设备与仪器连接的设备侧接头，再断开仪器侧管路，观察仪器流量示值缓慢减低至零	6	拆除管路顺序错误扣5分； 未观察流量变化扣1分		
		检查模拟设备 SF_6 气体连接口止回阀恢复状态，用便携式 SF_6 气体检漏仪对 SF_6 气体接口止回阀进行检漏，确认无泄漏后旋上保护盖帽	6	未检查设备 SF_6 气体连接口止回阀是否恢复扣3分； 未对 SF_6 气体接口止回阀进行检漏的扣3分		
3	检测结束					
3.1	关闭、吹扫仪器	关闭仪器开关，观察仪器是否进行吹扫，吹扫完毕后确认仪器是否关闭	4	未关闭仪器开关扣1分； 未对仪器进行吹扫扣2分； 未确认仪器是否关闭扣1分		
3.2	拆除回收管路及接地线	拧紧回收装置旋钮，拆除回收装置，拆除仪器接地线	3	未拧紧回收装置旋钮扣1分； 未拆除回收装置扣1分； 未拆除仪器接地线或者接地线拆除错误扣1分		
3.3	整理仪器	整理仪器，把仪器放回原位	3	未整理仪器扣1分； 仪器整理杂乱无章扣1分； 未把仪器放回原位扣1分		
4	超时					
4.1	超时扣分	试验时间不超过60分钟	5	每超时1分钟扣2分		
5	数据分析					
5.1	试验报告填写及结论	填写试验报告参数	3	未填写试验报告参数扣3分		
		填写测试数据及初步结论	10	未填写测试数据的扣5分； 未填写初步结论的扣5分		
		规范书写和签名	2	书写潦草扣2分； 没有签名扣2分		
合计			100			

Jc000143006　绝缘油含气量测定分析（气相色谱法）。（100分）

考核知识点：绝缘油试验知识

难易度：难

技能等级评价专业技能考核操作工作任务书

一、任务名称

绝缘油含气量测定分析（气相色谱法）。

二、适用工种

带电检测工高级工、技师、高级技师。

三、具体任务

（1）工作内容为采用气相色谱法进行绝缘油含气量测定分析。

（2）工作任务：

1）采用气相色谱法进行绝缘油含气量测定分析。

2）在规定时间内采用气相色谱法完成绝缘油含气量测定分析。

3）填写试验报告。

四、工作规范及要求

（1）仪器使用正确、规范，并做好安全措施。

（2）按要求进行绝缘油气相色谱分析。

（3）填写试验报告。

五、考核及时间要求

（1）操作时间为90分钟，时间到停止考核，包括检测时间和报告整理时间（开机预热时间不算在内）。

（2）按照技能操作记录单的操作要求进行操作，正确记录操作结果。

技能等级评价专业技能考核操作评分标准

<table>
<tr><td>工种</td><td colspan="5">带电检测工</td><td>评价等级</td><td>高级工、技师、高级技师</td></tr>
<tr><td>项目模块</td><td colspan="4">油（气）检测—油中溶解气体分析—绝缘油含气量测定分析（气相色谱法）</td><td>编号</td><td colspan="2">Jc000143006</td></tr>
<tr><td>单位</td><td colspan="2"></td><td>准考证号</td><td colspan="2"></td><td>姓名</td><td></td></tr>
<tr><td>考试时限</td><td colspan="2">90分钟</td><td>题型</td><td colspan="2">单项操作</td><td>题分</td><td>100分</td></tr>
<tr><td>成绩</td><td></td><td>考评员</td><td></td><td>考评组长</td><td></td><td>日期</td><td></td></tr>
<tr><td>试题正文</td><td colspan="7">绝缘油含气量测定分析（气相色谱法）</td></tr>
<tr><td>需要说明的问题和要求</td><td colspan="7">（1）要求1人操作，由监考人员监护，考生着装规范。
（2）操作中应注意安全，符合试验操作细则要求。
（3）工器具、测试仪、相关配件由考场提供</td></tr>
</table>

<table>
<tr><td>序号</td><td>项目名称</td><td>质量要求</td><td>满分</td><td>扣分标准</td><td>扣分原因</td><td>得分</td></tr>
<tr><td>1</td><td>准备工作及仪器设定</td><td></td><td></td><td></td><td></td><td></td></tr>
<tr><td rowspan="2">1.1</td><td rowspan="2">准备工作</td><td>人员精神面貌良好，着装符合试验作业规定</td><td>1</td><td>未按要求着装扣1分</td><td></td><td></td></tr>
<tr><td>试验仪器仪表及试验用品应合格、齐备，有检验合格证且在检验合格周期内，所有仪器及试验用品应摆放整齐（可口述）</td><td>6</td><td>未对仪器仪表有效期检查扣1分；
未进行注射器气密性检查扣1分；
未检查注射器是否卡涩扣1分；
未检查注射器进样量设置扣1分；
试验用品未摆放整齐扣1～2分</td><td></td><td></td></tr>
<tr><td rowspan="2">1.2</td><td rowspan="2">记录样品信息</td><td>进行试品外观检查</td><td>1</td><td>未进行外观检查扣1分</td><td></td><td></td></tr>
<tr><td>记录样品相关信息并做好试验用品编号</td><td>2</td><td>未记录样品相关信息扣1分；
未做好试验用品编号扣1分</td><td></td><td></td></tr>
<tr><td>1.3</td><td>标准气体检查</td><td>标准气体检查</td><td>4</td><td>未检查标准气体有效期、密封垫扣1～2分；
未核对工作站标准气体组分浓度扣2分</td><td></td><td></td></tr>
<tr><td>1.4</td><td>安全措施</td><td>确认仪器外壳可靠接地</td><td>1</td><td>未检查仪器接地情况扣1分</td><td></td><td></td></tr>
<tr><td>2</td><td>测试过程</td><td></td><td></td><td></td><td></td><td></td></tr>
<tr><td rowspan="2">2.1</td><td rowspan="2">开机</td><td>检查仪器进样垫，打开气源，检查压力表两侧压力值（可口述）</td><td>3</td><td>未进行检查扣1～3分</td><td></td><td></td></tr>
<tr><td>主机进入自检状态，观察仪器的稳定情况（可口述）</td><td>2</td><td>未检查仪器各部分温度是否达到设定值扣2分</td><td></td><td></td></tr>
<tr><td>2.2</td><td>脱气</td><td>将100mL注射器试样准确调至40mL</td><td>2</td><td>操作不准确或产生气泡扣1～2分</td><td></td><td></td></tr>
</table>

续表

序号	项目名称	质量要求	满分	扣分标准	扣分原因	得分
2.2	脱气	用平衡载气冲洗取气注射器1～2次，再准确量取定量平衡载气注入40mL样品中	8	未冲洗注射器扣1分； 未准确量取定量平衡载气扣2分； 试油注射器未倾斜30°～60°扣3分； 注入平衡载气时应缓慢，否则扣2分		
		试样注射器牢固放置于振荡盘上进行样品脱气处理注射器头部须高于尾部5°且出口在下部。仪器升温至50℃并恒温振荡20分钟，静置10分钟	5	试样注射器固定不牢固扣2分； 注射器放置不符合要求扣3分		
2.3	标定	待仪器基线稳定后，用标准气体冲洗进样注射器1～2次后进行标定	8	进样过程操作不规范或进样未做到“三快、三防”扣2～8分		
		两次标定的重复性应在其平均值的±2%以内（以乙烯为代表）	8	重复性达不到要求扣2～8分		
2.4	样品测试	储气注射器的准备	3	未用试油清洗1～2次扣1分； 操作不规范扣1～2分		
		转移平衡气体	5	未正确使用双头针头扣2分； 未采用微正压法扣3分		
		气样放置2分钟，准确读取脱气量并记录	3	未放置2分钟扣1分； 未准确读取气量扣2分		
		样品信息录入	2	未正确输入样品名称、环境温度、大气压、脱气量扣1～2分		
		用载气及样品气冲洗进样注射器后进样	10	未冲洗进样注射器扣1～2分； 进样过程操作不规范或进样未做到“三快、三防”扣1～3分； 进错进样口或弄错进样顺序扣5分		
		检查出峰情况	6	结果进行保存记录，未成功保存数据及进样谱图扣3分； 样品结果未进行识峰检查扣2分； 未成功调取结果导出扣1分		
3	检测报告					
3.1	检测报告完整性及正确性	内容完整、分析全面、结论正确，字迹清晰	10	应记录检测数据、温度、湿度、仪器型号、被测试样信息，未记录扣1～3分； 试验结论不正确或不下结论扣2～5分 检测报告不签字扣2分		
4	检测结束					
4.1	清理现场	工作完毕，清理现场	1	试验结束后未清理现场扣1分		
		关闭主机电源及气源	3	应先关机后关气，未按照要求关机扣3分		
		工作结束后应告知考评员	1	试验结束后未告知考评员扣1分		
4.2	超时	试验时间不超过90分钟	5	每超时1分钟扣1分，5分钟内必须终止		
合计			100			

Jc000142007　绝缘油中水分含量测试（库仑法）。（100分）

考核知识点：绝缘油检测知识

难易度：中

技能等级评价专业技能考核操作工作任务书

一、任务名称

绝缘油中水分含量测试（库仑法）。

二、适用工种

带电检测工初级工、中级工、高级工。

三、具体任务

（1）工作内容为采用库仑法进行绝缘油中水分含量测试。

（2）工作任务：在规定时间内采用库仑法完成绝缘油中水分含量测试。

四、工作规范及要求

（1）仪器使用正确、规范，并做好安全措施。

（2）按要求进行绝缘油中水分含量测试。

五、考核及时间要求

（1）操作时间为30分钟，时间到停止考核，包括检测时间和报告整理时间（开机预热时间不算在内）。

（2）按照技能操作记录单的操作要求进行操作，正确记录操作结果。

技能等级评价专业技能考核操作评分标准

<table>
<tr><td>工种</td><td colspan="6">带电检测工</td><td>评价等级</td><td colspan="2">初级工、中级工、高级工</td></tr>
<tr><td>项目模块</td><td colspan="5">油（气）检测—绝缘油试验—绝缘油中水分含量测试（库仑法）</td><td>编号</td><td colspan="3">Jc000142007</td></tr>
<tr><td>单位</td><td colspan="3"></td><td>准考证号</td><td colspan="2"></td><td>姓名</td><td colspan="2"></td></tr>
<tr><td>考试时限</td><td colspan="2">30分钟</td><td>题型</td><td colspan="3">单项操作</td><td>题分</td><td colspan="2">100分</td></tr>
<tr><td>成绩</td><td></td><td>考评员</td><td></td><td>考评组长</td><td colspan="2"></td><td>日期</td><td colspan="2"></td></tr>
<tr><td>试题正文</td><td colspan="9">绝缘油中水分含量测试（库仑法）</td></tr>
<tr><td>需要说明的问题和要求</td><td colspan="9">（1）要求1人操作，由监考人员监护，考生着装规范。
（2）操作中应注意安全，符合试验操作细则要求。
（3）工器具、测试仪、相关配件由考场提供</td></tr>
<tr><td>序号</td><td>项目名称</td><td colspan="2">质量要求</td><td>满分</td><td colspan="3">扣分标准</td><td>扣分原因</td><td>得分</td></tr>
<tr><td>1</td><td>准备工作及仪器设定</td><td colspan="2"></td><td></td><td colspan="3"></td><td></td><td></td></tr>
<tr><td rowspan="2">1.1</td><td rowspan="2">准备工作</td><td colspan="2">人员精神面貌良好，着装符合实验室规定</td><td>2</td><td colspan="3">未按要求着装扣2分</td><td></td><td></td></tr>
<tr><td colspan="2">试验仪器仪表及试验用品应齐全，有检验合格证且在检验合格周期内，所有试验用品应摆放整齐</td><td>10</td><td colspan="3">未对仪器仪表有效期检查扣3分；
没有记录环境温、湿度各扣2分；
试验用品未摆放整齐扣2分</td><td></td><td></td></tr>
<tr><td rowspan="2">1.2</td><td rowspan="2">记录样品信息</td><td colspan="2">进行试品外观检查</td><td>2</td><td colspan="3">未进行外观检查扣2分</td><td></td><td></td></tr>
<tr><td colspan="2">记录样品相关信息并做好试验用品编号</td><td>4</td><td colspan="3">未记录样品相关信息扣2分；
未做好试验用品编号扣2分</td><td></td><td></td></tr>
<tr><td>1.3</td><td>安全措施</td><td colspan="2">确认仪器外壳可靠接地</td><td>2</td><td colspan="3">未检查仪器接地情况扣2分</td><td></td><td></td></tr>
<tr><td>2</td><td>测试过程</td><td colspan="2"></td><td></td><td colspan="3"></td><td></td><td></td></tr>
<tr><td>2.1</td><td>试验准备</td><td colspan="2">开机前检查电解液颜色是否正常，打开仪器电源，检查仪器工作状态是否正常，搅拌器是否正常搅拌，搅拌速度是否合适</td><td>10</td><td colspan="3">每缺一项扣2分，扣完为止</td><td></td><td></td></tr>
</table>

续表

序号	项目名称	质量要求	满分	扣分标准	扣分原因	得分
2.1	试验准备	进行试验前标定工作，使用 0.5μL 注射器取 0.1μL 蒸馏水连续进样 3 次，仪器示值应为（100±5）μg	15	进样次数不够的扣 5 分； 3 次示值应为（100±5）μg，若中间出现示值不符合要求，扣 2～5 分； 进样器针尖与滴定池内壁或电极接触扣 5 分		
2.2	进样检测	试验使用的进样器应用试油冲洗 2～3 次	5	未按要求用试油冲洗进样器扣 2～5 分		
		抽取试油后排出进样器中的气泡，准确调整试油体积至 1mL，按“开始测试”，在 5s 内将试油注入电解池	20	进样前进样器内气泡未排净扣 5 分； 试油体积未准确调整至 1mL 扣 5 分； 进样前未按“开始测试”扣 5 分； 5s 内未将试油注入电解池扣 5 分		
		同一试样至少重复操作两次以上，两次平行试验的结果之差不得超过允许值	10	同一试样未重复操作两次以上扣 2～5 分； 两次平行试验的测试结果之差超过允许值扣 2～5 分		
		准确记录测试结果	5	记录测定结果，最后两次平行试验结果之差超过允许值扣 2～5 分		
2.3	检测报告	检测结束后，按要求填写试验报告	5	未出具试验报告，或报告结论不正确、内容不完善，扣 2～5 分		
3	检测结束					
3.1	清理现场	工作完毕，清理现场	3	试验结束后未清理现场扣 3 分		
		工作结束后应告知考评员	2	试验结束后未告知考评员扣 2 分		
3.2	超时	试验时间不超过 30 分钟	5	每超时 1 分钟扣 1 分，5 分钟内必须终止		
合计			100			

Jc000142008　绝缘油击穿电压的测定。(100 分)

考核知识点：绝缘油检测知识

难易度：中

技能等级评价专业技能考核操作工作任务书

一、任务名称

绝缘油击穿电压的测定。

二、适用工种

带电检测工初级工、中级工、高级工。

三、具体任务

（1）工作内容：绝绝缘油击穿电压的测定。

（2）工作任务：在规定时间内按要求完成绝缘油击穿电压的测定。

四、工作规范及要求

（1）仪器使用正确、规范，并做好安全措施。

（2）按要求进行绝缘油击穿电压的测定。

五、考核及时间要求

（1）考核时间为 60 分钟，时间到停止考核，包括检测时间和报告整理时间（开机预热时间不算在内）。

（2）按照技能操作记录单的操作要求进行操作，正确记录操作结果。

技能等级评价专业技能考核操作评分标准

工种	带电检测工				评价等级	初级工、中级工、高级工
项目模块	油（气）检测—绝缘油试验—绝缘油击穿电压测定			编号	Jc000142008	
单位		准考证号			姓名	
考试时限	60分钟	题型	单项操作		题分	100分
成绩		考评员		考评组长	日期	
试题正文	绝缘油击穿电压的测定					
需要说明的问题和要求	（1）要求1人操作，由监考人员监护，考生着装规范。 （2）操作中应注意安全，符合试验操作细则要求。 （3）工器具、测试仪、相关配件由考场提供					

序号	项目名称	质量要求	满分	扣分标准	扣分原因	得分
1	准备工作及仪器设定					
1.1	准备工作	人员精神面貌良好，着装符合实验室规定	2	未按要求着装扣2分		
		试验仪器仪表及试验用品应齐全，有检验合格证且在检验合格周期内，所有试验用品应摆放整齐	10	未对仪器仪表有效期检查扣3分； 未记录环境温、湿度各扣2分； 试验用品未摆放整齐扣2分		
1.2	记录样品信息	进行试品外观检查	2	未进行外观检查扣2分		
		记录样品相关信息并做好试验用品编号	4	未记录样品相关信息扣2分； 未做好试验用品编号扣2分		
1.3	安全措施	确认仪器外壳可靠接地	2	未检查仪器接地情况扣2分		
2	测试过程					
2.1	试验准备	开机前检查电极表面是否光滑、清洁，调整电极间距离为2.5mm	10	未检查电极情况的扣3分； 未调整电极间距或电极间距不符合要求扣2～7分		
		试样在倒入试样杯前，轻轻摇动翻转盛有试样的容器数次，以使试样中的杂质尽可能分布均匀而又不形成气泡	5	未翻转试样容器均匀试样杂质或翻转工程中产生气泡扣2～5分		
		试验前倒掉试样杯中原来的绝缘油，立即用待测试样清洗油杯、电极及其他各部分2～3次，将试油缓慢注入油杯浸没过电极，并避免生成气泡。盖好高压罩	20	未用待测油样清洗油杯、电极及其他各部分，出现上述现象中一次扣2分； 清洗次数不够扣2分； 试油未浸没电极扣3分； 注入试油方法不当产生气泡扣3分； 未放入搅拌子扣3分； 未盖好高压罩扣3分		
		装样操作不允许用手触及电极、油杯内部和试油	5	装样时手触及电极、油杯内部和试油扣2～5分		
2.2	开始试验	打开仪器电源，设置升压速度为3kV/s，静置10分钟，升压间隔5分钟，升压次数6次；选择需打压的油杯	10	未对仪器进行设置、设置不正确或设置项目不全扣5～10分		
		设置结束后，开始试验；试验仪器未放置油样时，禁止升压	5	未放置油样，空升电压扣5分		
		更换油样时应切断电源，测试过程中禁止触动高压罩，以防高压伤人	5	更换油样未切断电源扣3分； 测试过程中触动高压罩扣2分		
		记录试验数据	5	未记录测试结果或数据记录不正确扣2～5分		

续表

序号	项目名称	质量要求	满分	扣分标准	扣分原因	得分
2.3	检测报告	检测结束后，按要求填写试验报告	5	未出具试验报告，或报告结论不正确、内容不完善扣2～5分		
3	检测结束					
3.1	清理现场	工作完毕，清理现场	3	试验结束后未清理现场扣3分		
		工作结束后应告知考评员	2	试验结束后未告知考评员扣2分		
3.2	超时	试验时间不超过60分钟	5	每超时1分钟扣1分，5分钟内必须终止		
合计			100			

Jc000142009　绝缘油酸值的测定。（100分）

考核知识点：绝缘油检测知识

难易度：中

技能等级评价专业技能考核操作工作任务书

一、任务名称

绝缘油酸值的测定。

二、适用工种

带电检测工中级工、高级工、技师。

三、具体任务

（1）工作内容：绝缘油酸值的测定。

（2）工作任务：在规定时间内完成绝缘油酸值的测定。

四、工作规范及要求

（1）仪器使用正确、规范，并做好安全措施。

（2）按要求进行绝缘油酸值的测定。

五、考核及时间要求

（1）操作时间为25分钟，时间到停止考核，包括检测时间和报告整理时间（开机预热时间不算在内）。

（2）按照技能操作记录单的操作要求进行操作，正确记录操作结果。

技能等级评价专业技能考核操作评分标准

工种	带电检测工				评价等级	中级工、高级工、技师
项目模块	油（气）检测—绝缘油试验—绝缘油酸值的测定			编号	Jc000142009	
单位		准考证号			姓名	
考试时限	25分钟	题型	单项操作		题分	100分
成绩		考评员		考评组长		日期	
试题正文	绝缘油酸值的测定					
需要说明的问题和要求	（1）要求1人操作，由监考人员监护，考生着装规范。 （2）操作中应注意安全，符合试验操作细则要求。 （3）工器具、测试仪、相关配件由考场提供					

续表

序号	项目名称	质量要求	满分	扣分标准	扣分原因	得分
1	准备工作及仪器设定					
1.1	准备工作	人员精神面貌良好，着装符合实验室规定	2	未按要求着装扣2分		
		试验仪器仪表及试验用品应齐全，有检验合格证且在检验合格周期内，所有试验用品应摆放整齐	10	未对仪器仪表有效期检查扣3分； 未记录环境温、湿度各扣2分； 试验用品未摆放整齐扣2分		
1.2	记录样品信息	进行试品外观检查	2	未进行外观检查扣2分		
		记录样品相关信息并做好试验用品编号	4	未记录样品相关信息扣2分； 未做好试验用品编号扣2分		
1.3	安全措施	确认仪器外壳可靠接地	2	未检查仪器接地情况扣2分		
2	测试过程					
2.1	试验准备	检查所用试剂是否齐全，是否在有效期内	5	未核实试剂名称扣3分； 未检查试剂有效期扣2分		
		管路检查及管路连接	8	未检查管路是否完好扣3分； 管路连接不正确扣5分		
		打开仪器电源，进行仪器自检、试验管路排气	10	未正确进行萃取液及中和液连接管路排气的，每项扣5分		
		加入待测油样至清洁干燥的测试油杯刻度线处	5	测试未选用清洁干燥且与仪器配套的小油杯扣2分； 待试样品未准确量取至刻度线规定处扣3分		
2.2	开始试验	放入试样杯，设定好对应位置，开始进行滴定	5	试样杯未放搅拌子扣3分； 未选择杯位或杯位选择不正确扣2分		
		选择对应试样滴定项开始萃取滴定	5	未能顺利开展者扣2～5分		
		完成滴定，记录试验数据	5	未记录测试结果或数据记录不正确扣2～5分		
		清洗试验管路后关闭仪器电源	12	未进行萃取试验管路及中和试验管路清洗的，每项扣5分； 未关闭仪器电源扣2分		
		取出试样杯并清洗试样杯	10	未取出完成测定的试样杯扣5分； 未要求按清洗试样杯扣5分		
2.3	检测报告	检测结束后，按要求填写试验报告	5	未出具试验报告，或报告结论不正确、内容不完善扣2～5分		
3	检测结束					
3.1	清理现场	工作完毕，清理现场	3	试验结束后未清理现场扣3分		
		工作结束后应告知考评员	2	试验结束后未告知考评员扣2分		
3.2	超时	试验时间不超过25分钟	5	每超时1分钟扣1分，5分钟内必须终止		
合计			100			

Jc000142010　绝缘油介质损耗因数及体积电阻率测定。（100分）

考核知识点：绝缘油检测知识

难易度：中

技能等级评价专业技能考核操作工作任务书

一、任务名称

绝缘油介质损耗因数及体积电阻率测定。

二、适用工种

带电检测工初级工、中级工、高级工。

三、具体任务

（1）工作内容：绝缘油介质损耗因数及体积电阻率测定。

（2）工作任务：在规定时间内完成绝缘油介质损耗因数及体积电阻率测定。

四、工作规范及要求

（1）仪器使用正确、规范，并做好安全措施。

（2）按要求进行绝缘油介质损耗因数及体积电阻率测定。

五、考核及时间要求

（1）操作时间为 50 分钟，时间到停止考核，包括检测时间和报告整理时间（开机预热时间不算在内）。

（2）按照技能操作记录单的操作要求进行操作，正确记录操作结果。

技能等级评价专业技能考核操作评分标准

<table>
<tr><td>工种</td><td colspan="5">带电检测工</td><td>评价等级</td><td>初级工、中级工、高级工</td></tr>
<tr><td>项目模块</td><td colspan="4">油（气）检测—绝缘油试验—绝缘油介质损耗因数及体积电阻率测定</td><td>编号</td><td colspan="2">Jc000142010</td></tr>
<tr><td>单位</td><td colspan="3"></td><td>准考证号</td><td></td><td>姓名</td><td></td></tr>
<tr><td>考试时限</td><td colspan="2">50 分钟</td><td>题型</td><td colspan="2">单项操作</td><td>题分</td><td>100 分</td></tr>
<tr><td>成绩</td><td></td><td>考评员</td><td></td><td>考评组长</td><td></td><td>日期</td><td></td></tr>
<tr><td>试题正文</td><td colspan="7">绝缘油介质损耗因数及体积电阻率测定</td></tr>
<tr><td>需要说明的问题和要求</td><td colspan="7">（1）要求 1 人操作，由监考人员监护，考生着装规范。
（2）操作中应注意安全，符合试验操作细则要求。
（3）工器具、测试仪、相关配件由考场提供</td></tr>
</table>

序号	项目名称	质量要求	满分	扣分标准	扣分原因	得分
1	准备工作及仪器设定					
1.1	准备工作	人员精神面貌良好，着装符合实验室规定	2	未按要求着装扣 2 分		
		试验仪器仪表及试验用品应齐全，有检验合格证且在检验合格周期内，所有试验用品应摆放整齐	10	未对仪器仪表有效期检查扣 3 分； 未记录环境温、湿度各扣 2 分； 试验用品未摆放整齐扣 2 分		
1.2	记录样品信息	进行试品外观检查	2	未进行外观检查扣 2 分		
		记录样品相关信息并做好试验用品编号	4	未记录样品相关信息扣 2 分； 未做好试验用品编号扣 2 分		
1.3	安全措施	确认仪器外壳可靠接地	2	未检查仪器接地情况扣 2 分		
2	测试过程					
2.1	试验准备	将干净的油杯置于油杯槽内（注意油杯内电极与外电极要放置到位），将测量信号线和温度信号线连接好，温度信号线置于油杯中心部位的插孔内	10	油杯内电极与外电极未放置到位扣 5 分； 测量信号线和温度信号线连接不正确扣 3 分； 温度信号线插入不到位扣 2 分		

续表

序号	项目名称	质量要求	满分	扣分标准	扣分原因	得分
2.1	试验准备	接通电源线，打开电源开关，进行参数设置（交流电压 2000V、直流电压 500V、试验温度 90℃）	10	参数设置不正确，每项扣 3 分，扣完为止		
		仪器进行空杯测试，对油杯注油前的洁净程度和装配进行验证	10	未进行空杯测试扣 10 分		
2.2	开始试验	空杯测试结束，将油杯内电极取出置于油杯架上	5	油杯内电极放置不符合要求扣 5 分		
		试样在注入试样杯前，轻轻摇动翻转盛有试样的容器数次，以使试样中的杂质尽可能分布均匀而又不形成气泡	5	未翻转试样容器使试样杂质均匀的扣 2 分； 翻转试样容器产生气泡扣 3 分		
		先用少量待测油淋洗干净的油杯 3 次，尽量倒净残余试油，然后缓慢地将 40mL 被测油样延杯壁注入杯体中，注意避免出现气泡	10	未用待测油淋洗油杯 3 次扣 2 分； 油杯油量注入出现偏差扣 2 分； 试样注入气泡过多扣 2 分； 电极碰触油杯扣 4 分		
		将油杯的内电极缓慢放到位，接好测量信号线和温度信号线，点击“开始测试”。仪器工作过程中禁止打开油杯罩	10	注入油样后放置油杯内电极速度太快，溢出试油扣 5 分； 测量信号线和温度信号线连接错误扣 3 分； 仪器工作过程中打开油杯罩扣 2 分		
		测试结束，记录测试数据	5	未记录测试数据扣 5 分		
		按要求填写试验报告	5	未出具试验报告，或报告结论不正确、内容不完善扣 2～5 分		
3	检测结束					
3.1	清理现场	工作完毕，清理现场	3	试验结束后未清理现场扣 3 分		
		工作结束后应告知考评员	2	试验结束后未告知考评员扣 2 分		
3.2	超时	试验时间不超过 50 分钟	5	每超时 1 分钟扣 1 分，5 分钟内必须终止		
合计			100			

Jc000142011　绝缘油界面张力测定。（100 分）

考核知识点：绝缘油检测知识

难易度：中

技能等级评价专业技能考核操作工作任务书

一、任务名称

绝缘油界面张力测定。

二、适用工种

带电检测工初级工、中级工、高级工、技师。

三、具体任务

（1）工作内容：绝缘油界面张力测定。

（2）工作任务：在规定时间内完成绝缘油界面张力测定。

四、工作规范及要求

（1）仪器使用正确、规范，并做好安全措施。

（2）按要求进行绝缘油界面张力测定。

五、考核及时间要求

（1）操作时间为30分钟，时间到停止考核，包括检测时间和报告整理时间（开机预热时间不算在内）。

（2）按照技能操作记录单的操作要求进行操作，正确记录操作结果。

技能等级评价专业技能考核操作评分标准

工种	带电检测工					评价等级	初级工、中级工、高级工、技师
项目模块	油（气）检测—绝缘油试验—绝缘油界面张力测定				编号	Jc000142011	
单位			准考证号			姓名	
考试时限	30分钟		题型	单项操作		题分	100分
成绩		考评员		考评组长		日期	
试题正文	绝缘油界面张力测定						
需要说明的问题和要求	（1）要求1人操作，由监考人员监护，考生着装规范。 （2）操作中应注意安全，符合试验操作细则要求。 （3）工器具、测试仪、相关配件由考场提供						

序号	项目名称	质量要求	满分	扣分标准	扣分原因	得分
1	准备工作及仪器设定					
1.1	准备工作	人员精神面貌良好，着装符合实验室规定	2	未按要求着装扣2分		
		试验仪器仪表及试验用品应齐全，有检验合格证且在检验合格周期内，所有试验用品应摆放整齐	10	未对仪器仪表有效期检查扣3分； 未记录环境温、湿度各扣2分； 试验用品未摆放整齐扣2分		
1.2	记录样品信息	进行试品外观检查	2	未进行外观检查扣2分		
		记录样品相关信息并做好试验用品编号	4	未记录样品相关信息扣2分； 未做好试验用品编号扣2分		
1.3	安全措施	确认仪器外壳可靠接地	2	未检查仪器接地情况扣2分		
2	测试过程					
2.1	试验准备	按照制造厂规定方法，用砝码校正界面张力仪，调节张力仪的零水平校正，使圆环每一部分都在同一平面上（可口述）	5	未调节张力仪零点扣5分		
		用石油醚、丁酮、蒸馏水等清洗测试杯和铂丝圆环，然后用酒精灯加热，使铂丝圆环发红	10	未按照要求重新玻清洗试样杯扣5分； 未按照要求处理铂丝圆环扣5分		
		把清洗过的测试环悬挂在界面张力仪上，把蒸馏水倒入清洗过的试样杯中至刻度线，放至试样座上	5	未按要求悬挂测试环扣3分； 未按要求加入蒸馏水扣2分		
2.2	开始试验	打开仪器电源，选择“蒸馏水”，测试蒸馏水张力值，测试结果应为（71～72）×10^{-3}N/m为合格	10	蒸馏水张力测试值未达到（71～72）×10^{-3}N/m扣5～10分		
		选择“绝缘油”，仪器试样座自动升高，使圆环浸入蒸馏水中，在蒸馏水上慢慢倒入试样至刻度线，注意不要使圆环触及油—水界面，按“开始”键仪器自动进行测试	15	操作流程不正确扣5分； 加入试样操作不规范扣5分； 加入试样过程中测试环触及油—水界面扣5分		

续表

序号	项目名称	质量要求	满分	扣分标准	扣分原因	得分
2.2	开始试验	测试结束，记录测试数据	5	未记录测试数据扣 5 分		
		关闭仪器电源，取下测试环和试样杯并按要求清洗备用	15	取测试环时未关闭仪器电源扣 5 分； 未按要求清洗测试环和试样杯各扣 5 分		
2.3	检测报告	检测结束后，按要求填写试验报告	5	未出具试验报告，或报告结论不正确、内容不完善扣 2～5 分		
3	检测结束					
3.1	清理现场	工作完毕，清理现场	3	试验结束后未清理现场扣 3 分		
		工作结束后应告知考评员	2	试验结束后未告知考评员扣 2 分		
3.2	超时	试验时间不超过 30 分钟	5	每超时 1 分钟扣 1 分，5 分钟内必须终止		
合计			100			

Jc000142012　绝缘油闭口闪点的测定。（100 分）

考核知识点：绝缘油检测知识

难易度：中

技能等级评价专业技能考核操作工作任务书

一、任务名称

绝缘油闭口闪点的测定。

二、适用工种

带电检测工初级工、中级工、高级工。

三、具体任务

（1）工作内容：绝缘油闭口闪点的测定。

（2）工作任务：在规定时间内完成绝缘油闭口闪点的测定。

四、工作规范及要求

（1）仪器使用正确、规范，并做好安全措施。

（2）按要求进行绝缘油闭口闪点的测定。

五、考核及时间要求

（1）操作时间为 50 分钟，时间到停止考核，包括检测时间和报告整理时间（开机预热时间不算在内）。

（2）按照技能操作记录单的操作要求进行操作，正确记录操作结果。

技能等级评价专业技能考核操作评分标准

工种	带电检测工					评价等级	初级工、中级工、高级工
项目模块	油（气）检测—绝缘油试验—绝缘油闭口闪点的测定				编号	Jc000142012	
单位			准考证号			姓名	
考试时限	50 分钟	题型	单项操作			题分	100 分
成绩		考评员		考评组长		日期	
试题正文	绝缘油闭口闪点的测定						
需要说明的问题和要求	（1）要求 1 人操作，由监考人员监护，考生着装规范。 （2）操作中应注意安全，符合试验操作细则要求。 （3）工器具、测试仪、相关配件由考场提供						

续表

序号	项目名称	质量要求	满分	扣分标准	扣分原因	得分
1	准备工作及仪器设定					
1.1	准备工作	人员精神面貌良好，着装符合试验室规定要求	2	未按要求着装扣2分		
		试验仪器仪表及试验用品应齐全，有检验合格证且在检验合格周期内，所有试验用品应摆放整齐	10	未对仪器仪表有效期检查扣3分； 未记录环境温、湿度各扣2分； 试验用品未摆放整齐扣2分		
1.2	记录样品信息	进行试品外观检查	2	未进行外观检查扣2分		
		记录样品相关信息并做好试验用品编号	4	未记录样品相关信息扣2分； 未做好试验用品编号扣2分		
1.3	安全措施	确认仪器外壳可靠接地	2	未检查仪器接地情况扣2分		
2	测试过程					
2.1	试验准备	检查仪器是否放在装有通风装置的室内	5	未检查仪器放置位置扣5分		
		检查油杯是否清洁干燥，必要时用无铅汽油洗涤，再用空气吹干	5	未按要求检查或清洗油杯扣2～5分		
2.2	开始试验	打开仪器电源，检查仪器开机过程正常	2	未按要求开机检查扣2分		
		按“参数”键，根据实际情况按相应按键对油号、大气压力、预闪点等参数进行设定	10	未进行参数设定或设定不正确扣3～10分		
		试样注入油杯时，试样和油杯的温度都应是常温	5	未按要求检查试样及油杯温度扣3～5分		
		用待测试样冲洗试样杯1～2次	5	未用试样冲洗油杯或冲洗不正确扣2～5分		
		将待测试样倒入试样杯中，至油杯环形刻度线处，将试样杯放入试样炉	5	操作不规范或加入试样量不准确扣2～5分		
		装样操作不允许用手触及电极、油杯内部和试油	5	装样时手触及电极、油杯内部和试油扣1～5分		
		按“启动”键，仪器进入样品测试状态，屏幕显示试样温度并逐渐升高，达到预闪点，仪器自动点火	10	试验过程中未关闭通风扣10分		
		当检测到样品闪点时，记录测试数据	3	未记录或记录不正确扣1～3分		
		关闭仪器电源，将试样杯里的试油倒入废油桶，并开启通风装置	10	未关闭仪器电源扣3分； 未将试样杯里的试油倒入废油桶扣3分； 未开启通风装置扣4分		
2.3	检测报告	检测结束后，按要求填写试验报告	5	未出具试验报告，或报告结论不正确、内容不完善扣2～5分		
3	检测结束					
3.1	清理现场	工作完毕，清理现场	3	试验结束后未清理现场扣3分		
		工作结束后应告知考评员	2	试验结束后未告知考评员扣2分		
3.2	超时	试验时间不超过50分钟	5	每超时1分钟扣1分，5分钟内必须终止		
合计			100			